U0300612

住房和城乡建设部"十四五"规划教材

高等职业教育土建类专业"互联网+"数字化创新教材

建筑工程施工 安全管理

徐锡权

王 宁 主 编

中国建筑工业出版社

图书在版编目（CIP）数据

建筑工程施工安全管理／徐锡权，王宁主编. — 北京：中国建筑工业出版社，2024.8

住房和城乡建设部"十四五"规划教材 高等职业教育土建类专业"互联网＋"数字化创新教材

ISBN 978-7-112-29726-9

Ⅰ. ①建… Ⅱ. ①徐… ②王… Ⅲ. ①建筑施工-安全管理-高等职业教育-教材 Ⅳ. ①TU714

中国国家版本馆 CIP 数据核字（2024）第 070524 号

本教材内容包括安全管理基础、施工安全管理策划、施工过程安全控制、施工现场安全检查、安全事故处理五个项目。各项目设置职业能力训练环节，便于读者理解、巩固并拓展建筑工程施工安全管理的相关内容。

本教材可作为高等职业教育土建类专业的教学用书，也可作为建筑施工企业安全员、施工员等技术岗位的培训用书和土建类专业工程技术人员的参考用书。

为了便于本课程教学，作者自制免费课件资源，索取方式为：1. 邮箱：jckj@cabp.com.cn；2. 电话：(010) 58337285；3. 建工书院：http://edu.cabplink.com；4. QQ交流群：472187676。

责任编辑：司 汉 李 阳
责任校对：芦欣甜

住房和城乡建设部"十四五"规划教材
高等职业教育土建类专业"互联网＋"数字化创新教材

建筑工程施工安全管理

徐锡权
王 宁 主 编

*

中国建筑工业出版社出版、发行(北京海淀三里河路9号)
各地新华书店、建筑书店经销
北京鸿文瀚海文化传媒有限公司制版
北京圣夫亚美印刷有限公司印刷

*

开本：787 毫米×1092 毫米 1/16 印张：17¼ 字数：426 千字
2024 年 5 月第一版 2024 年 5 月第一次印刷
定价：**49.00** 元（赠教师课件）
ISBN 978-7-112-29726-9
（42215）

教材编审委员会

出版说明

党和国家高度重视教材建设。2016年，中办国办印发了《关于加强和改进新形势下大中小学教材建设的意见》，提出要健全国家教材制度。2019年12月，教育部牵头制定了《普通高等学校教材管理办法》和《职业院校教材管理办法》，旨在全面加强党的领导，切实提高教材建设的科学化水平，打造精品教材。住房和城乡建设部历来重视土建类学科专业教材建设，从"九五"开始组织部级规划教材立项工作，经过近30年的不断建设，规划教材提升了住房和城乡建设行业教材质量和认可度，出版了一系列精品教材，有效促进了行业部门引导专业教育，推动了行业高质量发展。

为进一步加强高等教育、职业教育住房和城乡建设领域学科专业教材建设工作，提高住房和城乡建设行业人才培养质量，2020年12月，住房和城乡建设部办公厅印发《关于申报高等教育职业教育住房和城乡建设领域学科专业"十四五"规划教材的通知》（建办人函〔2020〕656号），开展了住房和城乡建设部"十四五"规划教材选题的申报工作。经过专家评审和部人事司审核，512项选题列入住房和城乡建设领域学科专业"十四五"规划教材（简称规划教材）。2021年9月，住房和城乡建设部印发了《高等教育职业教育住房和城乡建设领域学科专业"十四五"规划教材选题的通知》（建人函〔2021〕36号）。为做好"十四五"规划教材的编写、审核、出版等工作，《通知》要求：(1) 规划教材的编著者应依据《住房和城乡建设领域学科专业"十四五"规划教材申请书》（简称《申请书》）中的立项目标、申报依据、工作安排及进度，按时编写出高质量的教材；(2) 规划教材编著者所在单位应履行《申请书》中的学校保证计划实施的主要条件，支持编著者按计划完成书稿编写工作；(3) 高等学校土建类专业课程教材与教学资源专家委员会、全国住房和城乡建设职业教育教学指导委员会、住房和城乡建设部中等职业教育专业指导委员会应做好规划教材的指导、协调和审稿等工作，保证编写质量；(4) 规划教材出版单位应积极配合，做好编辑、出版、发行等工作；(5) 规划教材封面和书脊应标注"住房和城乡建设部'十四五'规划教材"字样和统一标识；(6) 规划教材应在"十四五"期间完成出版，逾期不能完成的，不再作为《住房和城乡建设领域学科专业"十四五"规划教材》。

住房和城乡建设领域学科专业"十四五"规划教材的特点，一是重点以修订教育部、住房和城乡建设部"十二五""十三五"规划教材为主；二是严格按照专业标准规范要求编写，体现新发展理念；三是系列教材具有明显特点，满足不同层次和类型的学校专业教学要求；四是配备了数字资源，适应现代化教学的要求。规划教材的出版凝聚了作者、主审及编辑的心血，得到了有关院校、出版单位的大力支持，教材建设管理过程有严格保障。希望广大院校及各专业师生在选用、使用过程中，对规划教材的编写、出版质量进行反馈，以促进规划教材建设质量不断提高。

住房和城乡建设部"十四五"规划教材办公室
2021 年 11 月

前言

安全生产，重如泰山，关乎人民生命财产安全，关乎经济社会发展大局。

党和国家历来重视安全生产，把安全生产作为民生大事，纳入全面建成小康社会的重要内容中。"十四五"时期，党中央、国务院对安全生产的重视提升到一个新的高度，要求坚持人民至上、生命至上，统筹好发展和安全两件大事，把新发展理念贯穿国家发展全过程和各领域，构建新发展格局，实现更高质量、更有效率、更加公平、更可持续、更为安全的发展。党的二十大报告强调，坚持安全第一、预防为主，建立大安全大应急框架，完善公共安全体系，推动公共安全治理模式向事前预防转型。推进安全生产风险专项整治，加强重点行业、重点领域安全监管。这都为做好新时期各领域的安全生产工作指明了方向。

建筑业是我国国民经济的重要支柱产业之一，为推动住房和城乡建设事业发展提供了有力支撑。在建筑业转型升级的关键时期，安全生产工作面临巨大的挑战。提高全民安全生产意识、强化安全生产主体责任、构建企业安全文化、提高从业人员职业安全素质，对于推进建筑业安全生产形势持续稳定向好、有效防范和坚决遏制重特大安全事故、助力平安中国建设意义重大。

本教材根据建设项目安全生产管理工作的基本程序，基于住房和城乡建设领域施工现场专业人员中的安全员岗位职责分析，以"能力导向、项目引领、任务驱动"模式，编排设计内容，共设置安全管理基础、施工安全管理策划、施工过程安全控制、施工现场安全检查、安全事故处理五大项目，下设17个工作任务。

本教材不仅注重内容的系统性、科学性、规范性和时代性，在编写过程中参考了大量现行的安全生产法律法规、法定安全生产标准、相关规范性文件、安全文明施工标准化手册和图册，引入了安全管理新理念、安全生产新技术，而且还注重职业能力的培养，将安全员职业岗位培训、建筑施工企业三类人员安全生产考核培训、一级/二级建造师执业资格考试、中级安全工程师执业资格考试的相关内容有机融入各项工作任务和职业能力训练环节中，对接职业岗位标准，以实现零距离上岗。

本教材编写过程中，贯彻落实立德树人理念，以培养担当民族复兴大任的时代新人为目标，从不同层次、多个维度，凝练升华建设项目安全生产管理全过程中所蕴含的思想政治教育元素。将个人安全行为和意识、生命价值、责任意识、辩证思维、创新思维、工匠精神、大安全观、社会主义核心价值观、中华优秀传统文化、劳动人民的安全智慧等思政元素渗透到教材内容中。弘扬工匠精神、树立文化自信、增强民族自豪感、厚植爱国主义情怀，激励学生学有所成、学以致用、守正创新、科技报国。

本教材是国家级职业教育建设工程管理专业教学资源库"建筑工程施工安全管理"课程配套教材，课程团队开发了大量数字化资源，读者可登录"智慧职教-职业教育专业教学资源库"网址，搜索"建设工程管理-建筑工程施工安全管理"课程学习。

本教材由日照职业技术学院牵头，联合多所职业院校和相关企业组建编写团队共同完成。本教材由徐锡权、王宁担任主编并统稿，申淑荣、张恩正、焦秀玲、陈海军担任副主编，具体编写分工如下：日照职业技术学院徐锡权、王宁和申淑荣编写项目 1、任务 2.3、任务 3.7、任务 3.8 和任务 4.1，重庆工程职业技术学院张恩正编写任务 3.2 和任务 3.5，江苏城乡建设职业学院陈海军编写任务 3.1 和任务 3.4，合肥财经职业学院张书红编写任务 2.1，陕西省建筑职工大学高凤和陕西建工安装集团有限公司刘宾灿编写任务 2.2、任务 3.3，日照市自然资源和规划局焦秀玲和黑龙江建筑职业技术学院关升编写任务 3.6，渤海理工职业学院刘青山编写任务 4.2，成都职业技术学院杨敏编写项目 5。本教材由山东锦华建设集团有限公司总工、工程技术研究员白伟波主审。

本教材在编写过程中参考了大量文献资料，在此谨向各位编著者表示衷心的感谢。

限于编者的水平和经验，教材中难免存在疏漏和不足之处，敬请读者批评指正。

目录

项目 1

项目 2

项目 4

项目 5

项目 1　安全管理基础

 学习目标

1. 知识目标

(1) 熟悉安全员岗位职责。

(2) 掌握安全管理基本概念。

(3) 掌握安全生产管理基本原理以及事故致因理论。

(4) 熟悉安全生产管理基本原则。

(5) 熟悉安全生产法律法规。

2. 能力目标

(1) 能综合运用安全生产管理基本原理和安全生产法律法规解决安全生产问题。

(2) 结合后续项目的学习初步具备安全员的基本素质。

3. 素质目标

(1) 养成良好的日常安全行为习惯。

(2) 树立以人为本、生命至上的安全理念。

(3) 增强责任意识、勇于担当、积极作为。

(4) 培养法治思维、坚持底线思维。

引言

敬畏生命·守护安全

中华文明历来注重"以人为本"，敬畏生命、尊重人的尊严与价值。《周易》云："天地之大德曰生"；《礼记》云："故人者，天地之心也，五行之端也"；《孙膑兵法》云："间于天地之间，莫贵于人"；《论语》有载："厩焚。子退朝，曰：'伤人乎？'不问马"；《左传》有载："火逾公宫，桓、僖灾……季桓子至，御公立于象魏之外，命救火者伤人则止，财可为也"。

人的生命与健康，关系国家长治久安，关系中华民族永续发展。"人命关天，发展决不能以牺牲人的生命为代价。这必须作为一条不可逾越的红线"。作为新时代建筑行业的中坚力量，我们要传承中华优秀传统文化，牢固树立"以人为本"的安全发展理念，弘扬"生命至上、安全第一"的安全思想，养成良好的安全行为习惯，牢记专职安全生产管理人员的责任与使命，珍爱生命、敬畏生命，依法治安、善于保护自己、保护他人，坚持做有思想、有态度、有温度、有力度的安全人。

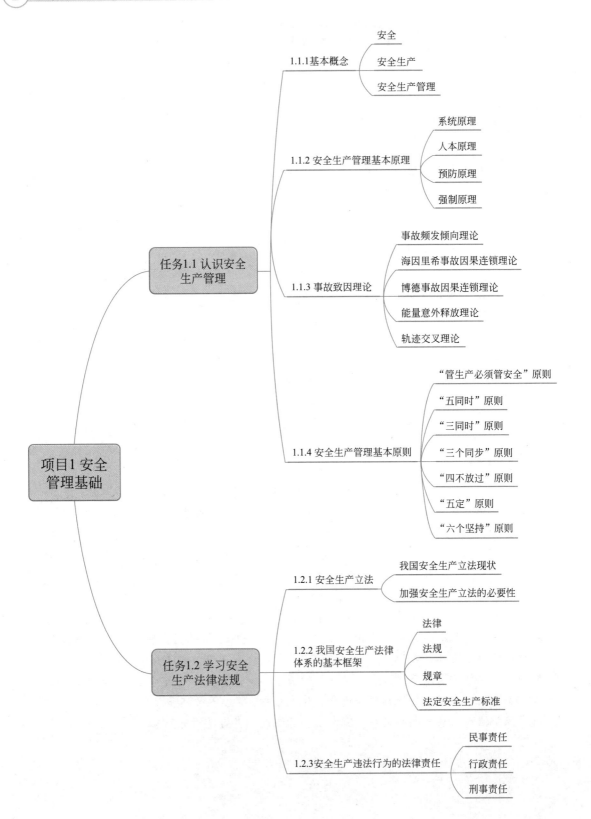

任务 1.1　认识安全生产管理

任务引入

从宿命论、经验论到系统论，从无意识地被动承受到主动对策，从单因素的就事论事到安全系统工程，从事后型的亡羊补牢到预防型的本质安全，人类对安全管理的认识越来越系统、深刻、全面，现代安全管理理论不断创新、发展与完善。

安全生产管理人员应该充分了解安全生产管理的发展历程，熟悉安全生产管理的基本理论，并且能够做到融会贯通、学以致用，善于运用安全生产基本原理指导安全生产实践活动。

1.1.1　基本概念

1. 安全

安全泛指没有危险、不出事故的状态，是一种"免除了不可接受的损害风险的状态"。即安全是一个相对的概念，是一种相对没有危险的状态。任何事物都存在不安全因素，都具有一定的危险性，当危险降低到人们普遍能够接受的程度时，就认为是安全的。

1-1

危险与安全

安全的含义十分广泛，狭义上的安全是指某一领域或系统中的安全，具有技术安全的含义，如机械安全、交通安全、建筑安全、化工安全等；广义上的安全可以扩展到生产、生活和生存领域的大安全，即全民、全社会的安全。

想一想：你知道什么是本质安全吗？

2. 安全生产

安全生产一般是指在生产经营活动中，为了避免造成人员伤害、财产损失、环境破坏及其他不可接受风险（危险）而采取相应的事故预防和控制措施，以保证从业人员的人身安全、保证生产经营活动得以顺利进行的相关活动。

安全生产不仅直接关系到企业自身的利益和发展，更是涉及人民群众包括生命健康在内的根本利益。安全生产问题既是挑战也是机遇，做好安全生产工作，可以避免企业直接或间接的经济损失，降低企业发展风险，提升企业竞争力和社会形象，促进企业长远发展，维持行业秩序，维护社会和谐稳定。

1-2

安全生产

根据《中华人民共和国安全生产法》（简称《安全生产法》）的规定，安全生产工作应当以人为本，坚持人民至上、生命至上，把保护人民生命安全摆在首位，牢固树立安全发展理念；遵循"管行业必须管安全、管业务必须管安全、管生产经营必须管安全"的原则；强化和落实生产经营单位主体责任与政府监管责任，建立企业负责、职工参与、政府监管、行业自律和社会监督的机制。

💡查一查：我国安全生产工作的基本方针是什么？

3. 安全生产管理

安全生产管理是指运用人力、物力和财力等有效资源，利用计划、组织、指挥、协调、控制等措施，控制物的不安全因素和人的不安全行为，实现安全生产的活动。

1-3
安全生产管理

安全生产管理是一个系统性、综合性的管理过程，生产经营单位应当利用科学的管理方法和技术措施，将事故预防、应急措施与保险补偿等多种手段有机结合，以达到控制事故、保障安全、完成生产任务的目的。

1.1.2 安全生产管理基本原理

安全生产管理应遵循管理和安全的普遍规律，服从管理和安全的基本原理。安全生产管理基本原理对于研究事故规律、认识事故的本质、指导预防事故等，都具有重要的意义，是企业安全生产活动的重要理论依据。

1. 系统原理

系统原理是运用系统的观点、理论和方法，对管理活动进行充分的分析，以达到管理的优化目标，即从系统论的角度来认识和处理管理中出现的问题。

系统原理的运用原则：

1-4
系统原理

（1）整分合原则。现代高效率的管理必须在整体规划下明确分工，在分工基础上进行有效的综合。"整"，即企业制定整体目标进行宏观决策时，必须把安全目标纳入其中，作为整体规划的重要内容；"分"，即明确分工，层层落实，建立健全安全生产组织体系和安全生产责任制度，人人明确目标和责任；"合"，即强化安全管理部门的职能，树立权威，保证强有力地协调控制，实现有效综合。

（2）反馈原则。成功高效的管理离不开灵活、准确、快速的反馈，反馈原则对企业安全生产具有重要意义。企业内部条件和外部环境不断变化，为维持系统稳定，企业应当建立有效的反馈系统和信息系统，及时捕捉、反馈不安全信息，采取措施消除或控制不安全因素，使系统运行回到安全的轨道上来。安全检查、隐患整改、事故统计分析、考核评价等都是反馈原则在企业安全管理中的运用。

（3）封闭原则。在任何一个管理系统的内部，管理手段、管理过程等必须构成连续、封闭的回路，才能形成有效的管理活动。根据封闭原则，企业应当建立如图1-1所示的包括决策、执行、监督检查和反馈等具有封闭回路的组织机构。

（4）弹性原则。构成管理系统的各要素是运动和发展的，它们相互联系又相互制约。企业管理必须保持充分的弹性，即具有灵活性和适应性，以及时适应客观事物各种可能的

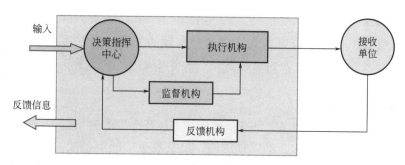

图 1-1　封闭原则示意图

变化，实现有效的动态管理。

2. 人本原理

在管理活动中，对管理效果起决定性作用的因素是人，管理对象的全部要素和管理的整个过程都需要人去掌握和推动。在管理活动中，必须把人的因素放在首位，体现以人为本的指导思想。

人本原理的运用原则：

（1）动力原则。推动管理活动的基本力量是人，管理必须有能够激发人的工作能力的动力。管理系统中的动力主要来自物质、精神和信息三个方面。

（2）能级原则。现代管理理论认为，任何单位和个人都具有一定的能量。在管理系统中，可以根据单位和个人的能级来确定岗位和责任，对不同的能级授予不同的权力和责任，给予不同的激励，使其责、权、利与能级相符，充分发挥不同能级的能量，以保证系统结构的稳定性和管理的有效性。企业决策层、管理层、执行层、操作层的设置就是能级原理的体现。

（3）激励原则。激励原则是利用外部诱因刺激，以科学的手段激发人的内在潜力，使其充分发挥出积极性、主动性和创造性。工作动力主要来自人的内在动力、外部压力以及工作吸引力。

（4）行为原则。现代管理心理学强调，需要与动机是决定人的行为的基础，人类的行为规律是需要决定动机、动机产生行为、行为指向目标、目标完成需要得到满足，由此又产生新的需要、动机、行为，以实现新的目标，如图 1-2 所示。掌握了这个规律，管理人员就能对员工进行有效的科学管理，最大限度发掘员工的潜能。

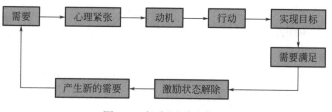

图 1-2　行为原则示意图

3. 预防原理

安全生产管理工作应该以预防为主，通过有效的管理和技术手段，减少和防止人的不安全行为和物的不安全状态出现，从而使事故发生的概率降到最低。

1-6

预防原理

预防原理的运用原则：

（1）偶然损失原则。事故损失具有偶然性，事故所产生的后果以及后果的严重程度都是随机的、难以预测的。反复发生的同类事故，并不一定产生相同的后果。因此，根据事故损失的偶然性，无论事故是否造成了损失，防止后续事故发生损失的唯一办法就是防止事故再次发生。

（2）因果关系原则。事故是许多因素互为因果连续发生的最终结果，事故因素及其因果关系决定了事故或早或迟必然要发生。掌握事故因果关系，砍断事故因素的环链，消除事故发生的必然性，就有可能防止事故的发生。

（3）3E原则。造成人的不安全行为和物的不安全状态的主要原因可归结为四个方面，即技术原因、教育原因、身体和态度原因、管理原因。针对这四个方面的原因，可以采取三种防治对策，即工程技术（Engineering）对策、教育（Education）对策、强制（Enforcement）对策。

（4）本质安全化原则。本质安全化是指从一开始和从本质上实现了安全化，从根本上消除事故发生的可能性，从而达到预防事故发生的目的。本质安全化是安全生产管理预防原理的根本体现，也是安全生产管理的最高境界。

4. 强制原理

强制原理是指采取强制管理的手段控制人的意愿和行为，使个人的活动、行为等受到安全生产管理要求的约束，从而实现有效的安全生产管理。

强制原理的运用原则：

（1）安全第一原则。在进行生产和其他活动时，把安全工作放在一切工作的首要位置。当生产或其他活动与安全发生矛盾时，以安全为主。

（2）监督原则。为了使安全生产法律法规得到落实，必须设立安全生产监督管理部门，对企业的生产活动进行监督管理。

1.1.3　事故致因理论

事故致因理论是探索事故发生、发展规律，研究事故始末过程，揭示事故本质的理论。通过对事故致因理论的研究，能够为事故的预测预防、科学的安全生产决策提供理论依据。

1-7

事故致因理论

1. 事故频发倾向理论

1919年，英国的格林伍德和伍兹把许多工业事故发生次数按照泊松分布、偏倚分布和非均等分布进行了统计分析，发现工厂中存在事故频发倾向者。

在此研究基础上，1939年，法默和查姆勃等人明确提出了事故频发倾向理论。事故频发倾向是指个别容易发生事故的稳定的个人内在倾向。事故频发倾向者往往有如下的性格特征：感情冲动、脾气暴躁，冒失慌张、没有耐心，消极倦怠、不求上进，自我约束能力差，理解能力低，判断和思考能力差，动作不灵活，工作效率低等。事故频发倾向者的存在是工业事故发生的主要原因，即少数具有事故频发倾向的工人是事故频发倾向者，他们的存在是工业事故发生的主要原因。如果企业中减少了事故频发倾向者，就可以减少工业事故。因此，人员选择就成了预防工业事故的重要措施。

尽管事故频发倾向理论把工业事故的发生归因于少数事故频发倾向者的观点是不科学的，然而从职业适合性的角度来看，关于事故频发倾向的认识也有一定的可取之处。

2. 海因里希事故因果连锁理论

美国的海因里希在《工业事故预防》中阐述了根据当时的工业安全实践总结出来的工业安全理论，其中包括事故因果连锁理论。海因里希事故因果连锁理论认为，伤亡事故的发生不是一个孤立的事件，尽管伤害可能在某个瞬间突然发生，却是一系列原因事件相继发生的结果。

1-8
事故频发倾向性理论

海因里希把工业伤害事故的发生发展过程描述为具有一定因果关系事件的连锁，即人员伤亡的发生是事故的结果，事故的发生原因是人的不安全行为或物的不安全状态，人的不安全行为或物的不安全状态是由于人的缺点造成的，人的缺点是由于不良环境诱发或者是由先天的遗传因素造成的。

海因里希将事故因果连锁过程概括为遗传及社会环境、人的缺点、人的不安全行为或物的不安全状态、事故、伤害等五个因素，用多米诺骨牌来形象地描述这种事故因果连锁关系。如图1-3所示，在多米诺骨牌系列中，一颗骨牌被碰倒了，则将发生连锁反应，其余的几颗骨牌相继被碰倒。如果移去中间的一颗骨牌，则连锁被破坏，事故过程被中止。他认为，企业安全工作的重心就是防止人的不安全行为、消除物的不安全状态，中断事故连锁的过程，从而避免事故的发生。

1-9
海因里希模型

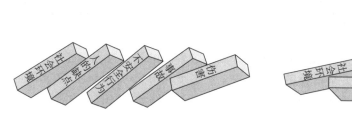
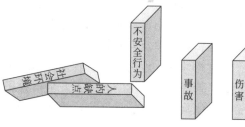

图1-3 海因里希事故因果连锁模型

💡 想一想：你听说过海因里希事故法则吗？该法则对事故预防的启示有哪些？

3. 博德事故因果连锁理论

博德在海因里希事故因果连锁理论的基础上，提出了现代事故因果连锁理论。博德的事故因果连锁过程同样为五个因素，分别是控制不足、基本原因、直接原因、事故、伤害损失，如图1-4所示。

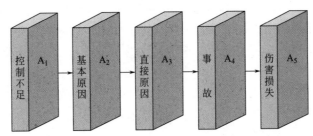

A₁—管理；A₂—起源（工作方面原因、个人原因）；
A₃—征兆（人的不安全行为、物的不安全状态）；A₄—接触；A₅—结果

图1-4　博德事故因果连锁模型

博德事故因果连锁理论认为：事故的直接原因是人的不安全行为、物的不安全状态，间接原因包括个人因素及与工作有关的因素，根本原因是管理的缺陷，即管理上存在的问题或缺陷是导致间接原因存在的原因，间接原因的存在又导致直接原因的存在，最终导致事故发生。

人的不安全行为和物的不安全状态是事故的直接原因，这点是最重要的，是必须加以追究的原因。但是，直接原因不过是基本原因的征兆，是一种表面现象。在实际工作中，如果只抓住作为表面现象的直接原因而不追究其背后隐藏的深层原因，就永远不能从根本上杜绝事故的发生。安全管理人员应该能够预测及发现这些作为管理缺陷的征兆的直接原因，采取恰当的改善措施；同时，为了在经济上及实际可能的情况下采取长期的控制对策，必须努力找出其基本原因。

4. 能量意外释放理论

1961年，吉布森从能量观点提出"事故是一种不正常的或不希望的能量释放，各种形式的能量是构成伤害的直接原因"。因此，应该通过控制能量或控制作为能量达及人体媒介的能量载体来预防伤害事故。在吉布森的研究基础上，哈登完善了能量意外释放理论，提出"人受伤害的原因只能是某种能量的转移"。在一定条件下，某种形式的能量能否产生伤害造成人员伤亡事故，取决于能量大小、接触能量时间长短、频率以及力的集中程度。

1-10

能量意外释放理论

能量意外释放理论从事故发生的物理本质出发，阐述了事故的连锁过程，如图1-5所示。由于管理失误引发的人的不安全行为和物的不安全状态及其相互作用，使不正常的或不希望的危险物质和能量释放，并转移于人体、设施，造成人员伤亡和财产损失。

想一想：依据能量意外释放理论，我们可以采取哪些具体措施来预防安全事故？

5. 轨迹交叉理论

轨迹交叉理论认为，伤害事故是许多相互联系的事件（人和物）顺序发展的结果。当人的不安全行为和物的不安全状态在各自发展过程中（轨迹），在一定时间、空间发生了接触（交叉），能量转移于人体时，伤害事故就会发生，如图1-6所示。

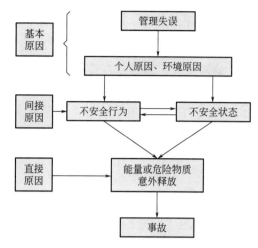

图 1-5 能量意外释放理论的事故连锁过程

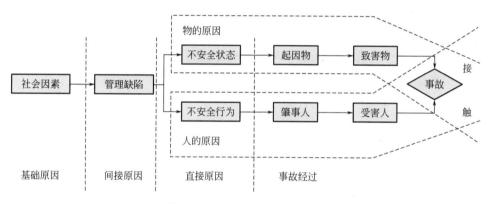

图 1-6 轨迹交叉理论事故模型

根据轨迹交叉理论,事故的发生是人的运动轨迹与物的运动轨迹异常接触所致,是物直接接触于人,或是人暴露于有害环境之中。人与物运动轨迹的交叉点,即异常接触点就是事故发生的时空。因此,控制人的不安全行为、控制物的不安全状态、防止人和物发生时空交叉,是预防事故发生的基本措施。

1-11

轨迹交叉理论

查一查:什么是系统安全理论?

1.1.4 安全生产管理基本原则

1. "管生产必须管安全"原则

"管生产必须管安全"原则是指项目各级领导和全体员工在生产过程中必须坚持在抓生产的同时抓好安全工作。

"管生产必须管安全"原则将安全寓于生产之中,体现了安全和生产的统一。生产组织者在生产技术实施过程中,应当承担安全生产的责任,把"管生产必须管安全"原则落实到每个员工的岗位责任制上去，从组织上、制度上固定下来，以保证这一原则的实施。

2."五同时"原则

"五同时"原则是指企业的领导和主管部门在策划、布置、检查、总结、评价生产经营的时候，应同时策划、布置、检查、总结、评价安全工作。把安全工作落实到每一个生产组织管理环节中去，促使企业在生产工作中把对生产的管理与对安全的管理结合起来，使得企业在管理生产的同时，贯彻执行安全生产方针及法律法规，建立健全安全生产规章制度，根据企业自身特点和工作需要设置安全管理专门机构，配备专职人员。

3."三同时"原则

"三同时"原则是指凡是在我国境内新建、改建、扩建的基本建设项目、技术改造项目和引进的建设项目，其劳动安全卫生设施必须符合国家规定的标准，必须与主体工程同时设计、同时施工、同时投入生产和使用，以确保项目投产后符合劳动安全卫生要求，保障劳动者在生产过程中的安全与健康。

4."三个同步"原则

"三个同步"原则是指安全生产与经济建设、企业深化改革、技术改造同步策划、同步发展、同步实施的原则。"三个同步"原则要求把安全生产内容融入生产经营活动的各个方面，以保证安全与生产的一体化，克服安全与生产"两张皮"的弊病。

5."四不放过"原则

"四不放过"是指在调查处理工伤事故时，必须坚持事故原因分析不清不放过，事故责任者和群众没受到教育不放过，事故隐患不整改不放过，事故的责任者没有受到处理不放过。

6."五定"原则

"五定"即定整改责任人、定整改措施、定整改完成时间、定整改完成人、定整改验收人。

7."六个坚持"原则

"六个坚持"即坚持管生产同时管安全，坚持目标管理，坚持预防为主，坚持全员管理，坚持过程控制，坚持持续改进。

任务 1.2　学习安全生产法律法规

任务引入

　　安全生产、法治先行。安全生产立法，有利于全面加强我国安全生产法律体系建设，规范企业安全生产工作，提高从业人员安全素质，增强全民安全法律意识。构建良好的法律环境，建立健全安全生产法律体系，是全面推进依法治安的必然要求，也是推动安全生产形势实现根本好转的重要保障。

　　作为安全生产管理人员，必须学法知法，熟悉常见的安全生产法律法规；牢固树立安全生产法治意识；善于用法，做到有法必依、依法治安。

1.2.1 安全生产立法

1. 我国安全生产立法现状

安全生产法治建设是发展社会主义市场经济的客观需要，是社会主义文明进步的重要标志，也是预防各类事故、消除安全隐患、实现安全生产的重要保障。

党中央、国务院历来高度重视安全生产工作，中华人民共和国成立之后，特别是改革开放以来，我们国家采取了一系列措施加强安全生产工作，逐步加快有关安全生产的立法步伐。2002年6月29日，第九届全国人民代表大会常务委员会第二十八次会议通过了《安全生产法》，自2002年11月1日起施行。《安全生产法》的颁布实施是我国安全生产法治建设中具有里程碑意义的一件大事，为加强安全生产监督管理，规范生产经营单位的安全生产行为提供了明确的法律依据。此后，《安全生产法》在2009年8月27日、2014年8月31日、2021年6月10日先后进行了三次修订。与此同时，安全生产其他有关法律、法规、规章和标准建设也不断加强，为加强安全生产工作，防止和减少生产安全事故，促进安全生产形势持续稳定好转、加快实现根本好转，切实保障人民群众生命和财产安全，促进经济社会持续健康发展，提供了有力的立法保障。

据有关数据统计，目前我国人大、国务院和相关主管部门已经颁布实施并仍然有效的有关安全生产的主要法律法规近二百件。其中包括《安全生产法》《中华人民共和国劳动法》（简称《劳动法》）《中华人民共和国职业病防治法》（简称《职业病防治法》）《中华人民共和国消防法》（简称《消防法》）《中华人民共和国建筑法》（简称《建筑法》）《中华人民共和国特种设备安全法》（简称《特种设备安全法》）等十多部法律；包括《国务院关于特大安全事故行政责任追究的规定》《安全生产许可证条例》《生产安全事故报告和调查处理条例》《危险化学品安全管理条例》《建设工程安全生产管理条例》等五十多部行政法规；包括《安全生产违法行为行政处罚办法》《安全生产领域违法违纪行为政纪处分暂行规定》《特种设备作业人员监督管理办法》等一百多部部委规章。各地人大和政府也陆续出台了不少地方性法规和地方政府规章。

目前我国安全生产标准化工作发展迅速，据不完全统计，国家及各行业颁布了涉及安全生产的国家标准、各类行业标准几千项以上。安全生产国家标准或者行业标准一经成为法律规定必须执行的技术规范，就具有了法律上的地位和效力，执行安全生产国家标准或者行业标准，就成为生产经营单位的法定义务，否则，要承担相应的法律责任。《安全生产法》有很多条款对必须执行安全生产国家标准或者行业标准有明确的规定，安全生产标准法律化是我国安全生产立法的重要趋势。

综上所述，当前我国以《安全生产法》为首，以相关法律、行政法规、部门规章、地方性法规、地方政府规章和安全生产国家标准、行业标准为主体的具有中国特色的安全生产法律体系已经构建，并在不断地健全和完善中。

2. 加强安全生产立法的必要性

安全生产立法是安全生产法治建设的前提和基础，安全生产法治建设是做好安全生产工作的重要保障。

（1）加强安全生产立法是依法加强和完善监督管理、规范安全生产、制裁安全生产违法行为的需要。

（2）加强安全生产立法有利于进一步提高全民安全法律意识，尤其是从业人员的安全生产法律意识和安全素质。

（3）加强安全生产立法有利于依法规范和解决安全生产实践中出现的新情况和新问题。

（4）现行安全生产立法尚存一些问题急需完善。

（5）经济和社会发展对立法保障人民群众安全健康提出了更新更高的要求。

目前我国正处于新的历史发展时期，新形势下的安全生产工作面临许多新情况、新问题、新特点，对安全生产监督管理工作也提出了新的更高要求。加强安全生产法治建设，充分运用法律手段加强监督管理，这是从根本上改变我国安全生产状况、加快实现安全生产形势根本好转的主要措施，也是贯彻依法治国基本方略的客观要求和建设社会主义法治国家的必然选择。

1.2.2　我国安全生产法律体系的基本框架

安全生产法律体系是一个包含多种法律形式和法律层次的综合性系统，是现行有效的各种安全生产法律规范形成的有机联系的统一整体。

我国现行立法体制是"一元、两级、多层次、多类型"。与此相适应，我国立法的效力是有层次的。法的效力层次是指规范性法律文件之间的效力等级关系，法的层级不同，其法律地位和效力也不同。不同的安全生产法律规范对同一类或者同一个安全生产行为作出不同法律规定的，以上位法的规定为准，适用上位法的规定。上位法没有规定的，可以适用下位法。同一层级的安全生产法律规范之间，特别规定优于一般规定，新的规定优于旧的规定。

根据法的不同层级和效力层次，我国安全生产法律体系的基本构成如下：

1. 法律

法律是安全生产法律体系中的上位法，居于整个体系的最高层级，其法律地位和效力高于行政法规、地方性法规、部门规章、地方政府规章等下位法。我国现行的有关安全生产的法律有《安全生产法》《消防法》《劳动法》《职业病防治法》《建筑法》等。

2. 法规

安全生产法规分为行政法规和地方性法规。

安全生产行政法规的法律地位和法律效力低于有关安全生产的法律，高于地方性安全生产法规、地方政府安全生产规章等下位法。现行的安全生产行政法规有《安全生产许可证条例》《生产安全事故报告和调查处理条例》《建设工程安全生产管理条例》等。

地方性安全生产法规的法律地位和法律效力低于有关安全生产的法律、行政法规，高于地方政府安全生产规章。安全生产地方性法规有《北京市安全生产条例》《山东省安全生产条例》等。

3. 规章

安全生产行政规章分为部门规章和地方政府规章。

部门规章是国务院有关部门依照安全生产法律、行政法规的规定或者国务院的授权制定发布的，其法律地位和法律效力低于法律和行政法规。

地方政府规章是由省、自治区、直辖市和较大的市的人民政府根据法律和法规，并按照规定的程序所制定的普遍适用于本行政区域的规定、办法、细则、规则等规范性文件。地方政府安全生产规章是最低层级的安全生产立法，其法律地位和法律效力低于其他上位法，不得与上位法相抵触。

4. 法定安全生产标准

安全生产标准法律化是我国安全生产立法的重要趋势。安全生产标准一旦成为法律规定必须执行的技术规范，就具备法律上的地位和效力。安全生产标准可以划分为国家标准、行业标准以及地方标准等。

安全生产国家标准是指国家标准化行政主管部门依照《中华人民共和国标准化法》（简称《标准化法》）制定的在全国范围内适用的安全生产技术规范，如《建筑施工安全技术统一规范》GB 50870—2013。

安全生产行业标准是指国务院有关部门和直属机构依照《标准化法》制定的在安全生产领域内适用的安全生产技术规范，如《建筑施工安全检查标准》JGJ 59—2011。行业安全生产标准对同一安全生产事项的技术要求，可以高于国家安全生产标准，但不得与其相抵触。

安全生产地方标准是由地方标准化主管部门或专业主管部门批准发布，在某一地区范围内适用的标准。

1.2.3 安全生产违法行为的法律责任

法律责任是指行为人由于违法行为、违约行为或者由于法律规定而应承受的某种不利的法律后果。法律责任不同于其他社会责任，法律责任的范围、性质、大小、期限等均在法律上有明确规定。《安全生产法》中涉及的法律责任主要包括民事责任、行政责任和刑事责任三种。

1. 民事责任

民事责任是指民事主体在民事活动中，因实施了民事违法行为，根据民法所应承担的对其不利的民事法律后果或者基于法律特别规定而应承担的民事法律责任。民事责任主要是财产责任，但也不限于财产责任，其功能是使受害人被侵犯的权益得以恢复，是一种民事救济手段。

《中华人民共和国民法典》规定，承担民事责任的方式主要有：停止侵害，排除妨碍，消除危险，返还财产，恢复原状，修理、重作、更换，继续履行，赔偿损失，支付违约金，消除影响、恢复名誉，赔礼道歉。在建设工程领域，安全生产违法行为的责任主体应依法承担相关民事责任。

2. 行政责任

行政责任是指违反有关行政管理的法律法规规定，但尚未构成犯罪的行为，依法应承担的行政法律后果，包括行政处罚和行政处分。

（1）行政处罚

行政处罚是指行政机关依法对违反行政管理秩序的公民、法人或者其他组织，以减损权益或者增加义务的方式予以惩戒的行为。《中华人民共和国行政处罚法》规定，行政处罚的种类有：警告、通报批评；罚款、没收违法所得、没收非法财物；暂扣许可证件、降低资质等级、吊销许可证件；限制开展生产经营活动、责令停产停业、责令关闭、限制从业；行政拘留；法律、行政法规规定的其他行政处罚。

在建设工程领域，法律、行政法规所设定的行政处罚主要有：警告、罚款、没收违法所得、责令限期改正、责令停业整顿、取消一定期限内参加依法必须进行招标的项目投标资格、责令停止施工、降低资质等级、吊销资质证书、责令停止执业、吊销执业资格证书。

（2）行政处分

行政处分是指国家机关、企事业单位对所属的国家工作人员违法失职行为尚不构成犯罪，依据法律、法规所规定的权限给予的一种惩戒。行政处分种类有：警告、记过、记大过、降级、撤职、开除。对于有安全生产违法行为的管理人员和作业人员，相关企业和主管部门可按照管理权限，依据相关法律、法规的规定，给予相应的行政处分。

3. 刑事责任

刑事责任是指犯罪主体因违反刑法，实施了犯罪行为所应承担的法律责任。刑事责任是法律责任中最强烈的一种，其承担方式主要是刑罚。《中华人民共和国刑法》规定，刑罚分为主刑和附加刑。主刑的种类包括：管制、拘役、有期徒刑、无期徒刑、死刑。附加刑的种类包括：罚金、剥夺政治权利、没收财产。

在建设工程领域，常见的刑事法律责任有：工程重大安全事故罪，重大责任事故罪，强令、组织他人违章冒险作业罪，危险作业罪，重大劳动安全事故罪，消防责任事故罪，不报、谎报安全事故罪等。

（1）工程重大安全事故罪

建设单位、设计单位、施工单位、工程监理单位违反国家规定，降低工程质量标准，造成重大安全事故的，对直接责任人员，处五年以下有期徒刑或者拘役，并处罚金；后果特别严重的，处五年以上十年以下有期徒刑，并处罚金。

（2）重大责任事故罪

在生产、作业中违反有关安全管理的规定，因而发生重大伤亡事故或者造成其他严重后果的，处三年以下有期徒刑或者拘役；情节特别恶劣的，处三年以上七年以下有期徒刑。

（3）强令、组织他人违章冒险作业罪

强令他人违章冒险作业，或者明知存在重大事故隐患而不排除，仍冒险组织作业，因而发生重大伤亡事故或者造成其他严重后果的，处五年以下有期徒刑或者拘役；情节特别恶劣的，处五年以上有期徒刑。

（4）危险作业罪

在生产、作业中违反有关安全管理的规定，有下列情形之一，具有发生重大伤亡事故或者其他严重后果的现实危险的，处一年以下有期徒刑、拘役或者管制：

1）关闭、破坏直接关系生产安全的监控、报警、防护、救生设备、设施，或者篡改、隐瞒、销毁其相关数据、信息的；

2）因存在重大事故隐患被依法责令停产停业、停止施工、停止使用有关设备、设施、场所或者立即采取排除危险的整改措施，而拒不执行的；

3）涉及安全生产的事项未经依法批准或者许可，擅自从事矿山开采、金属冶炼、建筑施工，以及危险物品生产、经营、储存等高度危险的生产作业活动的。

（5）重大劳动安全事故罪

安全生产设施或者安全生产条件不符合国家规定，因而发生重大伤亡事故或者造成其他严重后果的，对直接负责的主管人员和其他直接责任人员，处三年以下有期徒刑或者拘役；情节特别恶劣的，处三年以上七年以下有期徒刑。

（6）消防责任事故罪

违反消防管理法规，经消防监督机构通知采取改正措施而拒绝执行，造成严重后果的，对直接责任人员，处三年以下有期徒刑或者拘役；后果特别严重的，处三年以上七年以下有期徒刑。

（7）不报、谎报安全事故罪

在安全事故发生后，负有报告职责的人员不报或者谎报事故情况，贻误事故抢救，情节严重的，处三年以下有期徒刑或者拘役；情节特别严重的，处三年以上七年以下有期徒刑。

知识链接

从业人员的安全生产权利义务

（节选自《安全生产法》第三章）

第五十二条　生产经营单位与从业人员订立的劳动合同，应当载明有关保障从业人员劳动安全、防止职业危害的事项，以及依法为从业人员办理工伤保险的事项。

生产经营单位不得以任何形式与从业人员订立协议，免除或者减轻其对从业人员因生产安全事故伤亡依法应承担的责任。

第五十三条　生产经营单位的从业人员有权了解其作业场所和工作岗位存在的危险因素、防范措施及事故应急措施，有权对本单位的安全生产工作提出建议。

第五十四条　从业人员有权对本单位安全生产工作中存在的问题提出批评、检举、控告；有权拒绝违章指挥和强令冒险作业。

生产经营单位不得因从业人员对本单位安全生产工作提出批评、检举、控告或者拒绝违章指挥、强令冒险作业而降低其工资、福利等待遇或者解除与其订立的劳动合同。

第五十五条　从业人员发现直接危及人身安全的紧急情况时，有权停止作业或者在采取可能的应急措施后撤离作业场所。

生产经营单位不得因从业人员在前款紧急情况下停止作业或者采取紧急撤离措施而降低其工资、福利等待遇或者解除与其订立的劳动合同。

第五十六条　生产经营单位发生生产安全事故后，应当及时采取措施救治有关人员。

因生产安全事故受到损害的从业人员，除依法享有工伤保险外，依照有关民事法律尚有获得赔偿的权利的，有权提出赔偿要求。

第五十七条　从业人员在作业过程中，应当严格落实岗位安全责任，遵守本单位的安全生产规章制度和操作规程，服从管理，正确佩戴和使用劳动防护用品。

第五十八条　从业人员应当接受安全生产教育和培训，掌握本职工作所需的安全生产知识，提高安全生产技能，增强事故预防和应急处理能力。

第五十九条　从业人员发现事故隐患或者其他不安全因素，应当立即向现场安全生产管理人员或者本单位负责人报告；接到报告的人员应当及时予以处理。

第六十条　工会有权对建设项目的安全设施与主体工程同时设计、同时施工、同时投入生产和使用进行监督，提出意见。

工会对生产经营单位违反安全生产法律、法规，侵犯从业人员合法权益的行为，有权要求纠正；发现生产经营单位违章指挥、强令冒险作业或者发现事故隐患时，有权提出解决的建议，生产经营单位应当及时研究答复；发现危及从业人员生命安全的情况时，有权向生产经营单位建议组织从业人员撤离危险场所，生产经营单位必须立即作出处理。

工会有权依法参加事故调查，向有关部门提出处理意见，并要求追究有关人员的责任。

第六十一条　生产经营单位使用被派遣劳动者的，被派遣劳动者享有本法规定的从业人员的权利，并应当履行本法规定的从业人员的义务。

职业能力训练

一、职业技能知识点考核

1. 单项选择题

（1）根据系统安全理论的观点，下列关于安全与危险的描述中，错误的是（　　）。

A. 安全是一个相对的概念　　　　　B. 危险是一种主观的判断

C. 可以根除一切危险源和危险　　　D. 安全工作贯穿于系统整个寿命周期

（2）依据系统安全理论，下列关于安全概念的描述中，错误的是（　　）。

A. 没有发生伤亡事故就是安全

B. 安全是一个相对的概念

C. 当危险度低于可接受水平时即为安全

D. 安全性（S）与危险性（D）互为补数，即 $S=1-D$

（3）本质安全中的（　　）功能是指当设备设施发生故障或损坏时仍能暂时维持正常工作或自动转变为安全状态。

A. 失误—安全　　　B. 行为—安全　　　C. 故障—安全　　　D. 控制—安全

（4）安全生产管理涉及企业中的所有人员、设备设施、物料、环境、财务、信息等各个方面，其管理的基本对象是（　　）。

A. 生产工艺　　　B. 设备设施　　　C. 企业员工　　　D. 作业环境

（5）某施工企业 2022 年发生了 17 起轻伤事故，轻伤 17 人。根据海因里希法则推测，该施工企业在 2022 年存在人的不安全行为起数约为（　　）起。

A. 17　　　　　B. 120　　　　　C. 176　　　　　D. 296

（6）海因里希因果连锁理论借助多米诺骨牌形象地描述了事故的因果连锁关系，在遗传及社会环境、人的缺点、不安全行为或不安全状态、事故、伤害五个要素中，企业安全工作的重心是控制（　　）。

A. 遗传及社会环境　　　　　　　B. 人的缺点

C. 不安全行为或不安全状态　　　D. 伤害

（7）为加强安全生产宣传教育工作，提高全民安全意识，我国自 2002 年开展"安全生产月"活动，每年的"安全生产月"活动都有一个主题，2023 年开展的第 22 个全国"安全生产月"活动的主题是（　　）。

A. 安全第一、预防为主　　　　　　B. 落实安全责任，推动安全发展

C. 遵守安全生产法 当好第一责任人　　D. 人人讲安全、个个会应急

（8）某施工现场进行有限空间作业时，3 名临时招募的劳务人员未经正式培训直接进入现场工作，1 名先进入作业的劳务人员中毒晕倒，另外 2 人立即进入抢救，因没有穿戴任何防护设备均中毒倒地，导致 3 人死亡，为防止类似事故再发生，应采取的防范措施是（　　）。

A. 不得招用临时工从事有限空间作业

B. 不准任何人再进入该有限空间

C. 对新上岗工人进行安全知识培训上岗

D. 永久封闭出事地点

（9）依据《安全生产法》的规定，安全生产工作应当坚持的"十二字方针"指的是（　　）。

A. 以人为本、安全第一、持续发展　　B. 以人为本、生命至上、安全发展

C. 安全第一、预防为主、综合治理　　D. 政府监管、行业自律、社会监督

（10）《安全生产法》确立的安全生产工作机制是（　　）。

A. 生产经营单位负责、行业自律、社会监督、国家监察

B. 生产经营单位负责、政府监管、国家监察、中介机构提供服务

C. 生产经营单位负责、职工参与、政府监管、行业自律、社会监督

D. 生产经营单位负责、职工参与、行业自律、中介机构提供服务

（11）某施工现场进行吊装作业，为防止吊装物料大量滑落，班组长要求作业人员站在吊装的物料上，根据《安全生产法》，作业人员正确的做法是（　　）。

A. 执行班组长的工作指令　　　　B. 系上安全带进行作业

C. 拒绝班组长的工作指令　　　　D. 穿上防滑鞋进行作业

（12）根据《建筑法》，施工企业必须为职工办理的保险是（　　）。

    A. 意外伤害险　　　　　　　　　　　B. 工伤保险

    C. 职业责任险　　　　　　　　　　　D. 建筑工程一切险

（13）依据《工伤保险条例》的规定，下列情况中不能认定为工伤的情形是（　　）。

    A. 某职工在易燃作业场所内吸烟，导致火灾，本人受伤

    B. 某职工外出参加会议期间，在宾馆内洗澡时滑倒，造成腿骨骨折

    C. 某职工在上班途中，受到非本人主要责任的交通事故伤害

    D. 某职工在下班后清理机床时，机床意外启动造成职工受伤

（14）根据《安全生产法》，生产经营单位的从业人员的安全生产权利不包括（　　）。

    A. 紧急避险权　　　　　　　　　　　B. 批评、检举、控告权

    C. 正确佩戴安全帽　　　　　　　　　D. 拒绝违章指挥和强令冒险作业

（15）预防原理的运用原则不包括（　　）。

    A. 偶然损失原则　　　　　　　　　　B. 因果关系原则

    C. 监督原则　　　　　　　　　　　　D. 本质安全化原则

（16）将企业的安全生产管理组织结构划分为决策层、管理层、执行层、操作层，这是对（　　）的应用。

    A. 动力原则　　　　B. 能级原则　　　　C. 激励原则　　　　D. 行为原则

（17）《建设工程安全生产管理条例》属于（　　）。

    A. 法律　　　　　　B. 行政法规　　　　C. 部门规章　　　　D. 司法解释

（18）某施工现场开挖沟槽，作业中现场未采取任何安全支撑措施。作业人员乙认为风险很大，要求暂停作业，但施工队长甲某以不下去干活就扣本月奖金相威胁，坚持要求继续作业，乙拒绝甲某的指挥。依据《安全生产法》的规定，下列关于企业对乙可采取措施的说法中，正确的是（　　）。

    A. 不得给予乙任何处分　　　　　　　B. 可以扣除乙本月奖金

    C. 可以解除与乙订立的劳动合同　　　D. 可以降低乙的工资和福利待遇

（19）根据《建设工程安全生产管理条例》，注册执业人员未执行法律、法规和工程建设强制性标准的，造成重大安全事故的，（　　）不予注册。

    A. 3 个月以上 1 年以下　　　　　　　B. 3 年以内

    C. 5 年以内　　　　　　　　　　　　D. 终身

（20）依据《刑法》的规定，由于强令他人违章冒险作业而导致重大伤亡事故发生或者造成其他严重后果，情节特别恶劣的，应处以（　　）有期徒刑。

    A. 10 年以上　　　　B. 7 年以上　　　　C. 5 年以上　　　　D. 3 年以上

2. 判断题

（1）作业人员在作业前有权了解作业场所和工作岗位存在的危险因素，防范措施和应急措施。（　　）

（2）依据《刑法》的规定，建设单位、设计单位、施工单位、工程监理单位违反国家规定，降低工程质量标准，造成重大安全事故的，对直接责任人员处五年以上十年以下有期徒刑。（　　）

（3）施工单位未根据不同施工阶段和周围环境及季节、气候的变化，在施工现场采取相应的安全施工措施，责令限期改正；逾期未改正的，责令停业整顿，并处 5 万元以上 10

万元以下的罚款。（　　）

（4）地方政府安全生产规章的法律效力低于有关安全生产的法律、行政法规，高于地方性安全生产法规。（　　）

（5）危险是绝对的，当危险降低到人们普遍能够接受的程度时，就认为是安全的。（　　）

（6）从业人员发现直接危及人身安全的紧急情况时，有权停止作业或者在采取可能的应急措施后撤离作业场所。（　　）

（7）从业人员有权拒绝接受单位提供的安全生产教育培训。（　　）

（8）根据轨迹交叉理论，预防事故发生的根本措施是防止人和物发生时空交叉。（　　）

（9）本质安全化是安全生产管理预防原理的根本体现，也是安全生产管理的最高境界。（　　）

（10）能量意外释放理论认为事故是一种不正常的或不希望的能量释放，机械能、热能、化学能等各种形式的能量是构成伤害的直接原因。（　　）

3. 思考简答题

（1）查阅相关资料，阐述安全员的岗位职责。

（2）搜集与安全生产相关的法律法规、规范性文件以及安全生产标准等，列一份现行的安法清单。

二、能力训练项目

1. 根据本年度的全国"安全生产月"活动主题，为某建筑施工企业编制一份切实可行、行之有效的活动策划方案，或者制作一份活动宣传海报。

2. 登录住房和城乡建设部、各地住建部门官方网站，查阅建设工程项目违法违规行为通报，了解案例背景，以小组为单位，开展一次"以案说法"的课堂展示活动。

三、交流讨论

1. 你听说过以下安全管理的基本理论吗：冰山理论、木桶理论、蛙水效应、需求层次理论、破窗理论……，请任选一种，思考并讨论该理论在建设工程项目安全生产管理实践中的指导意义。

2. "明慎所职，毋以身试法"（《汉书·王尊传》）。结合本项目的学习内容，谈谈你对这句话的理解。

项目 2 施工安全管理策划

学习目标

1. 知识目标
(1) 熟悉安全生产管理体系及组织机构的设置。
(2) 掌握安全生产管理计划的编制内容及常见的安全生产管理制度。
(3) 掌握施工现场安全文明施工的基本要求。
(4) 了解建筑行业职业病防治措施及各工种劳动防护用品配备要求。
2. 能力目标
(1) 能参与项目安全文明施工策划并编制安全文明施工方案。
(2) 能制定项目部安全生产管理制度、安全操作规程等相关文件。
(3) 能组织现场安全文明施工。
(4) 能识别施工现场的职业病危害因素并制定防控措施。
(5) 能正确使用劳动防护用品并进行符合性检查。
3. 素质目标
(1) 养成绿色低碳、文明健康的生活方式。
(2) 树立安全第一、预防为主的安全理念。
(3) 增强环保意识，坚持可持续发展理念。
(4) 树立职业健康意识，增强自我防护和维权意识。
(5) 培养决策判断、计划组织以及协调控制能力。

引言

居安思危·有备无患

《诗经》有云："迨天之未阴雨，彻彼桑土，绸缪牖户。"《左传·襄公》云："居安思危，思则有备，备则无患。"《礼记·中庸》云："凡事豫则立，不豫则废。"荀悦《申鉴·杂言》云："进忠有三术：一曰防；二曰救；三曰戒。先其未然谓之防，发而止之谓之救，行而责之谓之戒。防为上，救次之，戒为下。"《黄帝内经》、先秦典籍《鹖冠子》、药王孙思邈《千金方》中均载有"上医治未病，中医治欲病，下医治已病"的中医理念……

"执古之道、以御今之有"。中华民族的传统安全文化、智者先贤的安全智慧亦适用于现代安全生产管理。安全生产"防为上"，事故千防胜于一治。安全生产管理的重点应放在建立事故预防体系上，从源头上防范化解重大安全风险，才能有效防止和减少事故，保证人的生命安全，保障行业、企业健康可持续发展，维护社会的安全稳定。

项目2 施工安全管理策划
├─ 任务2.1 安全生产策划
│   ├─ 2.1.1职业健康安全管理体系的构建
│   │   ├─ 职业健康安全管理体系标准
│   │   ├─ 职业健康安全管理体系的结构和模式
│   │   └─ 企业职业健康安全管理体系的建立
│   ├─ 2.1.2安全生产管理机构的设置
│   │   ├─ 企业安全生产管理机构
│   │   └─ 项目安全生产管理领导小组
│   ├─ 2.1.3安全生产管理计划
│   │   └─ 安全生产管理计划的基本内容
│   └─ 2.1.4安全生产管理制度
│   ├─ 安全监督检查制度
│   ├─ 安全生产许可制度
│   ├─ 施工企业三类人员考核任职制度
│   ├─ 特种作业人员持证上岗制度
│   ├─ 危及施工安全的工艺、设备、材料淘汰制度
│   ├─ 安全生产责任制度
│   ├─ 施工现场带班制度
│   ├─ 安全技术交底制度
│   ├─ 专项施工方案管理制度
│   └─ 安全生产教育培训制度
├─ 任务2.2 文明施工策划
│   ├─ 2.2.1施工现场场容管理
│   │   ├─ 施工场地与道路
│   │   ├─ 施工现场封闭管理
│   │   ├─ 施工现场临时设施
│   │   ├─ 施工现场材料堆放
│   │   ├─ 施工标牌
│   │   └─ 安全标志
│   ├─ 2.2.2施工现场消防安全管理
│   │   ├─ 施工单位的消防安全职责
│   │   ├─ 施工现场临时消防设施
│   │   ├─ 施工现场防火布局要求
│   │   ├─ 施工现场临时用房防火要求
│   │   ├─ 在建工程防火要求
│   │   ├─ 可燃物及易燃易爆危险品管理
│   │   ├─ 施工现场用(动)火管理
│   │   ├─ 施工现场用电管理
│   │   └─ 施工现场用气管理
│   └─ 2.2.3施工现场环境保护
│   ├─ 施工现场大气污染的防治
│   ├─ 施工现场水污染的防治
│   ├─ 施工现场固体废弃物污染的防治
│   ├─ 施工现场噪声污染的防治
│   └─ 施工现场光污染的防治
└─ 任务2.3 职业健康策划
    ├─ 2.3.1职业病与职业病防治
    │   ├─ 职业病
    │   └─ 职业病防治
    ├─ 2.3.2职业病危害因素的识别
    │   ├─ 职业病危害因素
    │   └─ 建筑行业职业病危害因素
    ├─ 2.3.3建筑行业职业病危害因素的预防控制
    │   ├─ 基本要求
    │   ├─ 粉尘的预防控制措施
    │   ├─ 噪声的预防控制措施
    │   ├─ 高温的预防控制措施
    │   ├─ 振动的预防控制措施
    │   ├─ 化学毒物的预防控制措施
    │   ├─ 紫外线的预防控制措施
    │   └─ 生物因素的预防控制措施
    └─ 2.3.4建筑施工作业劳动防护
        ├─ 劳动防护用品的类型
        ├─ 劳动防护用品的配备
        └─ 劳动防护用品的使用与管理

任务 2.1　安全生产策划

任务引入

　　安全生产，重在策划。建设工程项目开工前，参建单位应建立健全安全生产管理体系，设置安全生产管理机构，组织安全生产策划，明确安全生产目标，制订安全技术措施；针对危险性较大的分部分项工程，编制安全专项施工方案；针对施工现场多发事故，编制专项应急预案；全面细致地做好各项准备工作。通过事前精心策划，有效整合资源，统筹推进安全生产工作，提高安全生产效益。

2.1.1　职业健康安全管理体系的构建

　　随着人类社会进步和科技发展，职业健康安全问题越来越受到关注，为了保证作业人员在项目建设过程中的健康和安全，建筑施工企业必须加强职业健康安全管理，建立健全职业健康安全管理体系。

1. 职业健康安全管理体系标准

　　2020 年 3 月 6 日，国家市场监督管理总局、国家标准化管理委员会发布《职业健康安全管理体系　要求及使用指南》GB/T 45001—2020，该标准等同采用 ISO 45001：2018《Occupational health and safety management systems-Requirements with guidance for use》。

　　职业健康安全管理体系是现代企业管理体系的一部分，在对标世界一流管理的同时，我们的企业也应当更加重视职业健康安全管理体系的建设。

2. 职业健康安全管理体系的结构和模式

　　（1）职业健康安全管理体系的结构

　　《职业健康安全管理体系　要求及使用指南》GB/T 45001—2020 中关于职业健康安全管理体系的结构如图 2-1 所示。从图中可以看出，该标准由"范围""规范性引用文件""术语和定义""组织所处的环境""领导作用和工作人员参与""策划""支持""运行""绩效评价""改进"十部分组成。

　　（2）职业健康安全管理体系的运行模式

　　为适应现代职业健康安全管理的需要，《职业健康安全管理体系　要求及使用指南》GB/T 45001—2020 强调，职业健康安全管理体系的目的和预期结果是防止对工作人员造成与工作相关的伤害和健康损害，并提供健康安全的工作场所。实施符合该标准的职业健康安全管理体系，能使组织管理其职业健康安全风险并提升职业健康安全绩效。职业健康安全管理体系运行模式如图 2-2 所示。

3. 企业职业健康安全管理体系的建立

　　（1）领导决策

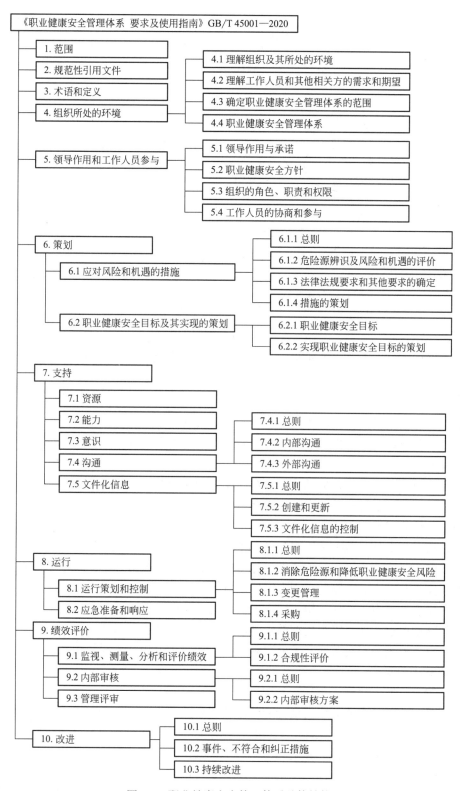

图 2-1　职业健康安全管理体系总体结构

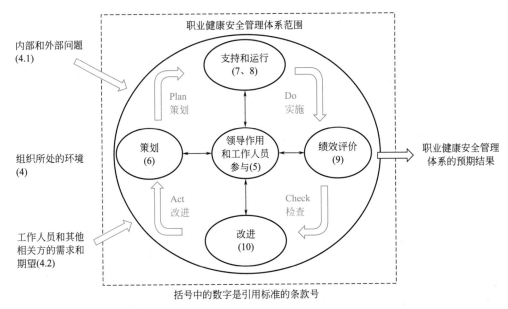

图 2-2 职业健康安全管理体系运行模式

最高管理者亲自决策,以便获得各方面的支持,有助于获得体系建立过程中所需的资源。

(2)成立工作组

最高管理者或者授权管理者代表组建工作小组负责建立体系。工作小组的成员要覆盖组织的主要职能部门,组长负责协调各职能部门间的人力、资金、信息获取工作。

(3)人员培训

培训的目的是使有关人员具有完成对职业健康安全有影响的任务的相应能力,了解建立体系的重要性,了解标准的主要思想和内容。

(4)初始状态评审

初始状态评审是对组织过去和现在的职业健康安全信息、状态进行收集、调查分析、识别,获取现行法律法规和其他要求,进行危险源辨识和风险评价。评审结果将作为确定职业健康安全管理方针、制定管理方案、编制体系文件的基础。

初始状态评审内容包括:辨识工作场所中的危险源;明确适用的有关职业健康安全法律法规和其他要求;评审组织现有的管理制度,并与标准进行对比;评审过去的事故,进行分析评价,检查组织是否建立了处罚和预防措施;了解相关方对组织在职业健康安全管理工作的看法和要求。

(5)制定方针、目标、指标和管理方案

方针是组织对其职业健康安全行为的原则和意图的声明,也是组织自觉承担其责任和义务的承诺。方针不仅为组织确定了总的指导方向和行动准则,而且是评价一切后续活动的依据,并为更加具体的目标和指标提供一个框架。

职业健康安全目标、指标的制定是组织为了实现其在职业健康安全方针中所体现出的管理理念及其对整体绩效的期许与原则,与企业的总目标相一致。

管理方案是实现目标、指标的行动方案。为保证职业健康安全管理体系目标的实现,需结合年度管理目标和企业客观实际情况，策划制定职业健康安全管理方案，方案中应明确旨在实现目标、指标的相关部门的职责、方法、时间表以及资源的要求。

（6）管理体系策划与设计

管理体系策划与设计是依据制定的方针、目标、指标和管理方案确定组织机构职责和筹划各种运行程序。策划与设计的主要工作包括：确定文件结构，确定文件编写格式，确定各层文件名称及编号，制定文件编写计划，安排文件的审查、审批和发布工作。

（7）体系文件编写

1）编写原则

职业健康安全管理体系是系统化、结构化、程序化的管理体系，是遵循 PDCA 管理模式并以文件为支持的管理制度和管理办法。体系文件编写和实施应遵循以下原则：标准要求的要写到、文件写到的要做到、做到的要有有效记录。

2）管理手册的编写

管理手册是对组织整个管理体系的整体性描述，为体系的进一步展开以及后续程序文件的制定提供了框架要求和原则规定，是管理体系的纲领性文件。手册可使组织的各级管理者明确体系概况，了解各部门的职责权限和相互关系，以便统一分工和协调管理。

管理手册除了反映组织管理体系需要解决的问题所在，也反映出了组织的管理思路和理念。同时也向组织内外部人员提供了查询所需文件和记录的途径，相当于体系文件的索引。其主要内容包括：方针、目标、指标和管理方案，管理、运行、审核和评审工作人员的主要职责、权限和相互关系，关于程序文件的说明和查询途径，关于管理手册的管理、评审和修订工作的规定。

3）程序文件的编写

程序文件的编写应符合以下要求：程序文件要针对需要编制程序文件体系的管理要素；程序文件的内容可按"4W1H"的顺序和内容来编写，即明确程序中管理要素由谁做（Who）、什么时间做（When）、在什么地点做（Where）、做什么（What）、怎么做（How）；程序文件一般格式可按照目的和适用范围、引用的标准及文件、术语和定义、职责、工作程序、报告和记录的格式以及相关文件等的顺序来编写。

4）作业文件的编制

作业文件是指管理手册、程序文件之外的文件，一般包括作业指导书（操作规程）、管理规定、监测活动准则及程序文件引用的表格。其编写的内容和格式与程序文件的要求基本相同。在编写之前应对原有的作业文件进行清理，择其有用，删除无关。

（8）文件的审查、审批与发布

文件编写完成后应进行审查，经审查、修改、汇总后进行审批，然后发布。

💡 想一想：你知道什么是"三标"体系认证吗？企业进行"三标"体系认证的意义是什么？

2.1.2 安全生产管理机构的设置

安全生产管理机构是指企业及其在建项目中设置的负责安全生产管理工作的独立职能

部门，它是企业安全生产的重要组织保证。《建设工程安全生产管理条例》明确规定：施工单位应当设置安全生产管理机构，配备专职安全生产管理人员。

1. 企业安全生产管理机构

建筑施工企业应当依法设置安全生产管理机构，在企业主要负责人的领导下开展本企业的安全生产管理工作。建筑施工企业安全生产管理机构具有以下职责：

（1）宣传和贯彻国家有关安全生产法律法规和标准。

（2）编制并适时更新安全生产管理制度并监督实施。

（3）组织或参与企业生产安全事故应急预案的编制及演练。

（4）组织开展安全生产教育培训与交流。

（5）协调配备项目专职安全生产管理人员。

（6）制定企业安全检查计划并组织实施。

（7）监督在建项目安全生产费用的使用。

（8）参与危险性较大的分部分项工程安全专项施工方案专家论证会。

（9）通报在建项目违规违章查处情况。

（10）组织开展安全生产评优评先表彰工作。

（11）建立企业在建项目安全生产管理档案。

（12）考核评价分包企业安全生产业绩及项目安全生产管理情况。

（13）参加生产安全事故的调查和处理工作。

（14）企业明确的其他安全生产管理职责。

建筑施工企业安全生产管理机构专职安全生产管理人员在施工现场检查过程中具有以下职责：

（1）查阅在建项目安全生产有关资料、核实有关情况。

（2）检查危险性较大的分部分项工程安全专项施工方案落实情况。

（3）监督项目专职安全生产管理人员履责情况。

（4）监督作业人员安全防护用品的配备及使用情况。

（5）对发现的安全生产违章违规行为或安全隐患，有权当场予以纠正或作出处理决定。

（6）对不符合安全生产条件的设施、设备、器材，有权当场作出查封的处理决定。

（7）对施工现场存在的重大安全隐患有权越级报告或直接向建设主管部门报告。

（8）企业明确的其他安全生产管理职责。

2. 项目安全生产管理领导小组

建筑施工企业应当在建设工程项目组建安全生产管理领导小组。建设工程实行施工总承包的，安全生产管理领导小组由总承包企业、专业承包企业和劳务分包企业项目经理、技术负责人和专职安全生产管理人员组成。

项目安全生产管理领导小组作为工程项目安全生产最高管理机构，主要履行以下职责：

（1）贯彻落实国家有关安全生产法律法规和标准。

（2）组织制定项目安全生产管理制度并监督实施。

（3）编制项目生产安全事故应急预案并组织演练。

（4）保证项目安全生产费用的有效使用。

（5）组织编制危险性较大的分部分项工程安全专项施工方案。

（6）开展项目安全生产教育培训。

（7）组织实施项目安全检查和隐患排查。

（8）建立项目安全生产管理档案。

（9）及时如实报告生产安全事故。

建筑施工企业应当实行建设工程项目专职安全生产管理人员委派制度。建设工程项目的专职安全生产管理人员应当定期将项目安全生产管理情况上报企业安全生产管理机构。项目专职安全生产管理人员具有以下主要职责：

（1）负责施工现场安全生产日常检查并做好检查记录。

（2）现场监督危险性较大的分部分项工程安全专项施工方案实施情况。

（3）对作业人员违规违章行为有权予以纠正或查处。

（4）对施工现场存在的安全隐患有权责令立即整改。

（5）对于发现的重大安全隐患，有权向企业安全生产管理机构报告。

（6）依法报告生产安全事故情况。

💡 想一想：你知道安全生产管理机构中专职安全生产管理人员的配备要求吗？

2.1.3　安全生产管理计划

安全生产管理计划是安全生产策划的结果之一，安全生产管理计划的基本内容一般应包括：

（1）安全生产管理计划审批表。

（2）编制说明。

（3）工程概况。主要包括工程基本情况介绍以及工程难点分析等。

（4）安全生产管理方针及目标。安全生产管理方针是对安全生产工作总的要求，是安全生产工作的指导思想和行为准则，为安全生产指明方向。安全生产管理目标应包括伤亡控制指标、安全文明施工达标目标、创优目标等。

（5）安全生产及文明施工管理体系要求。成立以项目经理为施工现场安全生产管理第一责任人的安全生产管理领导小组，明确安全生产管理领导小组的主要职责；明确施工现场安全生产管理组织架构；明确项目部主要管理人员的安全生产责任。

（6）安全生产保证体系文件。包括适用的安全支持性文件清单、安全生产保证计划的适用范围、安全生产保证计划的管理要求等。

（7）实施。主要包括安全职责、教育和培训、文件控制、安全物资采购和进场验证、分包控制、施工过程控制、事故的应急救援等。

（8）检查和改进。包括安全检查的控制、纠正和预防措施、内部审核以及安全评估等。

（9）安全记录。明确安全记录的主管部门或岗位的职责与权限，项目需建立的安全记录清单，安全记录的填写和保管要求等。

2.1.4　安全生产管理制度

《建筑法》《安全生产法》《安全生产许可证条例》等与建设工程有关的法律法规，对政府部门、相关企业及人员的建设工程安全生产和管理行为进行了全面的规范，确立了一系列建设工程安全生产管理制度。

1. 安全监督检查制度

依据《房屋建筑和市政基础设施工程施工安全监督规定》（建质〔2014〕153 号）的规定，建筑和市政基础设施工程施工安全监督，是指住房城乡建设主管部门依据有关法律法规，对房屋建筑和市政基础设施工程的建设、勘察、设计、施工、监理等单位及人员履行安全生产职责，执行法律、法规、规章、制度及工程建设强制性标准等情况实施抽查并对违法违规行为进行处理的行政执法活动。

凡从事房屋建筑、土木工程、设备安装、管线敷设等施工和构配件生产活动的单位及个人，都必须接受国务院住房城乡建设主管部门、县级以上地方人民政府住房城乡建设主管部门或其所属的施工安全监督机构的施工安全监督，并依法接受国家安全监察。

住房城乡建设主管部门施工安全监督的主要内容包括：

（1）抽查工程建设责任主体履行安全生产职责情况；

（2）抽查工程建设责任主体执行法律、法规、规章、制度及工程建设强制性标准情况；

（3）抽查建筑施工安全生产标准化开展情况；

（4）组织或参与工程项目施工安全事故的调查处理；

（5）依法对工程建设责任主体违法违规行为实施行政处罚；

（6）依法处理与工程项目施工安全相关的投诉、举报。

住房城乡建设主管部门应当加强施工安全监督机构建设，建立施工安全监督工作考核制度。监督机构应当依照下列程序实施工程项目的施工安全监督：

（1）受理建设单位申请并办理工程项目安全监督手续；

（2）制定工程项目施工安全监督工作计划并组织实施；

（3）实施工程项目施工安全监督抽查并形成监督记录；

（4）评定工程项目安全生产标准化工作并办理终止施工安全监督手续；

（5）整理工程项目施工安全监督资料并立卷归档。

监督机构在实施工程项目的施工安全监督过程中，有权采取下列措施：

（1）要求工程建设责任主体提供有关工程项目安全管理的文件和资料；

（2）进入工程项目施工现场进行安全监督抽查；

（3）发现安全隐患，责令整改或暂时停止施工；

（4）发现违法违规行为，按权限实施行政处罚或移交有关部门处理；

（5）向社会公布工程建设责任主体安全生产不良信息。

施工安全监督人员应当具备相应的条件，不得玩忽职守、滥用职权、徇私舞弊。施工安全监督人员在监督过程中存在下列行为之一，造成严重后果的，给予行政处分；构成犯罪的，依法追究刑事责任：

（1）发现施工安全违法违规行为不予查处的；

（2）索取或者接受他人财物，或者谋取其他利益的；

（3）对涉及施工安全的举报、投诉不处理的。

2. 安全生产许可制度

根据《建筑施工企业安全生产许可证管理规定》，国家对建筑施工企业实行安全生产许可制度。建筑施工企业未取得安全生产许可证的，不得参加建设工程投标和从事建筑施工活动。建筑施工企业从事建筑施工活动前，应当向企业注册所在地省、自治区、直辖市人民政府住房城乡建设主管部门申请领取安全生产许可证。

建筑施工企业取得安全生产许可证，应当具备下列安全生产条件：

2-1

安全生产许可证的申领

（1）建立、健全安全生产责任制，制定完备的安全生产规章制度和操作规程。

（2）保证本单位安全生产条件所需资金的投入。

（3）设置安全生产管理机构，按照国家有关规定配备专职安全生产管理人员。

（4）主要负责人、项目负责人、专职安全生产管理人员经住房城乡建设主管部门或者其他有关部门考核合格。

（5）特种作业人员经有关业务主管部门考核合格，取得特种作业操作资格证书。

（6）管理人员和作业人员每年至少进行一次安全生产教育培训并考核合格。

（7）依法参加工伤保险，依法为施工现场从事危险作业的人员办理意外伤害保险，为从业人员缴纳保险费。

（8）施工现场的办公、生活区及作业场所和安全防护用具、机械设备、施工机具及配件符合有关安全生产法律、法规、标准和规程的要求。

（9）有职业危害防治措施，并为作业人员配备符合国家标准或者行业标准的安全防护用具和安全防护服装。

（10）有对危险性较大的分部分项工程及施工现场易发生重大事故的部位、环节的预防、监控措施和应急预案。

（11）有生产安全事故应急救援预案、应急救援组织或者应急救援人员，配备必要的应急救援器材、设备。

（12）法律、法规规定的其他条件。

国务院住房城乡建设主管部门负责对全国建筑施工企业安全生产许可证的颁发和管理工作进行监督指导；省、自治区、直辖市人民政府住房城乡建设主管部门负责本行政区域内建筑施工企业安全生产许可证的颁发和管理工作；市、县人民政府住房城乡建设主管部门负责本行政区域内建筑施工企业安全生产许可证的监督管理，并将监督检查中发现的企业违法行为及时报告安全生产许可证颁发管理机关。

2-2

安全生产许可证的监督管理

颁发管理机关应当建立建筑施工企业安全生产条件的动态监督检

查制度，并将安全生产管理薄弱、事故频发的企业作为监督检查的重点。若发现企业降低安全生产条件，应视降低情况对其依法实施暂扣或吊销安全生产许可证的处罚。

市、县级人民政府建设主管部门或其委托的建筑安全监督机构在日常安全生产监督检查中，应当查验承建工程施工企业的安全生产许可证。发现企业降低施工现场安全生产条件的或存在事故隐患的，应立即提出整改要求；情节严重的，应责令工程项目停止施工并限期整改。

3. 施工企业三类人员考核任职制度

根据住房和城乡建设部颁布的《建筑施工企业主要责任人、项目负责人和专职安全生产管理人员安全生产考核管理暂行规定》，为贯彻落实《安全生产法》《建筑工程安全生产管理条例》和《安全生产许可证条例》，提高建筑施工企业主要负责人、项目负责人、专职安全生产管理人员安全生产知识水平和管理能力，保证建筑施工安全生产，对建筑施工企业三类人员进行考核认定。

2-3

施工企业三类人员考核任职制度

（1）企业主要负责人

建筑施工企业主要负责人是指对本企业日常生产经营活动和安全生产工作全面负责、有生产经营决策权的人员，包括企业法定代表人、经理、企业分管安全生产工作的副经理等。

（2）项目负责人

建筑施工企业项目负责人是指由企业法定代表人授权，负责建设工程项目管理的负责人等。

（3）专职安全生产管理人员

建筑施工企业专职安全生产管理人员是指在企业专职从事安全生产管理工作的人员，包括企业安全生产管理机构的负责人及其工作人员和施工现场专职安全生产管理人员。

建筑施工企业三类人员必须经建设行政主管部门或者其他有关部门考核合格，取得安全生产考核合格证书后方可担任相应职务。安全生产考核内容主要包括安全生产知识和管理能力。三类人员取得安全生产考核合格证书后，应当认真履行安全生产管理职责，接受建设行政主管部门的监督检查。建设行政主管部门应当加强对建筑施工企业管理人员履行安全生产管理职责情况的监督检查。发现有违反安全生产法律法规、未履行安全生产管理职责、不按规定接受企业年度安全生产教育培训、发生死亡事故，情节严重的，应当收回安全生产考核合格证书，并限期改正，重新考核。

4. 特种作业人员持证上岗制度

建筑施工特种作业人员是指在建筑施工活动中，从事可能对本人、他人及周围设备设施的安全造成重大危害作业的人员。

建筑施工特种作业包括：

（1）建筑电工。

（2）建筑架子工。

（3）建筑起重信号司索工。

（4）建筑起重机械司机。

（5）建筑起重机械安装拆卸工。

（6）高处作业吊篮安装拆卸工。

（7）经省级以上人民政府建设主管部门认定的其他特种作业。

建筑施工特种作业人员必须经过建设主管部门考核（安全技术理论考试和实际操作技能考核）合格，取得建筑施工特种作业人员操作资格证书，方可上岗从事相应作业。建筑施工特种作业操作资格证的有效期为两年。有效期满需要延期的，建筑施工特种作业人员应当于期满前三个月内向原考核发证机关申请办理延期复核手续。延期复核合格的，资格证书有效期延期两年。

2-4

特种作业人员
持证上岗制度

国务院建设主管部门负责全国建筑施工特种作业人员的监督管理工作。省、自治区、直辖市人民政府建设主管部门负责本行政区域内建筑施工特种作业人员的监督管理工作。

5. 危及施工安全的工艺、设备、材料淘汰制度

根据《建设工程安全生产管理条例》的规定，国家对严重危及施工安全的工艺、设备、材料实行淘汰制度。严重危及施工安全的工艺、设备、材料是指不符合生产安全要求，极可能导致生产安全事故发生，致使人民生命和财产遭受重大损失的工艺、设备和材料。

工艺、设备和材料在建设活动中属于物的因素，相对于人的因素来说，这种因素对安全生产的影响是一种"硬约束"。如果使用了严重危及施工安全的工艺、设备和材料，即使安全管理措施再严格，人的作用发挥得再充分，也仍旧难以避免生产安全事故的发生。因此，工艺、设备、材料和施工安全息息相关。国家对严重危及施工安全的工艺、设备和材料实行淘汰制度，一方面有利于保障安全生产，另一方面也体现了优胜劣汰的市场经济规律，有利于提高生产经营单位的工艺水平，促进设备更新。

对于严重危及施工安全的工艺、设备和材料实行淘汰制度，需要国务院建设行政主管部门会同国务院其他有关部门确定哪些是严重危及施工安全的工艺、设备和材料，并且以明示的方式予以公布。对于已经公布的严重危及施工安全的工艺、设备和材料，建设单位和施工单位都应当严格遵守和执行，不得继续使用，也不得转让他人使用。

6. 安全生产责任制度

安全生产责任制度是最基本的安全生产管理制度，是所有安全生产管理制度的核心。安全生产责任制度是按照安全生产管理方针和管生产的同时必须管安全的原则，将各级负责人员、各职能部门及其工作人员和各岗位生产工人在安全生产方面应做的事及应负的责任加以明确规定，在劳动生产过程中对安全生产层层负责的一种制度。施工企业应当建立健全安全生产责任制度，通过制定安全生产责任制度，建立一种分工明确、奖罚分明、运行有效、责任落实，能够充分发挥作用的、长效的安全生产机制，把安全生产工作落到实处。

2-5

安全生产责任
制度

（1）企业安全管理部门的安全生产责任

1）认真贯彻执行国家和省市有关建筑安全生产的方针、政策、法律、法规、规章、标准、规范和规范性文件。

2）负责本单位和工程项目的安全生产、文明施工检查，监督检查安全事故隐患整改情况。

3）参加审查施工组织设计、安全专项施工方案和安全技术措施，并对贯彻执行情况进行监督检查。

4）掌握安全生产情况，调查研究生产过程中的不安全问题，提出改进意见，制定相应措施。

5）负责安全生产宣传教育工作，会同教育、劳动人事等有关职能部门对管理人员、作业人员进行安全技术和安全知识教育培训。

6）参与制定本单位的安全操作规程和生产安全事故应急救援预案。

7）制止违章指挥和违章作业行为，对违反安全生产规章制度和安全操作规程的行为依照本单位的规定实施处罚。

8）负责生产安全事故的统计上报工作，参与本单位生产安全事故的调查和处理。

（2）工程项目部的安全生产责任

1）工程项目部应建立以项目负责人为第一责任人的安全生产责任制度，安全生产责任制度应经责任人签字确认。

2）工程项目部应健全各项安全生产管理制度，备有各工种安全技术操作规程。

3）工程项目部应建立以项目负责人为组长，由技术、质量、安全、设备、施工、材料等管理人员参加的安全生产管理领导小组，按规定配备专职安全生产管理人员。

4）对实行经济承包的工程项目，承包合同中应明确安全生产考核指标。

5）工程项目部应制定安全生产资金保障制度，编制资金使用计划，并按计划实施，确保购置、制作各种安全防护设施、设备、工具、材料及文明施工设施和工程抢险等需要的资金，做到专款专用。

6）工程项目部应制定以伤亡事故控制、现场安全达标、文明施工为主要内容的安全生产管理目标。

7）工程项目部应按照安全生产管理目标和项目管理人员职责对安全生产责任目标进行层层分级。

8）工程项目部应建立对安全生产责任制度和责任目标的考核制度，并按考核制度进行考核。

（3）管理人员及作业人员的安全生产责任

安全生产人人有责，施工企业从管理人员到作业人员的安全生产责任见表2-1。

管理人员及作业人员的安全生产责任　　　　　　　　　　　　　　表 2-1

人员类别	安全生产责任
施工单位主要负责人	1）认真贯彻、执行国家有关建筑安全生产的方针、政策、法律、法规和标准，贯彻、执行省市有关建筑安全生产的法规、规章、标准、规范和规范性文件； 2）组织和督促本单位安全生产工作，建立健全本单位安全生产责任制度； 3）组织制定本单位安全生产规章制度和操作规程；保证本单位安全生产所需资金的投入； 4）组织开展本单位的安全生产教育培训； 5）建立健全安全生产管理机构，配备专职安全生产管理人员，组织开展安全检查，及时消除生产安全事故隐患； 6）组织制订本单位生产安全事故应急预案，组织、指挥本单位事故应急救援工作； 7）发生事故后，及时组织抢救，采取措施防止事故扩大，同时保护好事故现场，并按照规定的程序及时如实报告，积极配合事故的调查处理。

人员类别	安全生产责任
项目负责人	1)认真贯彻、执行国家有关建筑安全生产的方针、政策、法律、法规和标准,贯彻、执行省市有关建筑安全生产的法规、规章、标准、规范和规范性文件; 2)落实本单位安全生产责任制度和安全生产规章制度; 3)建立工程项目安全生产保证体系,配备与工程项目相适应的安全管理人员; 4)保证安全防护和文明施工资金投入,为作业人员提供必要的个人劳动保护用具和符合安全、卫生标准的生产、生活环境; 5)落实本单位安全生产检查制度,对违反安全技术标准、规范和操作规程的行为及时予以制止或纠正; 6)落实本单位施工现场消防安全制度,确定消防责任人,按照规定配备消防器材、设施; 7)落实本单位安全生产教育培训制度,组织岗前和班前安全生产教育; 8)根据施工进度,落实本单位制定的安全技术措施,按规定程序进行安全技术交底; 9)使用符合要求的安全防护用具及机械设备,定期组织检查、维修、保养,保证安全防护设施有效和机械设备安全使用; 10)根据工程特点,组织对施工现场易发生重大事故的部位、环节进行监控; 11)按照本单位或总承包单位制定的施工现场生产安全事故应急预案,建立应急救援组织或者配备应急救援人员、器材、设备等,并组织演练; 12)发生事故后,积极组织抢救人员,采取措施防止事故扩大,同时保护好事故现场,按照规定的程序及时如实报告,积极配合事故的调查处理。
安全员	1)认真贯彻、执行国家有关建筑安全生产的方针、政策、法律、法规、标准和省市有关建筑安全生产的法规、规章、标准、规范和规范性文件; 2)监督安全专项施工方案和安全技术措施的执行,对施工现场安全生产进行监督检查; 3)发现生产安全事故隐患,及时向项目负责人和安全生产管理机构报告,并监督检查整改情况; 4)及时制止现场违章指挥、违章作业行为; 5)发生事故后,应积极参加抢救和救护,并按照规定的程序及时如实报告,积极配合事故的调查处理。
班组长	1)认真贯彻、执行国家和省市有关建筑安全生产方针、政策、法律、法规、规章、标准、规范和规范性文件; 2)具体负责本班组在施工过程中的安全管理工作,组织本班组的班前安全活动; 3)严格执行各项安全生产规章制度和安全操作规程; 4)严格执行安全技术交底; 5)不违章指挥和冒险作业,严格制止班组成员违章作业,对违章指挥提出意见,并有权拒绝执行; 6)发生生产安全事故后,积极参加抢救和救护,保护好事故现场,并按规定的程序如实报告。
施工作业人员	1)认真贯彻、执行国家和省市有关建筑安全生产方针、政策、法律、法规、规章、标准、规范和规范性文件; 2)认真学习、掌握本岗位的安全操作技能,提高安全意识和自我保护能力; 3)积极参加本班组的班前安全活动; 4)严格遵守工程建设强制性标准,以及本单位的各项安全生产规章制度和安全操作规程; 5)正确使用安全防护用具、机械设备;严格按照安全技术交底的规定和要求进行作业; 6)遵守劳动纪律,不违章作业,有权拒绝违章指挥; 7)发生生产安全事故后,保护好事故现场,并按照规定的程序及时如实报告。

7. 施工现场带班制度

根据《建筑施工企业负责人及项目负责人施工现场带班暂行办法》的规定,建筑施工企业应当建立企业负责人及项目负责人施工现场带班制度,并严格考核。施工现场带班制度应明确其工作内容、职责权限和考核奖惩等要求。施工现场带班包括企业负责人带班检查和项目负责人带班生产。

（1）企业负责人带班检查

企业负责人带班检查是指由建筑施工企业负责人带队实施对工程项目质量安全生产状况及项目负责人带班生产情况的检查。

企业负责人要定期带班检查，每月检查时间不少于其工作日的25％。带班检查时，应认真做好检查记录，并分别在企业和工程项目存档备查。对于有分公司（非独立法人）的企业集团，集团负责人因故不能到现场的，可书面委托工程所在地的分公司负责人对施工现场进行带班检查。工程项目出现险情或发现重大隐患时，建筑施工企业负责人应到施工现场带班检查，督促工程项目进行整改，及时消除险情和隐患。

（2）项目负责人带班生产

项目负责人是工程项目质量安全管理的第一责任人，应对工程项目落实带班制度负责。项目负责人带班生产时，要全面掌握工程项目质量安全生产状况，加强对重点部位、关键环节的控制，及时消除隐患。要认真做好带班生产记录并签字存档备查。

项目负责人每月带班生产时间不得少于本月施工时间的80％。因其他事务需离开施工现场时，应向工程项目的建设单位请假，经批准后方可离开。离开期间应委托项目相关负责人负责其外出时的日常工作。

项目负责人施工现场带班实行交接班制度，带班领导应当向接班的领导详细告知当前施工现场存在的问题、需要注意的事项等，并认真填写交接班记录。

项目带班管理应遵循"全面兼顾、重点防范、带班在工地、解决在现场"的原则，使风险始终处于可控状态，确保施工安全。

8. 安全技术交底制度

安全技术交底是指将预防和控制安全事故发生及减少其危害的安全技术措施以及工程项目、分部分项工程概况向各级管理及作业人员作出说明的活动。

施工企业及项目部应当建立健全安全技术交底制度，由专业技术人员根据批准的施工组织设计、专项施工方案、安全技术措施及现场作业环境等编制安全技术交底资料，逐级进行安全技术交底，并履行签字手续。安全技术交底制度是预防违章指挥、违章作业和伤亡事故发生的一种有效措施。

安全技术交底的主要依据有：

（1）施工图纸、施工图说明文件，包括有关设计人员对施工安全重点部位和环节方面的说明，对防范生产安全事故提出的指导意见，以及当采用新结构、新材料、新工艺和特殊结构时，设计人员提出的保障施工作业人员安全和预防生产安全事故的措施建议。

（2）施工组织设计、安全技术措施、安全专项施工方案。

（3）相关工种的安全技术操作规程。

（4）国家、行业的标准、规范。

（5）地方性法规及其他相关材料。

（6）建设单位或监理单位提出的特殊要求。

安全技术交底的基本要求如下：

（1）安全技术交底应逐级进行、分级管理，纵向延伸到班组全体作业人员。工程开工前，一般由公司环境安全监督部门负责向项目部进行安全生产管理首次交底；项目部负责向施工队长或班组长进行书面安全技术交底；施工队长或班组长根据交底要求，对操作工人进行针对性的班前作业安全技术交底，作业人员必须严格执行安全技术交底的要求。

（2）安全技术交底是对施工方案的细化和补充，安全技术交底的内容必须全面、具体、明确、有针对性和可操作性，结合具体操作部位，贯彻安全技术措施，明确关键部位的安全生产要点、操作及注意事项，保障安全生产的实施。交底必须贯穿于施工全过程。

（3）安全技术交底应进行书面交底，并辅以口头讲解，交底内容记录在《安全技术交底记录》中，安全技术交底工作完毕后，所有参加交底的人员必须履行签字手续，交底字迹要清晰，必须本人签字，不得代签。交底人、接受交底人、安全员三方各留执一份，并记录存档。

（4）项目技术负责人、安全员、班组长等要对安全技术交底的落实情况进行检查和监督，督促操作工人严格按照交底要求施工，制止违章作业现象发生。

9. 专项施工方案管理制度

危险性较大的分部分项工程是指房屋建筑和市政基础设施工程在施工过程中，容易导致人员群死群伤或者造成重大经济损失的分部分项工程。建设单位在申请领取施工许可证或办理安全监督手续时，应当提供危险性较大的分部分项工程清单和安全管理措施。

根据《危险性较大的分部分项工程安全管理规定》（住房和城乡建设部令第37号），施工单位应当在危险性较大的分部分项工程施工前组织工程技术人员编制专项施工方案。实行施工总承包的，专项施工方案应当由施工总承包单位组织编制。危险性较大的分部分项工程实行分包的，专项施工方案可以由相关专业分包单位组织编制。

专项施工方案应当由施工单位技术负责人审核签字、加盖单位公章，并由总监理工程师审查签字、加盖执业印章后方可实施。危险性较大的分部分项工程实行分包并由分包单位编制专项施工方案的，专项施工方案应当由总承包单位技术负责人及分包单位技术负责人共同审核签字并加盖单位公章。

对于超过一定规模的危险性较大的分部分项工程，施工单位应当组织召开专家论证会对专项施工方案进行论证。实行施工总承包的，由施工总承包单位组织召开专家论证会。专家论证前专项施工方案应当通过施工单位审核和总监理工程师审查。专家应当从地方人民政府住房城乡建设主管部门建立的专家库中选取，符合专业要求且人数不得少于5名。与本工程有利害关系的人员不得以专家身份参加专家论证会。专家论证会后，应当形成论证报告，对专项施工方案提出通过、修改后通过或者不通过的一致意见。专家对论证报告负责并签字确认。专项施工方案经论证需修改后通过的，施工单位应当根据论证报告修改完善后，重新履行审批程序。专项施工方案经论证不通过的，施工单位修改后应当按规定要求重新组织专家论证。

施工单位应当严格按照专项施工方案组织施工，不得擅自修改、调整。如因设计、结构、外部环境等因素发生变化确需修改的，修改后的专项施工方案应当按规定重新审核。专项施工方案实施前，编制人员或项目技术负责人应当向现场管理人员和作业人员进行安全技术交底。施工单位应当指定专人对方案实施情况进行现场监督。发现不按照方案施工的，应当要求其立即整改；发现有危及人身安全紧急情况的，应当立即组织作业人员撤离危险区域。施工单位技术负责人应当定期巡查专项施工方案实施情况。

对于按规定需要验收的危险性较大的分部分项工程，施工单位、监理单位应当组织有关人员进行验收。验收合格的，经施工单位项目技术负责人及项目总监理工程师签字后，方可进入下一道工序。

监理单位应当将危险性较大的分部分项工程列入监理规划和监理实施细则，应当针对工程特点、周边环境和施工工艺等，制定安全监理工作流程、方法和措施。监理单位应当对专项施工方案实施情况进行现场监理；对不按专项施工方案实施的，应当责令整改，施工单位拒不整改的，应当及时向建设单位报告；建设单位接到监理单位报告后，应当立即责令施工单位停工整改；施工单位仍不停工整改的，建设单位应当及时向住房城乡建设主管部门报告。

建设单位未按规定提供危险性较大的分部分项工程清单和安全管理措施，未责令施工单位停工整改的；未向住房城乡建设主管部门报告的；施工单位未按规定编制、实施专项施工方案的；监理单位未按规定审核专项施工方案或未对危险性较大的分部分项工程实施监理的；住房城乡建设主管部门应当依据有关法律法规予以处罚。

10. 安全生产教育培训制度

施工单位应当建立健全安全生产教育培训制度，制定教育培训计划，明确教育培训的意义和目的、种类和对象、内容和要求，落实教育培训组织和经费，根据实际需要，对不同人员、不同岗位和不同工种进行因人、因材施教，并建立健全教育培训档案制度，加强教学、登记及考核管理。

2-7

安全生产教育培训

（1）新进场的工人"三级"安全教育

新进场的工人必须接受三级安全教育培训，并经考核合格后，方可上岗，三级安全教育的主要培训内容见表 2-2。

三级安全教育培训内容　　　　　　　　　　　　表 2-2

三级安全教育	培训目的	培训内容
公司级	了解国家有关安全生产方面的法律法规，熟悉企业规章制度以及建筑施工特点	1）国家和地方有关安全生产方面的方针、政策及法律法规； 2）建筑行业施工特点及施工安全生产的目的和重要意义； 3）施工安全、职业健康和劳动保护的基本知识； 4）建筑施工工人安全生产方面的权利和义务； 5）企业施工生产特点及安全生产管理规章制度、劳动纪律； 6）企业历史上发生的重大安全事故和应汲取的教训。
项目级	熟悉建筑施工安全技术标准、项目规章制度和施工特点，对工程项目的危险源、重大危险源具有辨识能力和安全事故防范知识	1）施工现场安全生产、文明施工规章制度和劳动纪律； 2）工程概况、施工现场作业环境和施工安全特点； 3）机械设备、电气安全及高处作业的安全基本知识； 4）防火、防毒、防尘、防爆基本知识，安全防护设施的位置、性能和作用； 5）安全帽、安全带等常用安全防护用品佩戴、使用基本知识； 6）危险源、重大危险源的辨识和安全防范措施； 7）生产安全事故发生时自救、排险、抢救伤员、保护现场和及时报告等应急措施； 8）紧急情况和重大事故应急预案； 9）典型安全事故案例。

三级安全教育	培训目的	培训内容
班组级	掌握相应工种安全技术操作规程和安全保护用品使用方法,对危险性较大的部位和环节具有辨识能力和安全事故防范知识	1)本班组劳动纪律和安全生产、文明施工要求; 2)本班组作业环境、作业特点和危险源; 3)本工种安全技术操作规程及基本安全知识; 4)本工种涉及的机械设备、电气设备及施工机具的正确使用和安全防护要求; 5)采用"四新"技术施工的安全生产知识; 6)本工种职业健康要求及安全防护用品的主要功能、正确佩戴和使用方法; 7)本班组施工过程中易发事故的自救、排险、抢救伤员、保护现场和及时报告等应急措施; 8)本班组劳动力组织和班组安全活动情况; 9)本工种典型安全事故案例。

（2）企业年度安全生产教育

《建设工程安全生产管理条例》规定,施工单位应当对管理人员和作业人员每年至少进行一次安全生产教育培训,其教育培训情况记入个人工作档案。安全生产教育培训考核不合格的人员,不得上岗。

年度安全生产教育培训的内容主要包括:

1）国家、行业颁布的安全生产法律、法规、标准、规范。

2）地方新颁发的法规、规范性文件和地方标准、规范。

3）施工单位新制定的安全规章制度和操作规程。

4）典型安全事件和事故案例分析。

5）巩固已学习的知识等。

（3）作业人员转场、转岗和复岗安全教育

作业人员进入新的施工现场、改变工作岗位或者脱离原工作岗位 6 个月以上又回到原作业岗位前,应当重新进行安全生产教育培训,培训要求见表 2-3。未经教育培训或经教育培训考核不合格的人员,不得上岗作业。

作业人员转场、转岗、复岗安全教育培训要求   表 2-3

安全教育类型	培训要求
作业人员转场安全教育	所谓转场,是指作业人员进入新的施工现场。建设工程具有很强的单一性,地理位置、结构形式、气候条件、施工环境千差万别,施工现场的安全生产状况也是千差万别的,作业人员进入新的施工现场前,必须根据新的施工作业特点接受有针对性的安全生产教育,熟悉新的项目的安全生产规章制度,了解新的工程作业特点和安全生产应注意的事项,并经考核合格后方可上岗。
作业人员转岗安全教育	所谓转岗,是指作业人员进入新的岗位。建筑施工工序较多,多数情况下工序间的作业环境、设备的使用和操作工法均有较大差别,其他岗位的安全生产知识和经验不能满足新岗位的安全生产需要。因此,施工单位在作业人员进入新的岗位、从事新的工种作业前,必须根据新岗位的作业特点进行有针对性的安全生产教育培训,使作业人员熟悉新岗位的安全操作规程和安全注意事项,掌握新岗位的安全操作技能,并经考核合格后方可上岗。如果新的岗位属于特殊工种,还必须按照国家有关规定进行专门的安全培训,取得特种作业操作资格证书后,方可上岗作业。

安全教育类型	培训要求
作业人员复岗安全教育	所谓复岗,是指作业人员离开原作业岗位6个月以上,又回到原作业岗位。离开原作业岗位的原因可能是多方面的,教育内容应有针对性: 1)工伤后的复岗安全教育:首先要针对已发生的事故做全面分析,找出发生事故的主要原因,并制定预防对策,进而对复岗者进行安全意识教育,岗位安全操作技能教育及预防措施和安全对策教育等,引导其端正思想认识、吸取事故教训、提高作业技能; 2)休假后的复岗安全教育:因施工现场状况复杂,高处作业、露天作业、交叉作业多,职工常因各种原因的休假造成情绪波动、身体疲乏、精神分散、思想麻痹等状况,易产生不安全行为,导致事故发生。因此,要针对不同的休假心理特点,结合复岗者的具体情况消除其思想上的余波,有的放矢地进行教育; 3)复岗后转场安全教育:施工作业具有劳动对象的固定性和流动性,复岗后往往不在原施工现场作业,此时除按离岗原因进行有针对性的教育外,还应按转场要求进行安全教育。

(4) 节假日安全教育

节假日期间和前后,职工的思想和工作情绪不稳定,纪律松懈、思想麻痹,施工企业应当有针对性地加强节假日安全教育。

1) 加强对管理人员和作业人员的思想教育,稳定工作情绪。

2) 加强劳动纪律和安全规章制度的教育。

3) 班组长做好上岗前的安全教育,可结合安全技术交底内容进行。

4) 对较易发生事故的薄弱环节,进行专门的安全教育。

(5) "四新"安全教育

随着科学技术、社会经济和建筑行业的迅速发展,越来越多的新技术、新工艺、新设备、新材料(以下简称"四新")应用于工程建设中。施工单位在使用"四新"前必须对其进行充分的了解与研究,掌握其安全技术特性,有针对性地采取有效的安全防护措施,并对作业人员进行安全生产教育培训。

"四新"安全教育由施工单位技术部门和安全部门负责进行,其主要内容包括:

1) "四新"的特点、特性和使用方法。

2) "四新"投产使用后可能导致的新的危害因素及其防护方法。

3) "四新"安全管理制度和安全操作规程。

4) 采用"四新"应特别注意的事项。

(6) 其他经常性的安全生产宣传教育

根据施工单位的具体情况,安全生产教育培训可采取多种形式的经常性的安全生产宣传教育活动,如召开各种安全会议、班前班后会,举办安全活动日、安全知识竞赛活动、安全知识讲座,召开事故现场会,利用安全知识黑板报、宣传栏、安全简报、安全宣传挂图、安全标语进行宣传教育等。

想一想:季节性安全教育培训的主要内容有哪些?

任务 2.2 文明施工策划

任务引入

　　文明施工是保持施工现场良好的作业环境、卫生条件和工作秩序的有效手段，是现代化施工的一个重要标志。按照现代企业安全管理理念，在施工过程中不但要确保生产安全，还应该树立"以人为本"的指导思想，在安全达标的基础上争创文明工地，改善施工现场作业环境，丰富职工的文化生活，树立社会主义精神文明风貌，充分展现企业文化建设成就，展现企业形象与管理水平。

2.2.1 施工现场场容管理

　　文明施工贯穿建筑施工全过程，项目开工前应编制文明施工方案，制定文明施工措施，确保文明施工措施费的投入，监督检查文明施工方案执行情况及达标情况，保证项目文明施工目标的实现。施工现场布置紧凑合理，场容整洁，施工作业符合安全、消防及环保卫生要求，建立巡查制度和验收、巡查档案，组织现场巡查、验收，保证文明施工措施贯彻落实。

1. 施工场地与道路

　　（1）施工场地

　　如图 2-3 所示，施工现场的场地应当平整坚实，清除障碍物，无坑洼和凹凸不平，雨季不积水，大风天不扬尘；施工现场应具有良好的排水系统，设置排水沟、沉淀池等，保证现场排水通畅、无积水，防止泥浆、污水、废水外流或堵塞下水道和排水河道；对现场易产生扬尘污染的路面、裸露地面及存放的土方等，应采取合理、严密的防尘措施；为美化环境和防止扬尘，施工现场在温暖季节应进行绿化布置。

　　（2）施工现场道路

　　如图 2-4 所示，施工现场的道路应畅通、平整，应当有循环干道，满足施工运输及消防要求；施工现场主要道路及材料加工区地面应进行硬化处理，可以采用混凝土、预制块或用石屑、煤渣、砂石等压实整平，保证不沉陷、不扬尘，防止泥土带入市政道路；道路布置要与材料堆垛、仓库、吊车位置相协调、配合；施工现场主要道路应尽可能利用永久性道路，或先建好永久性道路的路基，在土建工程结束之前再铺路面。

2. 施工现场封闭管理

　　施工现场作业条件差，不安全因素多，在作业过程中既容易伤害作业人员，也容易伤害现场以外的人员。因此，必须在施工现场周围设置围挡，实施封闭式管理，将施工现场与外界隔离，防止"扰民"和"民扰"问题，同时保护环境、美化市容。

　　（1）封闭围挡

　　如图 2-5 所示，施工现场应沿工地四周连续设置封闭围挡，不得留有缺口。围挡材料

图 2-3　施工场地

图 2-4　施工现场道路

图 2-5　施工现场封闭围挡

应选用砌体、金属板材等硬性材料，并做到坚固、稳定、整洁和美观。市区主要路段和其他涉及市容景观路段的工地设置的围挡高度不低于 2.5m，其他工地的围挡高度不低于 1.8m。

围挡的安装应符合规范要求，禁止在围挡内侧堆放泥土、砂石等散状材料以及架管、模板等，严禁将围挡做挡土墙使用；雨后、大风后以及春融季节应当检查围挡的稳定性，发现问题及时处理。

（2）施工现场出入口

如图2-6所示，施工现场应当有固定的出入口，出入口处应设置大门；施工现场的大门应牢固美观，大门上应标有企业名称或企业标识；出入口处应当设置专职门卫、保卫人员，严格执行门卫管理制度及交接班记录制度。

图2-6 施工现场出入口控制

3. 施工现场临时设施

施工现场临时设施比较多，如图2-7所示，按照使用功能可分为：

（1）办公设施，包括办公室、会议室、资料室、门卫值班室等。

（2）生活设施，包括宿舍、食堂、厕所、淋浴室、阅览室、娱乐室、卫生保健室等。

图2-7 施工现场临时设施

（3）生产设施，包括材料仓库、防护棚、加工棚（如混凝土搅拌、砂浆搅拌、木材加工、钢筋加工等）、操作棚等。

（4）辅助设施，包括道路、现场排水设施、围挡、大门、供水处、吸烟处等。

临时设施必须合理选址、正确用材，确保满足使用功能和安全、卫生、环保及消防要求。两层以上、大跨度及其他临时房屋建筑物应进行结构计算，绘制简单施工图纸，并经企业技术负责人审批后方可搭建。

临时设施应布局合理、协调紧凑，充分利用地形，节约用地；尽量利用建设单位在施工现场或附近能提供的现有房屋和设施；充分利用当地材料，尽量采用活动式或容易拆装的房屋。生活性临时房屋可布置在工地现场以外，生产性临时设施应按照生产的需要在工地选择适当的位置，行政管理的办公室等应靠近工地，或在工地现场出入口；当生活性临时设施房屋设在工地现场以内时，一般应布置在现场的四周或集中于一侧；生产性临时设施，如混凝土搅拌站、钢筋加工棚、木材加工棚等，应全面分析比较确定位置。

临时设施的搭设与使用管理要求如下：

（1）施工现场作业区与办公区、生活区必须明显划分，确因场地狭窄不能划分的，要有可靠的隔离防护措施；宿舍、办公用房的防火等级应符合规范要求；办公室内布局合理，文件资料宜归类存放，并应保持室内清洁卫生。

（2）职工宿舍选择在通风干燥的位置，设置可开启式窗户，保证有必要的生活空间，床铺不得超过2层，严禁使用通铺；冬季宿舍内应有供暖和防一氧化碳中毒措施；夏季宿舍内应有防暑降温和防蚊蝇措施；建立卫生责任制度，生活垃圾及时清理，宿舍周围环境保持整洁、安全。

（3）食堂应有良好的通风和洁卫措施，远离厕所、垃圾站、有毒有害场所等污染源，燃气罐单独设置存放间，配备必要的排风、冷藏、隔油池、防鼠等设施，保持卫生整洁，有卫生许可证，炊事员持健康证上岗。

（4）施工现场应设固定的男、女简易淋浴室和厕所，并要保证结构稳定、牢固和防风雨。厕所的数量或布局满足现场人员需求，实行专人管理，及时清扫、消毒，保持整洁，有灭蚊蝇措施。

（5）施工现场的防护棚有加工棚、机械操作棚、通道防护棚等，大型防护棚可用砖混、砖木结构，并应进行结构计算，保证结构安全，小型防护棚可用钢管、扣件和脚手架材料搭设；防护棚应满足承重、防雨要求，在施工坠落半径之内的，棚顶应具有抗砸能力；防护棚可采用多层结构。

（6）仓库面积应根据在建工程的实际情况和施工阶段的需要通过计算确定；水泥仓库应选在地势较高、排水方便、靠近搅拌机的地方；易燃易爆仓库的位置应当符合防火、防爆安全距离要求；仓库内工具、器件、物品应分类集中放置，设置标牌，标明规格型号；易燃易爆和剧毒物品不得与其他物品混放，并建立严格的进出库制度，由专人管理。

4. 施工现场材料堆放

施工现场材料堆放的一般要求如下：

（1）建筑材料的堆放应根据用量大小、使用时间长短、供应与运输情况确定。用量大、使用时间长、供应运输方便的，应当分期分批进场，以减少堆场和仓库面积。

（2）建筑材料必须按施工现场总平面布置图堆放。材料堆场位置应便于运输和装卸，尽量减少二次搬运；地势较高、坚实、平坦，回填土应分层夯实，要有排水措施，符合安全、防火要求。

（3）建筑材料必须做到安全、整齐堆放，不得超高。按照品种、规格分类堆放，并设置明显标牌，标明名称、规格和产地等。

如图 2-8 所示，钢筋应当堆放整齐，用方木垫起，不宜放在潮湿处和暴露在外受雨水冲刷；砖应码成方垛，不得超高；砂应堆成方，石子应当按不同粒径规格分别堆放成方；模板应按规格分类堆放整齐，叠放高度一般不宜超过 2m，大模板应放在经专门设计的存架上，并有可靠的防倾倒措施；混凝土构件应按规格型号分类堆放，垫木位置要正确，多层构件的垫木要上下对齐，垛位不准超高。

图 2-8　施工现场材料堆放

（4）建立材料收发管理制度，仓库、堆场材料堆放整齐，易燃易爆物品分类专库存放，由专人负责，确保安全；施工现场建立清扫制度，建筑垃圾及时清运，做到工完料尽场地清。

5. 施工标牌

施工现场应该设置公示标牌、张挂安全标语。如图 2-9 所示，公示标牌应规范、整齐、统一。

公示标牌主要包括工程概况牌、管理人员名单及监督电话牌、消防保卫牌、安全生产牌、文明施工牌和施工现场平面图。施工现场可根据本地区、本企业及工程项目具体情况增设公示标牌。

2-8

施工标牌设置

图 2-9　施工现场公示标牌

在办公区、生活区还应设置如图 2-10 所示的宣传栏、读报栏、黑板报等，内容根据施工现场情况设置，具有针对性，施工期间适当更换内容，主要用于宣传安全生产知识，丰富职工的业余生活，表扬先进，鼓舞士气。

图 2-10　施工现场宣传栏

6. 安全标志

根据《安全标志及其使用导则》GB 2894—2008 的规定，安全标志是用于表达特定信息的标志，由图形符号、安全色、几何图形（边框）或文字组成。包括提醒人们注意的各种标牌、文字、符号以及灯光等，以此表达特定的安全信息。其目的是引起人们对不安全因素的注意，防止发生事故。

2-9

安全标志

施工现场应根据工程特点及施工阶段，有针对性地设置、悬挂安全标志。安全标志分为禁止标志、警告标志、指令标志和提示标志。

（1）禁止标志

禁止标志的几何图形是带斜杠的红色圆环，图形符号为黑色，背景为白色。禁止标志的含义是禁止人们的不安全行为。如图 2-11 所示，常见的禁止标志有禁止烟火、禁止吸烟、禁止通行、禁带火种、禁止启动、禁止堆放、禁止合闸、禁止跨越、禁止攀登、禁止穿化纤服装、禁止架梯、禁止入内、禁止停留等。

（2）警告标志

警告标志的几何图形是黑色正三角形，图形符号为黑色，背景为黄色。警告标志的含义是提醒人们注意周围环境，避免可能发生的危险。如图 2-12 所示，常见的警告标志有注意安全、当心火灾、当心爆炸、当心腐蚀、当心有毒、当心触电、当心机械伤人、当心伤手、当心吊物、当心扎脚、当心落物、当心坠落、当心车辆、当心弧光、当心冒顶、当心塌方、当心坑洞、当心滑跌等。

图 2-11 禁止标志   图 2-12 警告标志

（3）指令标志

指令标志的几何图形是圆形，图形符号为白色，背景为蓝色。指令标志的含义是强制人们必须作出某种动作或采用某种防范措施。如图 2-13 所示，常见的指令标志有必须戴防护眼镜、必须戴防毒面具、必须戴安全帽、必须戴护耳器、必须戴防护手套、必须穿防护靴、必须系安全带、必须穿防护服等。

（4）提示标志

提示标志的几何图形是方形，图形符号为白色，背景为绿色。提示标志的含义是向人们提供某一信息，如标明安全设施或安全场所。如图 2-14 所示，常见的一般提示标志有避险处、安全通道、紧急出口等。除此之外，提示标志还包括消防提示标志，如消防警铃、火警电话、地下消火栓、地上消火栓、灭火器、消防水泵接合器等。

👆 想一想：基坑周边、楼梯口、临时用电设施、电梯井口等危险部位应悬挂哪些安全标志？

图 2-13　指令标志　　　　　　　　　　图 2-14　提示标志

项目部应严格按照安全标志平面图，在施工现场设置安全标志，坚决杜绝不按规定规范设置或不设置安全标志的行为。

安全标志图案应清晰、表面无瑕疵，符合标准要求；材质应坚固耐用，有触电危险的作业场所应使用绝缘材料；悬挂在醒目与明亮处，固定牢固，不妨碍正常作业和避免造成新的隐患；定期进行检查和清洗，发现有变形、损坏、变色、图形符号脱落等现象，立即更换或修理；根据现场工程进度的进展、针对不同施工内容的实际状况合理变化安全标志的设置，安全标志平面图也要随之及时更新；设立新标志或变更现存标志位置时，提前通告现场相关人员，确保安全标志有效地发挥安全警示作用。

2.2.2　施工现场消防安全管理

根据《消防法》规定，消防工作应贯彻预防为主、防消结合的方针。"预防为主"就是要把预防火灾的工作放在首要位置，开展防火安全教育，提高对火灾的警惕性，健全防火组织，严密防火制度，进行防火检查，消除火灾隐患，贯彻防火措施等。"防消结合"是指在积极做好防火工作的同时，在组织上、思想上、物质上和技术上做好灭火战斗的准备。一旦发生火灾，就能迅速赶赴现场，及时有效地扑灭火灾。

1. 施工单位的消防安全职责

施工现场的消防安全由施工单位负责。实行施工总承包的，应由总承包单位负责。分包单位向总承包单位负责，并应服从总承包单位的管理，同时应承担国家法律、法规规定的消防责任和义务。施工单位的具体消防安全职责如下：

（1）施工单位应根据建设项目规模、现场防火管理的重点，在施工现场建立消防安全管理组织机构及义务消防组织，并应确定消防安全负责人及消防安全管理人员，落实消防安全管理责任。

（2）施工单位应编制施工现场防火技术方案，并根据现场情况变化及时对其修改、完善。防火技术方案主要内容包括：施工现场重大火灾危险源辨识，施工现场防火技术措施，临时消防设施、疏散设施的配备，临时消防设施和消防警示标识布置图等。

（3）施工单位应编制施工现场灭火及应急疏散预案。灭火及应急疏散预案内容包括：

应急灭火处置机构及各级人员应急处置职责，报警、接警处置的程序和通信联络的方式，扑救初起火灾的程序和措施，应急疏散及救援的程序和措施等。

（4）施工单位应针对施工现场可能导致火灾发生的施工作业及其他活动，制定消防安全管理制度。消防安全管理制度主要包括：消防安全教育与培训制度，可燃及易燃易爆危险品管理制度，用火、用电、用气管理制度，消防安全检查制度，应急预案演练制度等。

（5）施工人员进场时，施工现场的消防安全管理人员应对施工人员进行消防安全教育和培训。消防安全教育和培训内容包括：施工现场消防安全管理制度，防火技术方案，灭火及应急疏散预案，施工现场临时消防设施的性能及使用、维护方法，扑灭初起火灾及自救逃生的知识和技能，报警、接警的程序和方法等。

（6）施工作业前，施工现场的施工管理人员应向作业人员进行防火安全技术交底。防火安全技术交底内容包括：施工过程中可能发生火灾的部位或环节，施工过程应采取的防火措施及应配备的临时消防设施，初起火灾的扑灭方法及注意事项，逃生方法及路线等。

（7）施工过程中，施工现场消防安全负责人应定期组织消防安全管理人员对施工现场的消防安全进行检查。消防安全检查内容包括：可燃物、易燃易爆危险品的管理是否落实，动火作业的防火措施是否落实，用火、用电、用气是否存在违章操作，临时消防设施是否完好有效，临时消防车道及临时疏散通道是否畅通等。

（8）施工单位应根据消防安全应急预案，定期开展灭火和应急疏散的演练。图 2-15 为消防安全应急预案演练现场。

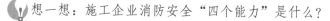

图 2-15　消防安全应急预案演练现场

（9）施工单位应做好并保存施工现场防火安全管理的相关文件和记录，建立现场防火安全管理档案。

（10）施工单位应按规定设置消防通道、消防水源，配备消防设施和灭火器材，并应做好施工现场临时消防设施的日常维护工作，对已失效、损坏或丢失的消防设施，应及时更换、修复或补充。

2-10

消防演练

💡 想一想：施工企业消防安全"四个能力"是什么？

2. 施工现场临时消防设施

施工现场应设置灭火器、临时消防给水系统和应急照明等临时消防设施。

（1）灭火器

灭火器的种类很多，按其移动方式可以分为手提式灭火器和推车式灭火器；按其内部所充装的灭火剂可以分为干粉灭火器、泡沫灭火器、二氧化碳灭火器和水基型灭火器等，如图 2-16 所示。

2-11

临时消防设施

　　施工现场易燃易爆危险品存放及使用场所，动火作业场所，可燃材料存放、加工及使用场所，厨房操作间、锅炉房、发电机房、变配电房、设备用房、办公用房、宿舍等临时用房，以及其他具有火灾危险的场所均应按规定配置灭火器。灭火器的类型应与配备场所可能发生的火灾类型相匹配。灭火器的最低配置标准应符合表 2-4 中的规定。

(a) 干粉灭火器　　　(b) 泡沫灭火器　　　(c) 二氧化碳灭火器　　　(d) 水基型灭火器

图 2-16　常见的灭火器类型

灭火器的最低配置标准　　　　　　　　　　　　　　　　表 2-4

项目	单具灭火器最小灭火级别		单位灭火级别最大保护面积		灭火器最大保护距离	
	A 类火灾	B、C 类火灾	A 类火灾	B、C 类火灾	A 类火灾	B、C 类火灾
易燃易爆危险品存放及使用场所	3A	89B	$50m^2/A$	$0.5m^2/B$	15m	9m
固定动火作业场	3A	89B	$50m^2/A$	$0.5m^2/B$	15m	9m
临时动火作业点	2A	55B	$50m^2/A$	$0.5m^2/B$	10m	6m
可燃材料存放、加工及使用场所	2A	55B	$75m^2/A$	$1.0m^2/B$	20m	12m
厨房操作间、锅炉房	2A	55B	$75m^2/A$	$1.0m^2/B$	20m	12m
自备发电机房	2A	55B	$75m^2/A$	$1.0m^2/B$	20m	12m
变配电房	2A	55B	$75m^2/A$	$1.0m^2/B$	20m	12m
办公用房、宿舍	1A	—	$100m^2/A$	—	25m	—

　　灭火器的配置数量应按现行国家标准《建筑灭火器配置设计规范》GB 50140—2005 的有关规定经计算确定，且每个场所的灭火器数量不应少于 2 具。

　　💡 想一想：你能正确使用灭火器吗？

（2）临时消防给水系统

施工现场或其附近应设有稳定、可靠的水源，并应能满足施工现场临时消防用水的需要。

消防水源可采用市政给水管网或天然水源，当外部消防水源不能满足施工现场的临时消防用水量要求时，应在施工现场便于消防车取水的部位设置临时贮水池。图 2-17 为某施工现场设置的消防水池和消防水箱。

图 2-17 施工现场消防水源

临时用房建筑面积之和大于 1000m² 或在建工程单体体积大于 10000m³ 时，应设置临时室外消防给水系统。当施工现场处于市政消火栓 150m 保护范围内，且市政消火栓的数量满足室外消防用水量要求时，可不设置临时室外消防给水系统。

如图 2-18 所示，施工现场临时室外消防给水系统的给水管网宜布置成环状；给水干管的管径，应根据施工现场临时消防用水量和干管内水流计算速度计算确定，且不应小于 DN100；室外消火栓应沿在建工程、临时用房和可燃材料堆场及其加工场均匀布置，与在建工程、临时用房和可燃材料堆场及其加工场的外边线的距离不应小于 5m；消火栓的间距不应大于 120m，最大保护半径不应大于 150m。

建筑高度大于 24m 或单体体积超过 30000m³ 的在建工程，应设置临时室内消防给水系统。

在建工程临时室内消防竖管的设置位置应便于消防人员操作，其数量不应少于 2 根，当结构封顶时，应将消防竖管设置成环状；管径不应小于 DN100。设置室内消防给水系统的在建工程，应设置消防水泵接合器、室内消火栓接口及消防软管接口。结构施工完毕的每层楼梯处应设置消防水枪、水带及软管，且每个设置点不应少于 2 套。

高度超过 100m 的在建工程，应在适当楼层增设临时中转水箱及加压水泵。如图 2-19 所示，中转水箱的有效容积不应少于 10m³，上、下两个中转水箱的高差不宜超过 100m。临时消防给水系统的给水压力应满足消防水枪充实水柱长度不小于 10m 的要求；给水压力不能满足此要求时，应设置消火栓泵，消火栓泵不应少于 2 台，且应互为备用；消火栓泵宜设置自动启动装置。

施工现场临时消防给水系统应与施工现场生产、生活给水系统合并设置，但应设置将生产、生活用水转为消防用水的应急阀门。应急阀门不应超过 2 个，且应设置在易于操作的场所，并应设置明显标识。

严寒和寒冷地区的现场临时消防给水系统应采取防冻措施。

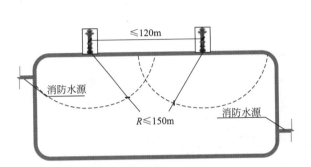

图 2-18 施工现场临时室外消防给水系统

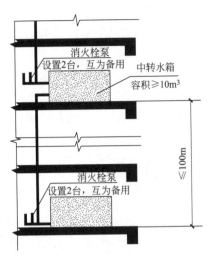

图 2-19 施工现场临时室内消防给水系统

（3）应急照明

施工现场的下列场所应配备临时应急照明：自备发电机房及变配电房；水泵房；无天然采光的作业场所及疏散通道；高度超过 100m 的在建工程的室内疏散通道；发生火灾时仍需坚持工作的其他场所。

作业场所应急照明的照度不应低于正常工作所需照度的 90%，疏散通道的照度值不应小于 0.5lx。如图 2-20 所示，临时消防应急照明灯具宜选用自备电源的应急照明灯具，自备电源的连续供电时间不应小于 60min。

图 2-20 施工现场消防应急照明灯

在建工程可利用已具备使用条件的永久性消防设施作为临时消防设施，当永久性消防设施无法满足使用要求时，应增设临时消防设施，图 2-21 为某项目永临结合消防设施。临时消防设施设置应与在建工程的施工同步进行。房屋建筑工程中，临时消防设施的设置与在建工程主体结构施工进度的差距不应超过 3 层。

3. 施工现场防火布局要求

（1）施工现场临时用房、临时设施的布置应满足现场防火、灭火及人员安全疏散的要求。

图 2-21 某项目永临结合消防设施

（2）施工现场出入口设置应满足消防车通行的要求，并宜布置在不同方向，其数量不宜少于 2 个，当确有困难只能设置 1 个出入口时，应在施工现场内设置满足消防车通行的环形道路。

（3）施工现场内应设置临时消防车道，临时消防车道与在建工程、临时用房、可燃材料堆场及其加工场的距离不宜小于 5m，且不宜大于 40m；临时消防车道宜为环形，设置环形车道确有困难时，应在消防车道尽端设置尺寸不小于 12m×12m 的回车场。临时消防车道的净宽度和净空高度均不应小于 4m。施工现场周边道路满足消防车通行及灭火救援要求时，施工现场内可不设置临时消防车道。

（4）施工现场临时办公、生活、生产、物料存贮等功能区宜相对独立布置，防火间距应符合表 2-5 中的规定。

施工现场主要临时用房、临时设施的防火间距　　表 2-5

防火间距（m）	办公用房、宿舍	发电机房、变配电房	可燃材料库房	厨房操作间、锅炉房	可燃材料堆场及其加工场	固定动火作业场	易燃易爆危险品库房
办公用房、宿舍	4	4	5	5	7	7	10
发电机房、变配电房	4	4	5	5	7	7	10
可燃材料库房	5	5	5	5	7	7	10
厨房操作间、锅炉房	5	5	5	5	7	7	10
可燃材料堆场及其加工场	7	7	7	7	7	10	10
固定动火作业场	7	7	7	7	10	10	12
易燃易爆危险品库房	10	10	10	10	10	12	12

（5）固定动火作业场应布置在可燃材料堆场及其加工场、易燃易爆危险品库房等全年最小频率风向的上风侧，并宜布置在临时办公用房、宿舍、可燃材料库房、在建工程等全年最小频率风向的上风侧。

（6）易燃易爆危险品库房应远离明火作业区、人员密集区和建筑物相对集中区。

（7）可燃材料堆场及其加工场、易燃易爆危险品库房不应布置在架空电力线下。

4. 施工现场临时用房防火要求

（1）宿舍、办公用房等临时用房建筑构件的燃烧性能等级应为 A 级；建筑层数不应超过 3 层，每层建筑面积不应大于 $300m^2$；层数为 3 层或每层建筑面积大于 $200m^2$ 时，应设置至少 2 部疏散楼梯，房间疏散门至疏散楼梯的最大距离不应大于 25m；单面布置用房时，疏散走道的净宽度不应小于 1.0m；双面布置用房时，疏散走道的净宽度不应小于 1.5m；疏散楼梯的净宽度不应小于疏散走道的净宽度；宿舍房间的建筑面积不应大于 $30m^2$，其他房间的建筑面积不宜大于 $100m^2$；房间内任一点至最近疏散门的距离不应大于 15m，房门的净宽度不应小于 0.8m；房间建筑面积超过 $50m^2$ 时，房门的净宽度不应小于 1.2m。隔墙应从楼地面基层隔断至顶板基层底面。

（2）发电机房、变配电房、厨房操作间、锅炉房、可燃材料库房及易燃易爆危险品库房等临时用房建筑构件的燃烧性能等级应为 A 级；层数应为 1 层，建筑面积不应大于 $200m^2$；可燃材料库房单个房间的建筑面积不应超过 $30m^2$，易燃易爆危险品库房单个房间的建筑面积不应超过 $20m^2$；房间内任一点至最近疏散门的距离不应大于 10m，房门的净宽度不应小于 0.8m。

（3）宿舍、办公用房不应与厨房操作间、锅炉房、变配电房等组合建造。

（4）会议室、文化娱乐室等人员密集的房间应设置在临时用房的第一层，其疏散门应向疏散方向开启。

5. 在建工程防火要求

（1）在建工程作业场所的临时疏散通道应采用不燃、难燃材料建造，并应与在建工程结构施工同步设置，也可利用在建工程施工完毕的水平结构、楼梯。

（2）在建工程作业场所临时疏散通道的耐火极限不应低于 0.5h；设置在地面上的临时疏散通道净宽度不应小于 1.5m；利用在建工程施工完毕的水平结构、楼梯作临时疏散通道时，其净宽度不宜小于 1.0m；用于疏散的爬梯及设置在脚手架上的临时疏散通道，其净宽度不应小于 0.6m；临时疏散通道不宜采用爬梯，确需采用时，应采取可靠固定措施；侧面为临空面时，应沿临空面设置高度不小于 1.2m 的防护栏杆；通道设置在脚手架上时，脚手架应采用不燃材料搭设；通道上应设置明显的疏散指示标志和照明设施。

（3）外脚手架、支模架的架体宜采用不燃或难燃材料搭设，高层建筑和既有建筑改造工程的外脚手架、支模架的架体应采用不燃材料搭设。

（4）高层建筑外脚手架的安全防护网、临时疏散通道的安全防护网以及既有建筑外墙改造时的外脚手架安全防护网应采用阻燃型安全防护网。

（5）作业场所应设置明显的疏散指示标志，其指示方向应指向最近的临时疏散通道入口；作业层的醒目位置应设置安全疏散示意图。

6. 可燃物及易燃易爆危险品管理

（1）用于在建工程的保温、防水、装饰及防腐等材料的燃烧性能等级应符合设计要求。

（2）可燃材料及易燃易爆危险品应按计划限量进场。进场后，可燃材料宜存放于库房内，露天存放时，应分类成垛堆放，垛高不应超过 2m，单垛体积不应超过 $50m^3$，垛与垛之间的最小间距不应小于 2m，且应采用不燃或难燃材料覆盖；易燃易爆危险品应分类专库储存，库房内应通风良好，并应设置严禁明火标志，如图 2-22 所示。

图 2-22　施工现场危险品专库储存

（3）室内使用油漆及其有机溶剂、乙二胺、冷底子油等易挥发产生易燃气体的物资作业时，应保持良好通风，作业场所严禁明火，并应避免产生静电。

（4）施工产生的可燃、易燃建筑垃圾或余料，应及时清理。

7. 施工现场用（动）火管理

（1）动火作业

动火作业是指在施工现场进行明火、爆破、焊接、气割或采用酒精炉、煤油炉、喷灯、砂轮、电钻等工具进行可能产生火焰、火花和赤热表面的临时性作业，如图 2-23 所示。

图 2-23　施工现场动火作业

（2）动火等级

凡属下列情况之一的动火，均为一级动火：

1）禁火区域内。

2）油罐、油箱、油槽车和储存过可燃气体、易燃液体的容器及与其连接在一起的辅助设备。

3）各种受压设备。

4）危险性较大的登高焊、割作业。

5）比较密封的室内、容器内、地下室等场所。

6）现场堆有大量可燃和易燃物质的场所。

凡属下列情况之一的动火，均为二级动火：

1）在具有一定危险因素的非禁火区域内进行临时焊、割等用火作业。

2-12

动火作业

2）小型油箱等容器。

3）登高焊、割等用火作业。

在非固定的、无明显危险因素的场所进行用火作业，均属三级动火作业。

（3）施工现场用火规定

施工现场动火作业多，用（动）火管理缺失和动火作业不慎引燃可燃、易燃建筑材料是导致火灾事故发生的主要原因。因此，施工现场应加强用（动）火管理。

1）施工现场动火作业前，应由动火作业人提出动火作业申请，办理动火作业证。动火作业申请至少应包含动火作业的人员、内容、部位或场所、时间、作业环境及灭火救援措施等内容。动火作业证的签发人收到动火申请后，应前往现场查验并确认动火作业的防火措施落实后，再签发动火作业证。动火操作人员应具有相应资格。

2）焊接、切割、烘烤或加热等动火作业前，应对作业现场的可燃物进行清理；作业现场及其附近无法移走的可燃物应采用不燃材料对其覆盖或隔离。

3）施工作业安排时，宜将动火作业安排在使用可燃建筑材料的施工作业前进行。确需在使用可燃建筑材料的施工作业之后进行动火作业时，应采取可靠的防火措施。

4）裸露的可燃材料上严禁直接进行动火作业。

5）焊接、切割、烘烤或加热等动火作业应配备灭火器材，并应设置动火监护人进行现场监护，每个动火作业点均应设置1个监护人，如图2-24所示。

图 2-24　动火作业现场防护措施

6）五级（含五级）以上风力时，应停止焊接、切割等室外动火作业；确需动火作业时，应采取可靠的挡风措施。

7）动火作业后，应对现场进行检查，并应在确认无火灾危险后，动火操作人员再离开。

8）施工现场不应采用明火取暖；具有火灾、爆炸危险的场所严禁明火。

8. 施工现场用电管理

施工现场应加强临时用电管理，现场安装、巡检、维修或拆除临时用电设备和线路，必须由电工完成，严禁非电工人员从事电工工作。

根据《建设工程施工现场消防安全技术规范》GB 50720—2011，施工现场用电应符合下列规定：

（1）施工现场的供用电设施包括现场发电、变电、输电、配电、用电的设备、电器、线路及相应的保护装置等，其设计、施工、运行和维护应符合《建设工程施工现场供用电安全规范》GB 50194—2014 的有关规定，这是防止和减少施工现场供用电火灾的根本手段。

（2）电气线路应具有相应的绝缘强度和机械强度，严禁使用绝缘老化或失去绝缘性能的电气线路，严禁在电气线路上悬挂物品。破损、烧焦的插座、插头应及时更换。

（3）电气设备与可燃、易燃易爆危险品和腐蚀性物品应保持一定的安全距离。

（4）有爆炸和火灾危险的场所，应按危险场所等级选用相应的电气设备。

（5）配电屏上每个电气回路应设置漏电保护器、过载保护器，距配电屏 2m 范围内不应堆放可燃物，5m 范围内不应设置可能产生较多易燃、易爆气体、粉尘的作业区。

（6）可燃材料库房不应使用高热灯具，易燃易爆危险品库房内应使用防爆灯具。

（7）普通灯具与易燃物的距离不宜小于 300mm，聚光灯、碘钨灯等高热灯具与易燃物的距离不宜小于 500mm。

（8）电气设备不应超负荷运行或带故障使用。

（9）严禁私自改装现场供用电设施。

（10）应定期对电气设备和线路的运行及维护情况进行检查。

9. 施工现场用气管理

气瓶是一种移动式可重复充装的特殊压力容器，如图 2-25 所示，施工现场常见的气瓶有氧气瓶、乙炔瓶、二氧化碳气瓶等。

图 2-25　施工现场常见气瓶

施工现场用气应符合下列规定：

（1）储装气体的罐瓶及其附件应合格、完好和有效；氧气瓶附件主要包括瓶帽、瓶阀、安全泄压装置、减压器、回火防止器等，如图 2-26 所示；严禁使用减压器及其他附件缺损的氧气瓶，严禁使用乙炔专用减压器、回火防止器及其他附件缺损的乙炔瓶。

（2）气瓶应保持直立状态，并采取防倾倒措施，乙炔瓶严禁横躺卧放；气瓶应远离火源，与火源的距离不应小于 10m，并应采取避免高温和防止曝晒的措施；严禁碰撞、敲打、抛掷、滚动气瓶。

（3）近距离移动气瓶时，可采用徒手倾斜滚动的方式移动，远距离移动时，可使用如图 2-27 所示的轻便小车运送，不应采用抛滚、滑、翻等暴力搬运方式；气瓶在使用时，应将其固定或放在专用小车上。

图 2-26　氧气瓶附件

　　（4）气瓶应分类储存，库房内应通风良好；入库前由专人负责逐只进行检查；空瓶和实瓶同库存放时，应分开放置，空瓶和实瓶的间距不应小于 1.5m。

　　（5）气瓶使用前，应检查气瓶及气瓶附件的完好性，检查连接气路的气密性，并采取避免气体泄漏的措施，严禁使用已老化的橡皮气管；如图 2-28 所示，氧气瓶与乙炔瓶的工作间距不应小于 5m，气瓶与明火作业点的距离不应小于 10m。

图 2-27　气瓶搬运专用小车

图 2-28　气瓶作业安全距离

　　（6）冬季使用气瓶，气瓶的瓶阀、减压器等发生冻结时，严禁用火烘烤或用铁器敲击瓶阀，严禁猛拧减压器的调节螺栓；氧气瓶内剩余气体的压力不应小于 0.1MPa；气瓶用后应及时归库。

　　💡 想一想：为什么施工作业人员不能用沾染油污的工作服、手、手套及工具等接触氧气瓶及其附件？

2.2.3　施工现场环境保护

　　环境保护是我国的一项基本国策，一切单位和个人都有保护环境的义务。

　　工程建设过程中的污染主要包括对施工场界的污染和对周围环境的污染，施工现场环境保护的主要目的是保护和改善施工场界的环境，保护生态环境，促进建设行业健康可持续发展。

《建筑法》《建设工程安全生产管理条例》中均明确指出，建筑施工企业应当建立健全企业环境管理体系，遵守有关环境保护和安全生产法律法规的规定，采取控制和处理施工现场的各种粉尘、废气、废水、固体废物以及噪声、振动对环境的污染和危害的措施。

2-13

环境保护制度

1. 施工现场大气污染的防治

大气污染物的种类有数千种，已发现有危害作用的有上百种，大气污染物通常以气体状态和粒子状态存在于空气中。

施工现场大气污染的防治措施包括：

（1）施工场地宜采取措施硬化，其中主要道路、料场、生活办公区域必须进行硬化处理，施工现场道路应指定专人定期洒水清扫，形成制度，防止道路扬尘。

2-14

大气污染防治

（2）使用密目式安全网对在建建筑物、构筑物进行封闭，防止施工过程扬尘。

（3）施工现场出入口处应设置如图 2-29 所示的洗车台，对车辆进行清洗，保证车辆清洁，车辆开出工地要做到不带泥沙，基本做到不洒土、不扬尘，减少对周围环境污染；施工现场的机械设备、车辆的尾气排放应符合国家环保排放标准要求。

（4）对于细颗粒散体材料（如水泥、粉煤灰、白灰等）的运输、储存要注意遮盖、密封，防止和减少飞扬；土方集中堆放，集中堆放的土方和裸露的场地应采取覆盖、固化或绿化等措施。

（5）施工现场应设置密闭式垃圾站，施工垃圾、生活垃圾分类存放，并及时清运出场；高大建筑物清理施工垃圾时，要使用封闭式的容器或者采取其他措施处理高空废弃物，严禁凌空随意抛撒。图 2-30 为封闭式楼层垃圾回收管道。

图 2-29　施工现场洗车台

图 2-30　封闭式垃圾回收管道

（6）除设有符合规定的装置外，禁止在施工现场焚烧油毡、橡胶、塑料、皮革、树叶、枯草、各种包装物等废弃物品，以及其他会产生有毒、有害烟尘和恶臭气体的物质。

（7）城区、旅游景点、疗养区、重点文物保护地及人口密集区的施工现场应使用清洁能源。

（8）在容许设置搅拌站的工地，应将搅拌站封闭严密，并在进料仓上方安装除尘装置，采用可靠措施控制工地粉尘污染，如图2-31所示。

（9）拆除旧建筑物时，应采取隔离、洒水等措施防止扬尘，并应在规定期限内将废弃物清理完毕，如图2-32所示。

图2-31　搅拌站防尘棚

图2-32　建筑物拆除洒水除尘

2. 施工现场水污染的防治

施工现场产生的污废水主要包括生活污废水和生产污废水。生产污废水包括施工过程中产生的废水和固体废弃物随水流流入水体部分，包括泥浆、水泥、油漆、各种油类、混凝土添加剂、重金属、酸碱盐、非金属无机毒物等。水污染的具体防治措施包括：

（1）施工现场应设置排水沟及沉淀池，搅拌站废水、现制水磨石污水、电石污水必须经沉淀池沉淀合格后再排放，最好将沉淀水用于工地洒水降尘或采用措施回收利用。

（2）现场存放油料，必须对库房地面进行防渗处理，如采用防渗混凝土地面、铺油毡等措施，使用时要采用防止油料跑、冒、滴、漏的措施，以免污染水体；化学用品、外加剂等要妥善保管，库内存放，防止污染环境。

（3）工地临时食堂污水排放时可设置简易有效的隔油池，定期清理；工地临时厕所、化粪池应采取防渗漏措施，并有防蝇、灭蛆措施，防止污染水体和环境。

（4）食堂、盥洗室、淋浴间的下水管线应设置隔离网，并应与市政污水管线相连，保证排水通畅。

3. 施工现场固体废弃物污染的防治

施工现场产生的固体废弃物主要包括：

（1）建筑渣土：包括砖瓦、碎石、渣土、混凝土碎块、废钢铁、碎玻璃、废屑、废弃装饰材料等。

（2）废弃的散装大宗建筑材料：包括水泥、石灰等。

（3）生活垃圾：包括炊厨废弃物、丢弃食品、废纸、生活用具、

2-15

水污染防治

2-16

固体废弃物防治

玻璃、陶瓷碎片、废电池、废日用品、废塑料制品、煤灰渣、废交通工具、粪便等。

（4）设备、材料等的包装材料等。

固体废弃物会对周边环境产生巨大的危害，具体表现如下：

（1）侵占土地：固体废弃物的堆放可直接破坏土地和植被。

（2）污染土壤：固体废弃物的堆放过程中，有害成分易污染土壤并发生积累，给作物生长带来危害，部分有害物质还能杀死土壤中的微生物，使土壤丧失腐解能力。

（3）污染水体：固体废弃物遇水浸泡、溶解后，有害成分随地表径流或土壤渗流而污染地下水和地表水。

（4）污染大气：细颗粒状存在的废渣垃圾会随风扩散，使大气中悬浮的灰尘废弃物提高；固体废弃物在焚烧处理过程中可能产生有害气体，造成大气污染。

（5）影响环境卫生：固体废弃物的大量堆放，会招致蚊蝇滋生、臭味四溢，严重影响工地以及周围环境卫生，对施工人员和工地附近居民的健康造成危害。

施工现场固体废弃物的处理方法主要包括以下几种：

（1）回收利用。回收利用是对固体废弃物进行资源化、减量化的重要手段之一。对建筑渣土可视其情况加以利用；废钢可按需要用作金属原材料；对废电池等废弃物应分散回收，集中处理。

（2）减量化处理。减量化是指对已经产生的固体废弃物进行分选、破碎、压实浓缩、脱水等减少其最终处置量，降低处理成本，减少对环境的污染。在减量化处理的过程中，也包括和其他处理技术相关的工艺方法，如焚烧、热解、堆肥等。

（3）焚烧。焚烧用于不适合再利用且不宜直接予以填埋处置的废弃物，除有符合规定的装置外，不得在施工现场熔化沥青和焚烧油毡、油漆，也不得焚烧其他可产生有毒有害和恶臭气体的废弃物。垃圾焚烧处理应使用符合环境要求的处理装置，避免对大气的二次污染。

（4）稳定和固化。利用水泥、沥青等胶结材料，将松散的废弃物胶结包裹起来，减少有害物质从废弃物中向外迁移、扩散，使得废弃物对环境的污染减少。

（5）填埋。填埋是指固体废弃物经过无害化、减量化处理的废弃物残渣集中到填埋场进行处置。禁止将有毒有害废弃物现场填埋，填埋场应利用天然或人工屏障。尽量使需处置的废弃物与环境隔离，并注意废弃物的稳定性和长期安全性。

4. 施工现场噪声污染的防治

噪声按噪声来源可分为交通噪声、工业噪声、建筑施工噪声、社会生活噪声等。噪声污染是指所产生的环境噪声超过国家规定的环境噪声排放标准，并干扰他人正常工作、学习、生活的现象。噪声环境能干扰人的睡眠与工作、影响人的心理状态与情绪、造成人的听力损失，甚至引起相关疾病，因此应加强噪声污染的防治。

2-17

噪声污染防治

噪声污染的具体防治措施包括：

（1）施工现场应按照《建筑施工场界环境噪声排放标准》GB 12523—2011 的规定，采取有效的降噪措施；在城市市区范围内，建筑施工过程中使用机械设备可能产生噪声污染的，施工单位必须在工程开工前向工程所在地的相关部门申报相关情况。

（2）施工现场应对产生噪声和振动的施工机械、机具的使用，采取消声、吸声、隔声等措施控制和降低噪声，强噪声设备宜设置在远离居民区一侧。

（3）凡在人口稠密区进行强噪声作业时，要严格控制作业时间，一般 22 时到次日 6 时之间应停止强噪声作业；对因生产工艺要求必须连续作业或其他特殊需要，确需在 22 时至次日 6 时期间进行强噪声施工的，施工前建设单位和施工单位应向工程所在地的建设行政主管部门提出申请，经批准后方可进行夜间施工，并需与当地居委会、村委会或当地居民协调，出安民告示，取得群众谅解。

（4）夜间运输材料的车辆进入施工现场，严禁鸣笛，装卸材料应做到轻拿轻放。

（5）施工现场应进行噪声监测，保证施工噪声不超过国家标准要求。

💡 想一想：你知道建筑施工场界的环境噪声排放标准吗？

5. 施工现场光污染的防治

建筑施工现场的光污染主要是指电焊机发出的弧光、夜间施工时的强光等，如图 2-33 所示。光污染会影响人们的正常睡眠，危害人体健康等。光污染不能通过分解、转化、稀释等措施来消除，因此，只能加强预防，以防为主，防治结合。

图 2-33　施工现场光污染

光污染的具体防治措施包括：

（1）合理安排施工进度，尽量减少夜间施工。

（2）根据施工现场照明要求合理选用照明器具的种类，尽量采用高品质、遮光性能好的灯具，严格控制照明亮度。

（3）施工现场采取遮蔽措施，限制电焊眩光、夜间施工照明光、具有强反光性建筑材料的反射光等污染源外泄，使夜间照明只照射施工区域而不影响周围居民休息。

（4）施工现场大型照明灯具应采用俯视角，不应将直射光线射入空中；利用挡光、遮光板，或利用减光方法将投光灯产生的溢散光和干扰降到最低限度。

（5）对紫外线和红外线等看不见的辐射源，应采取必要的个人防护措施，如电焊工应佩戴防护眼镜和防护面罩；对红外线和紫外线及应用激光的场所，制定相应的卫生标准并采取必要的安全防护措施，张贴警告标志，禁止无关人员进入禁区内。

绿色施工

绿色施工作为建筑全寿命周期中的一个重要阶段，是实现建筑领域资源节约和节能减排的关键环节。绿色施工是在保证质量、安全等基本要求的前提下，通过科学管理和技术进步，最大限度地节约资源并减少对环境负面影响的施工活动，实现节能、节地、节水、节材和环境保护（"四节一环保"）的建筑工程施工活动。

实施绿色施工，应依据因地制宜的原则，贯彻执行国家、行业和地方相关的技术经济政策。绿色施工应是可持续发展理念在工程施工中全面应用的体现，绿色施工并不仅仅是指在工程施工中实施封闭施工，没有尘土飞扬，没有噪声扰民，在工地四周栽花、种草，实施定时洒水等这些内容，它涉及可持续发展的各个方面，如生态与环境保护、资源与能源利用、社会与经济的发展等内容。

实施绿色施工，应进行总体方案优化。在规划、设计阶段，应充分考虑绿色施工的总体要求，为绿色施工提供基础条件。实施绿色施工，应对施工策划、材料采购、现场施工、工程验收等各阶段进行控制，加强对整个施工过程的管理和监督。

如图2-34所示，绿色施工总体框架由施工管理、环境保护、节材与材料资源利用、节水与水资源利用、节能与能源利用、节地与施工用地保护六个方面组成。这六个方面涵盖了绿色施工的基本指标，同时包含了施工策划、材料采购、现场施工、工程验收等各阶段的指标的子集。

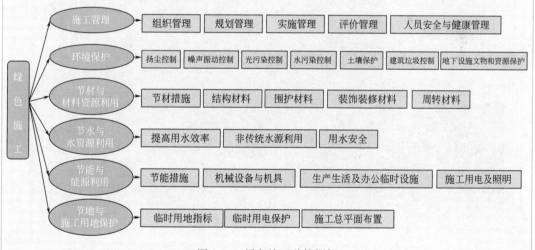

图2-34 绿色施工总体框架

绿色施工施工管理内容如下：

（1）组织管理——建立绿色施工管理体系，并制定相应的管理制度与目标。项目经理为绿色施工第一责任人，负责绿色施工的组织实施及目标实现，并指定绿色施工管理人员和监督人员。

（2）规划管理——编制绿色施工方案。绿色施工方案应在施工组织设计中独立成章，并按有关规定进行审批。绿色施工方案内容包括：

1）环境保护措施。制定环境管理计划及应急救援预案，采取有效措施，降低环境负荷，保护地下设施和文物等资源。

2）节材措施。在保证工程安全与质量的前提下，制定节材措施，如进行施工方案的节材优化，建筑垃圾减量化，尽量利用可循环材料等，如图 2-35 为某项目废旧材料回收利用加工车间。

图 2-35　某项目废旧材料回收利用加工车间

3）节水措施。根据工程所在地的水资源状况，制定节水措施。图 2-36 为某项目海绵工地示意图。

生态滞留草沟剖面图　　海绵工地　　项目部雨水花园　　生态式草沟

生态传输型草沟　　生态滞留草沟　　V形卵石沟　　劳务生活区雨水花园

图 2-36　某项目海绵工地示意图

4）节能措施。进行施工节能策划，确定目标，制定节能措施。图 2-37、图 2-38 分别为某项目施工现场太阳能路灯、空气能热水器。

5）节地措施。制定临时用地指标、施工总平面布置规划及临时用地节地措施等。

（3）实施管理——绿色施工应对整个施工过程实施动态管理，加强对施工策划、施工准备、材料采购、现场施工、工程验收等各阶段的管理和监督；应结合工程项目的特点，有针对性地对绿色施工作相应的宣传，通过宣传营造绿色施工的氛围；定期对职工进行绿色施工知识培训，增强职工绿色施工意识。

图 2-37 某项目施工现场太阳能路灯

图 2-38 某项目施工现场空气能热水器

（4）评价管理——对照绿色施工导则中的指标体系，结合工程特点，对绿色施工的效果及采用的新技术、新设备、新材料与新工艺进行自评估；成立专家评估小组，对绿色施工方案、实施过程至项目竣工，进行综合评估。

（5）人员安全与健康管理——制定施工防尘、防毒、防辐射等职业危害防控措施，保障施工人员的长期职业健康；合理布置施工场地，保护生活及办公区不受施工活动的有害影响；施工现场建立卫生急救、保健防疫制度，在安全事故和疾病疫情出现时提供及时救助；提供卫生、健康的工作与生活环境，加强对施工人员的住宿、膳食、饮用水等生活与环境卫生等管理，明显改善施工人员的生活条件。

任务2.3 职业健康策划

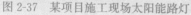

任务引入

职业病危害分布范围广，且职业病具有隐匿性、迟发性的特点，慢性职业病特别是尘肺病和某些化学中毒的潜伏期较长，一旦发病往往难以有效治疗。因此，职业病防治工作必须坚持预防为主、防治结合的方针，提前策划、分类管理、综合治理。

建筑行业职业病危害因素来源多、种类多，施工现场往往同时存在粉尘、噪声、振动、高温、化学毒物等多种职业病危害因素。建筑施工企业应根据施工现场职业病危害的特点，选择绿色环保建材、改善施工工艺、设置职业病危害防护设施，并为从业人员按作业工种配备相应的劳动防护用品。

2.3.1 职业病与职业病防治

1. 职业病

职业病是指企业、事业单位和个体经济组织等用人单位的劳动者在职业活动中，因接触粉尘、放射性物质和其他有毒、有害因素而引起的疾病。根据《职业病分类和目录》

（国卫疾控发〔2013〕48号），职业病具体划分为十大类132种，如图2-39所示。

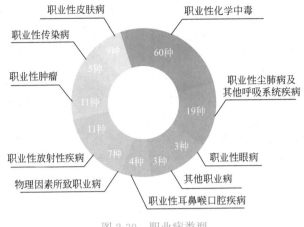

图 2-39　职业病类型

2. 职业病防治

职业病防治工作应坚持预防为主、防治结合的方针，建立用人单位负责、行政机关监管、行业自律、职工参与和社会监督的机制，实行分类管理、综合治理。用人单位应当建立、健全职业病防治责任制度，加强对职业病防治的管理，提高职业病防治水平，对本单位产生的职业病危害承担责任。

（1）前期预防

用人单位应当依照法律法规要求，严格遵守国家职业卫生标准，落实职业病预防措施，从源头上控制和消除职业病危害。

产生职业病危害的用人单位的工作场所应当符合下列职业卫生要求：职业病危害因素的强度或者浓度符合国家职业卫生标准；有与职业病危害防护相适应的设施；生产布局合理，符合有害与无害作业分开的原则；有配套的更衣间、洗浴间、孕妇休息间等卫生设施；设备、工具、用具等设施符合保护劳动者生理、心理健康的要求；法律、行政法规和国务院卫生行政部门、安全生产监督管理部门关于保护劳动者健康的其他要求。

（2）劳动过程中的防护与管理

用人单位应当采取下列职业病防治管理措施：设置或者指定职业卫生管理机构或者组织，配备专职或者兼职的职业卫生管理人员，负责本单位的职业病防治工作；制定职业病防治计划和实施方案；建立、健全职业卫生管理制度和操作规程；建立、健全职业卫生档案和劳动者健康监护档案；建立、健全工作场所职业病危害因素监测及评价制度；建立、健全职业病危害事故应急救援预案。

2.3.2　职业病危害因素的识别

1. 职业病危害因素

职业病危害，是指对从事职业活动的劳动者可能导致职业病的各种危害。职业病危害因素，是指职业活动中存在的各种有害的化学、物理、生物因素以及在作业过程中产生的其他职业有害因素。职业病危害因素按来源可分为三大类：

（1）生产过程中产生的危害因素

生产过程中产生的危害因素主要包括化学因素、物理因素和生物因素。化学因素包括生产性粉尘和化学有毒物质，生产性粉尘如矽尘、煤尘、石棉尘、电焊烟尘等，化学有毒物质如铅、汞、锰、苯、一氧化碳、硫化氢、甲醛和甲醇等。物理因素，包括异常气象条件（高温、高湿、低温）、异常气压、噪声、振动、辐射等。生物因素，包括炭疽杆菌、真菌、生物传染性病原物等。

（2）劳动过程中的危害因素

劳动过程中的危害因素主要包括：劳动组织和制度、劳动作息制度不合理；精神性职业紧张；劳动强度过大或生产定额不当；个别器官或系统过度紧张；长时间不良体位或使用不合理的工具等。

（3）生产环境中的危害因素

生产环境中的危害因素主要包括：自然环境中的因素，如炎热季节的太阳辐射；作业场所建筑卫生学设计缺陷因素，如照明不良、换气不足等。

2. 建筑行业职业病危害因素

建筑行业职业病危害因素来源多、种类多，几乎涵盖所有类型的职业病危害因素。既有施工工艺产生的危害因素，也有自然环境、施工环境产生的危害因素，还有施工过程产生的危害因素。既存在粉尘、噪声、放射性物质和其他有毒有害物质等的危害，也存在高处作业、密闭空间作业、高温作业、低温作业、高原（低气压）作业、水下（高压）作业等产生的危害，劳动强度大、劳动时间长的危害也相当突出。施工现场往往同时存在多种职业病危害因素，不同施工过程存在不同的职业病危害因素。

建筑施工现场常见的职业病危害因素包括：

（1）粉尘

建筑行业在挖方、爆破作业、建筑物拆除、喷砂除锈、电焊作业、水泥运储使用、保温防腐、木材加工、装饰装修作业过程中都易产生多种粉尘，主要包括矽尘、水泥尘、电焊尘、石棉尘以及其他粉尘等。

职业病危害因素的识别

（2）噪声

建筑行业在施工过程中产生的噪声，主要是由打桩机、起重机等大型施工机械、电钻等手持式工具作业产生的机械性噪声和鼓风机、发电机等动力机械作业产生的空气动力性噪声。

（3）高温

建筑施工活动多为露天作业，夏季受炎热气候影响较大，少数施工活动还存在热源（如沥青设备、焊接、预热等），因此建筑施工活动存在不同程度的高温危害。

（4）振动

混凝土振捣棒、射钉枪、电钻等手动工具作业易产生局部振动危害；挖土机、压路机、打桩机等施工机械以及运输车辆作业易产生全身振动危害。

（5）密闭空间

许多建筑施工活动存在密闭空间作业，如排水管沟、螺旋桩、桩基井、桩井孔、地下管道、烟道、密闭地下室等通风不足的场所作业；密闭储罐、反应塔（釜）、炉等设备的安装作业；建筑材料装卸的船舱、槽车作业等。

（6）化学毒物

爆破作业，油漆、防腐、涂料作业，防水作业，电焊作业等建筑施工活动可产生如氮氧化物、一氧化碳、苯、甲醛等多种化学毒物。

（7）其他因素

特殊作业环境下的许多建筑施工活动还存在紫外线作业、电离辐射作业、高气压作业、低气压作业、低温作业、高处作业和生物因素影响等。

项目经理部在施工前应根据施工工艺、施工现场的自然条件对不同施工阶段存在的职业病危害因素进行识别，列出职业病危害因素清单。职业病危害因素的识别范围必须覆盖施工过程中所有活动，包括常规和非常规（如特殊季节的施工和临时性作业）活动、所有进入施工现场人员（包括供货方、访问者）的活动，以及所有物料、设备和设施（包括自有的、租赁的、借用的）可能产生的职业病危害因素。

项目经理部应委托有资质的职业卫生技术服务机构根据职业病危害因素的种类、浓度（或强度）、接触人数、频度及时间，职业病危害防护措施和发生职业病的危险程度，对不同施工阶段、不同岗位的职业病危害因素进行识别、检测和评价，确定重点职业病危害因素和关键控制点。

2.3.3 建筑行业职业病危害因素的预防控制

1. 基本要求

建筑施工企业应根据施工现场职业病危害的特点，采取相应的职业病危害防护措施。

（1）选择不产生或少产生职业病危害的建筑材料、施工设备和施工工艺；配备有效的职业病危害防护设施，使工作场所职业病危害因素的浓度或强度符合规范要求。职业病防护设施应进行经常性的维护、检修，确保其处于正常状态。

（2）配备有效的个人防护用品。个人防护用品必须保证选型正确，维护得当。建立、健全个人防护用品的采购、验收、保管、发放、使用、更换、报废等管理制度，并建立发放台账。

（3）制定合理的劳动制度，加强施工过程职业卫生管理和教育培训。

（4）可能产生急性健康损害的施工现场设置检测报警装置、警示标识、紧急撤离通道和泄险区域等。

2. 粉尘的预防控制措施

（1）技术革新。采用不产生或少产生粉尘的施工工艺、施工设备和工具，淘汰粉尘危害严重的施工工艺、施工设备和工具。

（2）采用无危害或危害较小的建筑材料。如不使用石棉、含有石棉的建筑材料。

（3）采用机械化、自动化或密闭隔离操作。如挖土机、推土机、刮土机、铺路机、压路机等施工机械的驾驶室或操作室密闭隔离，并

2-19

职业病危害因素的预防控制

在进风口设置滤尘装置。

（4）采取湿式作业。如凿岩作业采用湿式凿岩机；爆破采用水封爆破；喷射混凝土采用湿喷；钻孔采用湿式钻孔；隧道爆破作业后立即喷雾洒水；场地平整时，配备洒水车，定时喷水作业；拆除作业时采用湿法作业拆除、装卸和运输含有石棉的建筑材料。

（5）设置局部防尘设施和净化排放装置。如焊枪配置带有排风罩的小型烟尘净化器；凿岩机、钻孔机等设置捕尘器。

（6）劳动者作业时应在上风向操作。

（7）建筑物拆除和翻修作业时，在接触石棉的施工区域设置警示标识，禁止无关人员进入。

（8）根据粉尘的种类和浓度为劳动者配备合适的呼吸防护用品，并定期更换。呼吸防护用品的配备应符合《呼吸防护用品的选择、使用与维护》GB/T 18664—2002 的要求，如在建筑物拆除作业中，可能接触含有石棉的物质（如石棉水泥板或石棉绝缘材料），为接触石棉的劳动者配备正压呼吸器、防护板；在罐内焊接作业时，劳动者应佩戴送风头盔或送风口罩；安装玻璃棉、消声及保温材料时，劳动者必须佩戴防尘口罩。

（9）粉尘接触人员，特别是石棉粉尘接触人员应做好戒烟和控烟教育。

3. 噪声的预防控制措施

（1）尽量选用低噪声施工设备和施工工艺代替高噪声施工设备和施工工艺。如使用低噪声的混凝土振捣棒、风机、电动空压机、电锯等；以液压代替锻压，焊接代替铆接；以液压和电气钻代替风钻和手提钻；物料运输中避免大落差和直接冲击。

（2）对高噪声施工设备采取隔声、消声、隔振降噪等措施，尽量将噪声源与劳动者隔开。如气动机械、混凝土破碎机安装消声器，施工设备的排风系统（如压缩空气排放管、内燃发动机废气排放管）安装消声器，机器运行时应关闭机盖（罩），相对固定的高噪声设施（如混凝土搅拌站）设置隔声控制室。

（3）尽可能减少高噪声设备作业点的密度。

（4）噪声超过 85dB 的施工场所，应为劳动者配备有足够衰减值、佩戴舒适的护耳器，减少噪声作业，实施听力保护计划。

4. 高温的预防控制措施

（1）夏季高温季节应合理调整作息时间，避开中午高温时间施工。严格控制劳动者加班时间，尽可能缩短工作时间，保证劳动者有充足的休息和睡眠时间。

（2）降低劳动者的劳动强度，采取轮流作业方式，增加工间休息次数和休息时间。如：实行小换班，增加工间休息次数，延长午休时间，尽量避开高温时段进行室外高温作业等。

（3）当气温高于 37℃时，一般情况下应当停止施工作业。

（4）各种机械和运输车辆的操作室和驾驶室应设置空调。

（5）在罐、釜等容器内作业时，应采取措施，做好通风和降温工作。

（6）在施工现场附近设置工间休息室和浴室，休息室内设置空调或电扇。

（7）夏季高温季节为劳动者提供含盐清凉饮料（含盐量为 0.1%～0.2%），饮料水温应低于 15℃。

（8）高温作业劳动者应当定期进行职业健康检查，发现有职业禁忌证者应及时调离高温作业岗位。

5. 振动的预防控制措施

（1）应加强施工工艺、设备和工具的更新、改造。尽可能避免使用手持风动工具；采用自动、半自动操作装置，减少手及肢体直接接触振动体；用液压、焊接、粘接等代替风动工具的铆接；采用化学法除锈代替除锈机除锈等。

（2）风动工具的金属部件改用塑料或橡胶，或加用各种衬垫物，减少因撞击而产生的振动；提高工具把手的温度，改进压缩空气进出口方位，避免手部受冷风吹袭。

（3）手持振动工具（如风动凿岩机、混凝土破碎机、混凝土振捣棒、风钻、喷砂机、电钻、钻孔机、铆钉机等）应安装防振手柄，劳动者应戴防振手套。挖土机、推土机、刮土机、铺路机、压路机等驾驶室应设置减振设施。

（4）减少手持振动工具的重量，改善手持工具的作业体位，防止强迫体位，以减轻肌肉负荷和静力紧张；避免手臂上举姿势的振动作业。

（5）采取轮流作业方式，减少劳动者接触振动的时间，增加工间休息次数和休息时间。冬季还应注意保暖防寒。

6. 化学毒物的预防控制措施

（1）优先选用无毒建筑材料，用无毒材料替代有毒材料、低毒材料替代高毒材料。如尽可能选用无毒水性涂料；用锌钡白、钛钡白替代油漆中的铅白，用铁红替代防锈漆中的铅丹等；以低毒的低锰焊条替代毒性较大的高锰焊条；不得使用国家明令禁止使用或者不符合国家标准的有毒化学品，禁止使用含苯的涂料、稀释剂和溶剂。尽可能减少有毒物品的使用量。

（2）尽可能采用可降低工作场所化学毒物浓度的施工工艺和施工技术，使工作场所的化学毒物浓度符合《工作场所有害因素职业接触限值 第1部分：化学有害因素》GBZ 2.1—2019 的要求，如涂料施工时用粉刷或辊刷替代喷涂。在高毒作业场所尽可能使用机械化、自动化或密闭隔离操作，使劳动者不接触或少接触高毒物品。

（3）设置有效通风装置。在使用有机溶剂、稀料、涂料或挥发性化学物质时，应当设置全面通风或局部通风设施；电焊作业时，设置局部通风防尘装置；所有挖方工程、竖井、土方工程、地下工程、隧道等密闭空间作业应当设置通风设施，保证足够的新风量。

（4）使用有毒化学品时，劳动者应正确使用施工工具，在作业点的上风向施工。分装和配制油漆、防腐、防水材料等挥发性有毒材料时，尽可能采用露天作业，并注意现场通风。工作完毕后，有机溶剂、涂料容器应及时加盖封严，防止有机溶剂的挥发。使用过的有机溶剂和其他化学品应进行回收处理，防止乱丢乱弃。

（5）使用有毒物品的工作场所应设置黄色区域警示线、警示标识和中文警示说明。警示说明应载明产生职业中毒危害的种类、后果、预防以及应急救援措施等内容。使用高毒物品的工作场所应当设置红色区域警示线、警示标识和中文警示说明，并设置通信报警设备，设置应急撤离通道和必要的泄险区。

（6）存在有毒化学品的施工现场附近应设置盥洗设备，配备个人专用更衣箱；使用高毒物品的工作场所还应设置淋浴间，其工作服、工作鞋帽必须存放在高毒作业区域内；接触经皮肤吸收及局部作用危险性大的毒物，应在工作岗位附近设置应急洗眼器和淋浴器。

（7）接触挥发性有毒化学品的劳动者，应当配备有效的防毒口罩（或防毒面具）；接触经皮肤吸收或刺激性、腐蚀性的化学品，应配备有效的防护服、防护手套和防护眼镜。

（8）拆除使用防虫、防蛀、防腐、防潮等化学物（如有机氯666、汞等）的旧建筑物时，应采取有效的个人防护措施。

（9）应对接触有毒化学品的劳动者进行职业卫生培训，使劳动者了解所接触化学品的毒性、危害后果，以及防护措施。从事高毒物品作业的劳动者应当经培训考核合格后，方可上岗作业。

（10）劳动者应严格遵守职业卫生管理制度和安全生产操作规程，严禁在有毒有害工作场所进食和吸烟，饭前班后应及时洗手和更换衣服。

（11）项目经理部应定期对工作场所的重点化学毒物进行检测、评价。检测、评价结果存入施工企业职业卫生档案，向施工现场所在地县级卫生行政部门备案并向劳动者公布。

（12）不得安排未成年工和孕期、哺乳期的女职工从事接触有毒化学品的作业。

7. 紫外线的预防控制措施

（1）采用自动或半自动焊接设备，加大劳动者与辐射源的距离。

（2）产生紫外线的施工现场应当使用不透明或半透明的挡板将该区域与其他施工区域分隔，禁止无关人员进入操作区域，避免紫外线对其他人员的影响。

（3）电焊工必须佩戴专用的面罩、防护眼镜，以及有效的防护服和手套。

（4）高原作业时，使用玻璃或塑料护目镜、风镜，穿长裤长袖衣服。

8. 生物因素的预防控制措施

（1）施工企业在施工前应当进行施工场所是否为疫源地、疫区、污染区的识别，尽可能避免在疫源地、疫区和污染区施工。

（2）劳动者进入疫源地、疫区作业时，应当接种相应疫苗。

（3）在呼吸道传染病疫区、污染区作业时，应当采取有效的消毒措施，劳动者应当配备防护口罩、防护面罩。

（4）在虫媒传染病疫区作业时，应当采取有效的杀灭或驱赶病媒措施，劳动者应当配备有效的防护服、防护帽，宿舍配备有效的防虫媒进入的门帘、窗纱和蚊帐等。

（5）在介水传染病疫区作业时，劳动者应当避免接触疫水作业，并配备有效的防护服、防护鞋和防护手套。

（6）在消化道传染病疫区作业时，采取"五管一灭一消毒"措施（管传染源、管水、管食品、管粪便、管垃圾，消灭病媒，饮用水、工作场所和生活环境消毒）。

（7）加强健康教育，使劳动者掌握传染病防治相关知识，提高卫生防病知识。

（8）根据施工现场具体情况，配备必要的传染病防治人员。

2.3.4 建筑施工作业劳动防护

1. 劳动防护用品的类型

劳动防护用品，是指为从事建筑施工作业的人员和进入施工现场的其他人员配备的个人防护装备。如图 2-40 所示，常见的劳动防护用品主要包括以下类型：

（1）头部防护类：安全帽、工作帽等；

（2）眼、面部防护类：护目镜、防护罩等；

（3）听觉、耳部防护类：耳塞、耳罩、防噪声帽等；

（4）手部防护类：防腐蚀、防化学品手套，绝缘手套、搬运手套、防水防烫手套等；

（5）足部防护类：绝缘鞋、防滑鞋、防油鞋、防静电鞋等；

（6）呼吸器官防护类：防尘口罩、防毒面罩等；

（7）防护服类：防火服、防烫服、防静电服、防酸碱服，防雨、防寒服装及专用标志服装，一般工作服装等。

（8）防坠落类：安全带、安全绳等。

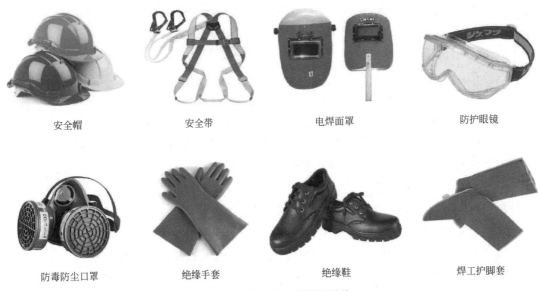

| 安全帽 | 安全带 | 电焊面罩 | 防护眼镜 |

| 防毒防尘口罩 | 绝缘手套 | 绝缘鞋 | 焊工护脚套 |

图 2-40　常见的劳动防护用品

进入施工现场的施工人员和其他人员，必须按照安全生产规章制度和劳动防护用品使用规则，正确佩戴和使用劳动防护用品，以确保施工过程中的安全和健康。

2. 劳动防护用品的配备

从事新建、改建、扩建和拆除等有关建筑活动的施工企业，应依据《建筑施工作业劳动防护用品配备及使用标准》JGJ 184—2009 的要求为从业人员按作业工种配备相应的劳动防护用品，使其免遭或减轻事故伤害和职业危害。劳动防护用品配备的一般要求如下：

2-20

职业防护用品

（1）进入施工现场人员必须佩戴安全帽。作业人员必须戴安全帽、穿工作鞋和工作服；应按作业要求正确使用劳动防护用品。在 2m 及以上的无可靠安全防护设施的高处、悬崖和陡坡作业时，必须系挂安全带。

（2）从事机械作业的女工及长发者应配备工作帽等个人防护用品。

（3）从事登高架设作业、起重吊装作业的施工人员应配备防止滑落的劳动防护用品，应为从事自然强光环境下作业的施工人员配备防止强光伤害的劳动防护用品。

（4）从事施工现场临时用电工程作业的施工人员应配备防止触电的劳动防护用品。

（5）从事焊接作业的施工人员应配备防止触电、灼伤、强光伤害的劳动防护用品。

（6）从事锅炉、压力容器、管道安装作业的施工人员应配备防止触电、强光伤害的劳动防护用品。

（7）从事防水、防腐和油漆作业的施工人员应配备防止触电、中毒、灼伤的劳动防护用品。

（8）从事基础施工、主体结构施工、屋面施工、装饰装修施工作业人员应配备防止身体、手足、眼部等受到伤害的劳动防护用品。

（9）冬期施工期间或作业环境温度较低的，应为作业人员配备防寒类防护用品。

（10）雨期施工期间应为室外作业人员配备雨衣、雨鞋等个人防护用品。对环境潮湿及水中作业的人员应配备相应的劳动防护用品。

3. 劳动防护用品的使用与管理

（1）建筑施工企业应严格执行国家有关法规和标准，使用合格的劳动防护用品。建筑施工企业应选定劳动防护用品的合格供货方，为作业人员配备的劳动防护用品必须符合国家有关标准，应具备生产许可证、产品合格证等相关资料。经本单位安全生产管理部门审查合格后方可使用。不得采购和使用无厂家名称、无产品合格证、无安全标志的劳动防护用品。

不同工种劳动防护用品的配备

（2）劳动防护用品的使用年限应按国家现行相关标准执行。劳动防护用品达到使用年限或报废标准的应由建筑施工企业统一收回报废，并应为作业人员配备新的劳动防护用品。劳动防护用品有定期检测要求的应按照其产品的检测周期进行检测。

（3）建筑施工企业应建立健全劳动防护用品购买、验收、保管、发放、使用、更换、报废管理制度。劳动防护用品应保存在干燥、通风的位置，远离热源。在劳动防护用品使用前，应对其防护功能进行必要的检查。

（4）建筑施工企业应对危险性较大的施工作业场所及具有尘毒危害的作业环境设置安全警示标识及应使用的安全防护用品标识牌。

（5）建筑施工企业必须采取切实有效的措施，培训、教育和监督作业人员按照使用规则正确使用劳动防护用品。作业人员应当熟悉安全帽、安全带、防滑鞋等个人劳动防护用品的构造、功能，掌握正确使用方法，在作业过程中按规则和要求正确佩戴和使用。

不同类型的劳动防护用品有其特定的佩戴和使用规则，只有正确佩戴和使用，才能真正起到防护作用。比如：安全帽应根据岗位、专业不同选配，帽壳保持清洁，帽衬、帽箍、系带等配件齐全完好；进入临边、洞口及高处区域，应将安全带挂靠在牢靠的部位，并遵从"高挂低用"的原则；作业人员工作服保持整洁，袖口及裤腿应扎紧，劳保鞋同时具备绝缘、防滑和防砸功能等。

知识链接

劳动者的职业卫生保护权利

职业病防治事关劳动者身体健康和生命安全，事关经济发展和社会稳定大局，随着《职业病诊断与鉴定管理办法》《职业病防治法》等相关法律规范的不断修订和完善、《国家职业病防治规划》的贯彻落实，我国的职业病防治体系越来越健全，全社会防范意识不断加强，工作场所职业卫生条件逐步改善和提高。

2016年10月25日，中共中央、国务院印发并实施《"健康中国2030"规划纲要》，规划纲要中明确提出"开展职业病危害基本情况普查，健全有针对性的健康干预措施。进一步完善职业安全卫生标准体系，建立完善重点职业病监测与职业病危害因素监测、报告和管理网络，遏制尘肺病和职业中毒高发势头。建立分级分类监管机制，对职业病危害高风险企业实施重点监管。开展重点行业领域职业病危害专项治理。强化职业病报告制度，开展用人单位职业健康促进工作，预防和控制工伤事故及职业病发生。"

2019年7月，《健康中国行动（2019—2030年）》等相关文件出台。国家卫生健康委职业健康司长指出，实施"职业健康保护行动"是党中央国务院加强职业病防治工作，切实保障劳动者健康权益的又一重大战略决策。职业健康保护行动主要包括劳动者个人、用人单位和政府三个方面的内容。职业健康保护行动应做好三个"7"。

1. 第一个"7"，劳动者个人行动

（1）倡导健康工作方式。积极传播职业健康先进理念和文化。国家机关、学校、医疗卫生机构、国有企业等单位的员工率先树立健康形象，争做"健康达人"。

（2）树立健康意识。积极参加职业健康培训，学习和掌握与职业健康相关的各项制度、标准，了解工作场所存在的危害因素，掌握职业病危害防护知识、岗位操作规程、个人防护用品的正确佩戴和使用方法。

（3）强化法律意识，知法、懂法。遵守职业病防治法律、法规、规章。接触职业病危害的劳动者，定期参加职业健康检查；罹患职业病的劳动者，建议及时诊断、治疗，保护自己的合法权益。

（4）加强劳动过程防护。劳动者在生产环境中长期接触粉尘、化学危害因素、放射性危害因素、物理危害因素、生物危害因素等可能引起相关职业病。建议接触职业病危害因素的劳动者注意各类危害的防护，严格按照操作规程进行作业，并自觉、正确地佩戴个人职业病防护用品。

（5）提升应急处置能力。学习掌握现场急救知识和急性危害的应急处置方法，能够做到正确的自救、互救。

（6）加强防暑降温措施。建议高温作业、高温天气作业等劳动者注意预防中暑。可佩戴隔热面罩和穿着隔热、通风性能良好的防热服，注意使用空调等防暑降温设施进行降温。建议适量补充水、含食盐和水溶性维生素等防暑降温饮料。

（7）除企业职工外，加强长时间伏案低头工作或长期前倾坐姿人员、教师、交通警察、医生、护士、驾驶员等特殊职业人群的健康保护。

2. 第二个"7"，用人单位行动

（1）为劳动者提供卫生、环保、舒适和人性化的工作环境。

（2）建立健全各项职业健康制度。

（3）加强建设项目职业病防护设施"三同时"管理，优先采用有利于防治职业病和保护劳动者健康的新技术、新工艺、新设备、新材料。

（4）加强职业病危害项目申报、日常监测、定期检测与评价，在醒目位置设置职业病危害公告栏，对产生严重职业病危害的作业岗位，应当在其醒目位置，设置警示标识和中文警示说明。

（5）建立职业病防治和健康管理责任制。

（6）建立职业健康监护制度。

（7）规范劳动用工管理，依法与劳动者签订劳动合同，为劳动者缴纳工伤保险费。

3. 第三个"7"，政府行动

（1）研究修订职业健康法律法规、标准和规章。

（2）研发、推广有利于职业健康的新技术、新工艺、新设备和新材料。

（3）完善职业健康技术支撑体系。

（4）加强职业健康监管体系建设。

（5）加强职业健康监督检查、优化职业病诊断程序和服务、加大保障力度。

（6）改进信息管理机制和信息化建设。

（7）组织开展"健康企业"创建活动，拓宽丰富职业健康范围，积极研究将工作压力、肌肉骨骼疾病等新职业病危害纳入保护范围，营造职业健康文化。

职业能力训练

一、职业技能知识点考核

1. 单项选择题

（1）（　　）是我国安全生产方针的核心，是实现安全生产的根本途径。

A. 安全第一　　　　　　　　　　B. 预防为主

C. 综合治理　　　　　　　　　　D. 管生产必须管安全

（2）建设行政主管部门或者其他有关部门可将施工现场的监督检查委托给（　　）具体实施。

A. 建设单位　　　　　　　　　　B. 建设工程安全监督机构

C. 工程监理单位　　　　　　　　D. 施工总承包单位

（3）建设单位不得对勘察、设计、施工、监理等单位提出不符合建设工程安全生产法律、法规和强制性标准规定的要求，不得压缩（　　）的工期。

A. 建设单位确定　　　　　　　　B. 建设行政主管部门确定

C. 施工单位确定　　　　　　　　D. 合同约定

（4）施工现场暂时停止施工的，施工单位应当做好现场防护，所需费用由（　　）承担。因不可抗力导致施工现场暂时停工的防护费用由（　　）承担。

A. 责任方　　　　　B. 建设单位　　　　　C. 施工单位　　　　　D. 分包单位

（5）建筑施工企业最基本的、核心的安全生产管理制度是（　　）。

A. 安全检查制度　　　　　　　　　B. 安全生产教育培训制度

C. 安全生产责任制度　　　　　　　D. 安全技术交底制度

（6）（　　）对建设工程项目的安全施工负责。

A. 施工单位负责人　　　　　　　　B. 工程项目技术负责人

C. 项目负责人　　　　　　　　　　D. 专职安全生产管理人员

（7）《建筑工程安全生产管理条例》规定，（　　）负责对安全生产进行现场监督检查。

A. 项目负责人　　　　　　　　　　B. 工程项目技术负责人

C. 项目施工员　　　　　　　　　　D. 专职安全生产管理人员

（8）《建设工程安全生产管理条例》规定，施工单位的（　　）应当经建设行政主管部门或者其他有关部门考核合格后方可任职。

A. 主要负责人、项目负责人

B. 项目负责人、专职安全生产管理人员

C. 专职安全生产管理人员、特种作业人员

D. 主要负责人、项目负责人、专职安全生产管理人员

（9）施工单位应当对管理人员和作业人员每年（　　）安全生产教育培训，其教育培训情况记入个人工作档案。

A. 进行一次　　　　B. 至少进行一次　　　　C. 进行二次　　　　D. 至少进行二次

（10）三级安全教育是指企业、项目、施工班组三个层次的安全教育，是作业人员进场上岗前必备的过程，是一线作业人员管理非常重要的一环，关系到每个从业人员的人身安全。下列培训内容中属于项目级培训的是（　　）。

A. 从业人员安全生产权利和义务

B. 安全设备设施、个人防护用品的使用和维护

C. 岗位安全操作规程

D. 岗位之间工作衔接配合的安全与职业卫生事项

（11）施工现场的围挡必须沿工地（　　）设置。

A. 临街面　　　　　B. 背街面　　　　　C. 四周可不连续　　　　D. 四周连续

（12）下列对施工现场的场地清理的描述中，不正确的是（　　）。

A. 作业区及建筑物楼层内，要做到工完场地清

B. 各楼层清理的垃圾应当及时清运

C. 施工现场的垃圾应分类集中堆放，部分可燃垃圾可以现场焚烧清理

D. 垃圾应当用器具装载清运，严禁高处抛撒

（13）易燃易爆危险品库房与在建工程的防火间距不小于（　　）。

A. 3m　　　　　　　B. 6m　　　　　　　C. 10m　　　　　　　D. 15m

（14）下列关于施工场地划分的叙述中，不正确的是（　　）。

A. 施工现场的办公区、生活区应当与作业区分开设置

B. 生活区应当设置于在建建筑物坠落半径之外，否则应当采取相应措施

C. 生活区与作业区之间进行明显的划分隔离，是为了美化场地

D. 功能区的规划设置应考虑交通、水电、消防和卫生、环保等因素

（15）下列关于施工现场的叙述中，不正确的是（　　）。

A. 施工现场应具有良好的排水系统，废水不得直接排入市政污水管网和河流

B. 现场存放的油料、化学溶剂等应设有专门的库房，地面应进行防渗漏处理

C. 为了美化环境和防止扬尘，温暖季节应适当绿化

D. 地面应保持干燥清洁

（16）夜间施工，是指（　　）期间的施工。

A. 10 时至次日 6 时　B. 22 时至次日 6 时　C. 20 时至次日 8 时　D. 24 时至次日 8 时

（17）下列关于建筑施工现场办公、生活等临时设施的选址的叙述中，不正确的是（　　）。

A. 不能满足安全距离要求的，任何情况下都不能设置

B. 应考虑与作业区相隔离，周边环境必须具有安全性，如不得设置在高压线下

C. 不得设置在沟边、崖边、河流边、强风口处、高墙下

D. 不得设置在滑坡、泥石流等灾害地质带上和山洪可能冲击到的区域

（18）安全标志"禁止抛物""当心扎脚""必须戴防尘口罩"分别属于（　　）。

A. 警告标志、禁止标志、指令标志　　　B. 禁止标志、指令标志、警告标志

C. 禁止标志、警告标志、提示标志　　　D. 禁止标志、警告标志、指令标志

（19）下列有关文明施工的说法中，错误的是（　　）。

A. 施工现场没有必要设置工人学习及娱乐的场所

B. 施工主要道路、办公区、生活区、加工区、材料集中堆放区场地进行硬化处理

C. 施工场地全封闭管理，靠市政主干道要有喷雾系统，高度满足规范要求

D. 施工现场道路主入口处实行人车分流，其他位置有条件的必须实行人车分流

（20）下列动火作业中，属于三级动火的是（　　）。

A. 地下室内焊接管道　　　　　　　　B. 焊接工地围挡

C. 作业层钢筋焊接　　　　　　　　　D. 木工棚附近切割作业

（21）生产过程中产生的职业病危害因素包括化学因素、物理因素和生物因素，下列各类职业病危害因素中，属于物理因素的是（　　）。

A. 触电、电焊烟尘　　　　　　　　　B. 高空坠落、物体打击

C. 噪声、辐射　　　　　　　　　　　D. 高温、窒息

（22）职业危害防治工作应当贯彻（　　）的方针。

A. 预防为主、防治结合　　　　　　　B. 治疗为主、防治结合

C. 城市为主、城乡结合　　　　　　　D. 乡村为主、城乡结合

（23）施工现场电焊、氩弧焊等作业过程中会产生紫外线职业伤害。紫外线照射人体引起的职业病是（　　）。

A. 职业性白内障　　B. 中毒　　　　C. 电灼伤　　　　　D. 电光性眼炎

（24）作业场所职业危害预防控制的责任主体是（　　）。

A. 作业人员　　　　　　　　　　　　B. 施工单位

C. 安全生产监管部门 　　　　　　　　　D. 当地人民政府卫生部门

（25）根据《职业病防治法》，建设项目竣工验收时，其职业病防护设施经安全监管部门验收合格后，方可投入生产和使用。在建设项目竣工验收前，建设单位当进行（　　）。

A. 职业病危害预评价 　　　　　　　　B. 职业病危害现状评价

C. 职业病危害控制效果评价 　　　　　D. 职业病危害条件论证

（26）施工现场以下场所进行的作业中，属于一级动火作业的是（　　）。

A. 小型油箱 　　　　　　　　　　　B. 比较密封的地下室

C. 登高电焊 　　　　　　　　　　　D. 无明显危险因素的露天场所

（27）易燃易爆危险品库房与在建工程的防火间距不应小于（　　）；可燃材料堆场及其加工场、固定动火作业场与在建工程的防火间距不应小于（　　）；其他临时用房、临时设施与在建工程的防火间距不应小于（　　）。

A. 6m、10m、15m 　　　　　　　　B. 15m、10m、6m

C. 10m、15m、30m 　　　　　　　　D. 30m、15m、10m

（28）可燃材料库房不应使用高热灯具，易燃易爆危险品库房内应使用（　　）。

A. 防水灯具 　　　B. 防爆灯具 　　　C. 防尘灯具 　　　D. 防腐灯具

（29）产生职业病危害的用人单位，应当在醒目位置设置公告栏，公布的相关内容不包括（　　）。

A. 有关职业病防治的规章制度、操作规程

B. 工作场所职业病危害因素检测结果

C. 职业病危害的申报结果

D. 职业病危害事故应急救援措施

（30）施工现场的临时室外消防给水系统的设置要求中，错误的是（　　）。

A. 给水管网宜布置成枝状

B. 消火栓的间距不应大于120m

C. 消火栓的最大保护半径不应大于150m

D. 临时室外消防给水主干管的管径不应小于$DN100$

2. 多项选择题

（1）下列施工单位的作业人员中，哪些属于规定的特种作业人员？（　　）

A. 架子工 　　　　B. 钢筋工 　　　　C. 建筑电工 　　　D. 瓦工

E. 高处作业吊篮安装拆卸工

（2）下列对安全技术交底具体要求的叙述中，哪些是正确的？（　　）

A. 各工种的安全技术交底一般与分部分项工程安全技术交底同步进行

B. 交底应采用简短的、口号式的形式

C. 交底双方应当签字确认

D. 交底必须具体、明确、针对性强

E. 交底应当采用口头形式

（3）文明施工是保持施工现场良好的作业环境、卫生环境和工作秩序的手段，其意义是（　　）。

A. 能够促进企业综合管理水平的提高，树立企业的形象

B. 能够适应现代化施工的客观要求

C. 典型的企业行为，与外界无关

D. 有利于员工的身心健康，有利于培养和提高施工队伍的整体素质

E. 有利于加快施工进度

（4）下列做法中符合施工现场平面布置原则的是（　　）。

A. 必须考虑绿化用地

B. 确保场内道路畅通，运输方便

C. 现场布置紧凑，减少施工用地

D. 不能利用施工现场附近的原有建筑物作为施工临时设施

E. 办公区和生活区应当设置于在建建筑物坠落半径之外

（5）下列选项中，属于施工单位安全生产责任的是（　　）。

A. 为施工现场从事危险作业的人员办理意外伤害保险，支付保险费

B. 向作业人员提供安全防护用具，并书面告知危险岗位的操作规程和违章操作的危害

C. 在施工现场建立消防安全责任制度，确定消防安全责任人

D. 对工程建设相关方的关系进行协调，并履行建设工程安全生产管理的法定职责

E. 申请领取施工许可证，并将保证安全施工的措施报相关部门备案

（6）下列选项中，具有针对性的防治大气污染的措施包括（　　）。

A. 施工现场应设置排水沟及沉淀池，现场废水不得直接排入市政污水管网和河流

B. 从事土方、渣土和施工垃圾运输，应采用密闭式运输车辆或采取覆盖措施

C. 施工现场应根据风力和大气湿度的具体情况，进行土方回填、转运作业

D. 建筑物内施工垃圾的清运，应采用专用封闭式容器吊运或传送，严禁凌空抛撒

E. 利用水泥、沥青等胶结材料将松散的工地废弃物包裹起来，减小其毒性和可迁移性

（7）根据《建设工程安全生产管理条例》规定，施工单位应当根据不同施工阶段和
（　　）的变化，在施工现场采取相应的安全施工措施。

A. 周围环境　　　　B. 资金　　　　　　C. 季节　　　　　　D. 人员　　　　　E. 气候

（8）关于劳动者享有的职业卫生保护权利，下列说法中正确的有（　　）。

A. 获得职业健康检查、职业病诊疗、康复等职业病防治服务

B. 了解工作场所产生或者可能产生的职业病危害因素、危害后果和应当采取的职业病防护措施

C. 要求用人单位提供符合防治职业病要求的职业病防护设施和个人使用的职业病防护用品，改善工作条件

D. 对违反职业病防治法律、法规以及危及生命健康的行为提出批评、检举和控告

E. 在有职业病防护措施的情况下，拒绝进行高职业病危害的作业

（9）施工现场气瓶在存贮和使用时应注意（　　）。

A. 乙炔瓶应直立使用，严禁横躺卧放　　B. 严禁碰撞、敲打、抛掷、滚动气瓶

C. 可以使用叉车、翻斗车运输气瓶　　　D. 氧气瓶内剩余气体的压力不应小于 0.1MPa

E. 氧气瓶与乙炔瓶的工作间距不应小于 5m，气瓶与明火作业点的距离不应小于 10m

（10）在建工程及临时用房的下列哪些场所应配置灭火器？（　　）

A. 易燃易爆危险品存放及使用场所　　　　B. 动火作业场所

C. 可燃材料存放、加工及使用场所　　　D. 变配电房

E. 职工宿舍

二、能力训练项目

1. 查阅资料或利用职场体验、假期岗位实习等实践锻炼机会，调查建筑企业职业健康安全管理体系、企业安全生产管理机构、项目安全生产管理领导小组的设置与运行状况，并根据调查结果绘制组织机构网络图。

2. 模拟组建安全生产管理机构，并根据工程项目背景资料编制一份安全生产策划书，制定项目部安全生产管理制度及各工种的安全操作规程。

3. 根据工程项目背景资料编制一份文明施工方案，绘制施工现场平面布置图、安全标志平面布置图。

4. 选择施工现场常见的一种动火作业，判断其动火等级，制定有针对性的安全防护措施，并尝试拟一张动火作业证。

5. 分析建筑施工现场常见的职业病危害因素，列一份职业病危害因素辨识清单。

建筑施工现场职业病危害因素辨识清单

序号	工种	主要职业病危害因素	可能引起的法定职业病	主要防护措施
1				
...				

三、交流讨论

查阅《"十四五"建筑节能与绿色建筑发展规划》、建筑业 10 项新技术、建筑企业安全文明工地、智慧工地现场观摩会等相关资料，聊一聊关于绿色施工、智慧建造的那些"黑科技"，探讨如何用智慧守护安全、用数字筑牢防线、推动建筑行业健康安全可持续发展。

项目 3　施工过程安全控制

1. 知识目标

(1) 熟悉施工过程安全控制的基本手段和方法。

(2) 掌握基坑施工、模板安拆、脚手架搭拆及使用的安全技术措施。

(3) 掌握临时用电、高处作业的安全防护措施。

(4) 掌握施工现场大型机械设备进场安装、验收及使用要求。

(5) 掌握装配式建筑、拆除工程的安全文明施工措施。

2. 能力目标

(1) 能针对危险性较大的分部分项工程编制专项施工方案、制定安全技术措施。

(2) 能依据专项施工方案开展安全技术交底、组织安全文明施工。

3. 素质目标

(1) 树立全员参与、全过程控制、全方位展开的"三全"管理理念。

(2) 强化规范意识、标准意识、创优意识。

(3) 弘扬执着专注、精益求精、一丝不苟、追求卓越的工匠精神。

(4) 培养创新思维、可持续发展思维，提高创新能力。

(5) 树立科技兴安理念、立志科技报国。

引言

精益求精·追求卓越

我国工匠文化历史悠久，据《论语》记载，春秋时期已有"百工居肆"，《考工记》开篇即言"国有六职，百工与居一焉"。所谓"知者创物，巧者述之守之，世谓之工。百工之事，皆圣人之作也"，能工巧匠被视为具有"济世"之能的"圣人"，他们"烁金以为刃，凝土以为器，作车以行陆，作舟以行水"，他们道技合一、心传身授、体知躬行，以代代传承与创新的工匠精神筑牢了中华民族百业兴旺的根脉和地基。

"执着专注、精益求精、一丝不苟、追求卓越"，新时代的工匠精神是以爱国主义为核心的民族精神和以改革创新为核心的时代精神的生动体现。时代发展需要大国工匠，大国工匠呼唤青年力量，青年学子应以民族复兴为己任，立志走技能成才、科技报国之路，弘扬工匠精神，坚守匠心、勇于创新，用劳动创造幸福，用技能成就梦想。

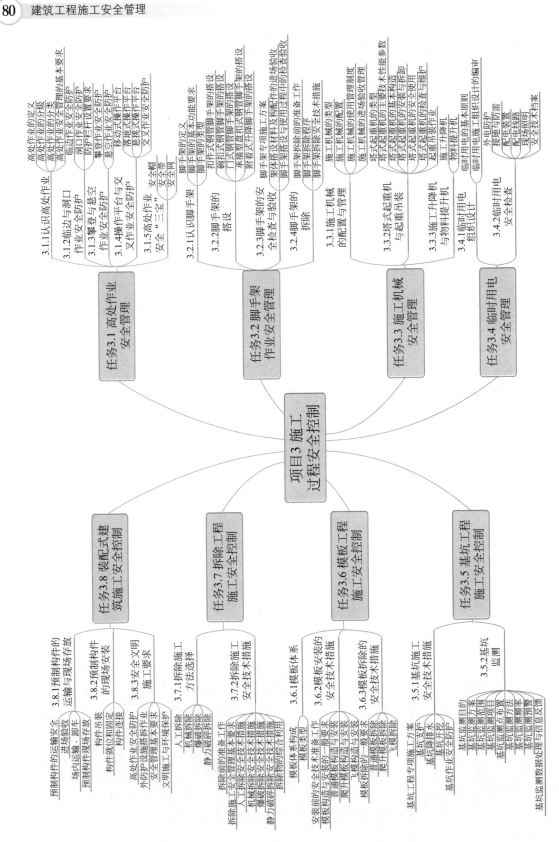

任务 3.1 高处作业安全管理

任务引入

　　建筑施工现场攀登作业、悬空作业较多，施工过程中也会形成各种类型的洞口及临边，如果高处作业的安全防护措施不到位、作业人员安全意识淡薄，很容易发生高处坠落、物体打击等伤亡事故。根据住房和城乡建设部历年来房屋市政工程生产安全事故情况的通报情况，每年高处坠落事故起数约占施工现场安全事故总量的50%。因此，加强高处作业安全管理，避免高处坠落事故，对于降低住房和城乡建设领域事故发生率，减少人员伤亡和经济损失，意义重大。

3.1.1 认识高处作业

1. 高处作业的定义

根据《建筑施工高处作业安全技术规范》JGJ 80—2016 规定，在坠落高度基准面 2m 及以上有可能坠落的高处进行的作业称为高处作业。

3-1

高处作业概述

所谓基准面，指坠落到的底面，如地面、楼面、楼梯平台、相邻较低建筑物的屋面、基坑的底面、脚手架的通道板等，坠落高度基准面则是指可能坠落范围内最低处的水平面。

2. 高处作业的分级

根据《高处作业分级》GB/T 3608—2008，考虑作业高度和作业条件两个因素，将可能坠落的危险程度用高处作业级别来表示。分级时，首先根据坠落的危险程度将作业高度划分为 2~5m、5~15m、15~30m 以及 30m 以上四个区段，然后根据高处作业的危险性质进行分类，不存在下列任一种直接引起坠落的客观危险因素的高处作业按表 3-1 中的 A 类分级，存在下列任一种客观危险因素的高处作业按 B 类分级。

高处作业分级　　　　　　　　　　　　　　　　　　　表 3-1

分类法	高处作业高度 h_w/m			
	$2 \leqslant h_w \leqslant 5$	$5 \leqslant h_w \leqslant 15$	$15 \leqslant h_w \leqslant 30$	$h_w > 30$
A	I	II	III	IV
B	II	III	IV	IV

直接引起坠落的客观危险因素主要有以下几种：

（1）阵风风力五级（风速 8.0m/s）以上。

（2）平均气温等于或低于 5℃的作业环境。

（3）接触冷水温度等于或低于 12℃的作业。

（4）作业场地有冰、雪、霜、水、油等易滑物。

（5）作业场所光线不足，能见度差。

（6）作业活动范围与危险电压带电体的距离小于表 3-2 中的规定值。

作业活动范围与危险电压带电体的距离　　　　　　表 3-2

危险电压带电体的电压等级(kV)	距离(m)
≤10	1.7
35	2.0
63～110	2.5
220	4.0
330	5.0
500	6.0

（7）摆动，立足处不是平面或只有很小平面，即任一边小于 500mm 的矩形平面、直径小于 500mm 的圆形平面或具有类似尺寸的其他形状的平面，致使作业者无法维持正常姿势。

（8）《工作场所物理因素测量 第 10 部分：体力劳动强度分级》GBZ/T 189.10—2007规定的Ⅲ级或Ⅲ级以上的体力劳动强度。

（9）存在有毒气体或空气中含氧量低于 0.195 的作业环境。

（10）可能会引起各种灾害事故的作业环境和抢救突然发生的各种灾害事故。

💡 想一想：你知道高处作业可能坠落范围半径（R）如何确定吗？

3. 高处作业的分类

高处作业可分为一般高处作业和特殊高处作业两大类。

特殊高处作业包括：强风高处作业、异温高处作业、雪天高处作业、雨天高处作业、夜间高处作业、带电高处作业、悬空高处作业等。除特殊高处作业之外的高处作业统称为一般高处作业。

4. 高处作业安全管理的基本要求

《建筑施工高处作业安全技术规范》JGJ 80—2016 对建筑施工高处作业提出了明确的防护要求，规范了高处作业的安全技术措施，使其技术合理、经济适用，对预防各种伤害事故的发生发挥了积极的作用，其高处作业安全管理的基本要求如下：

3-2

高处作业安全管理

（1）建筑施工中凡涉及临边与洞口作业、攀登与悬空作业、操作平台、交叉作业及安全网搭设的，应在施工组织设计或施工方案中制定高处作业安全技术措施。

（2）高处作业施工前，应按类别对安全防护设施进行检查、验收，验收合格后方可进行作业，并应作验收记录。验收可分层或分阶段进行。

（3）高处作业施工前，应对作业人员进行安全技术交底，并应记录。应对初次作业人员进行培训。

（4）应根据要求将各类安全警示标志悬挂于施工现场各相应部位，夜间应设红灯警示。高处作业施工前，应检查高处作业的安全标志、工具、仪表、电气设施和设备，确认其完好后，方可进行施工。

（5）高处作业人员应根据作业的实际情况配备相应的高处作业安全防护用品，并应按规定正确佩戴和使用相应的安全防护用品、用具。

（6）对施工作业现场可能坠落的物料，应及时拆除或采取固定措施。高处作业所用的物料应堆放平稳，不得妨碍通行和装卸。工具应随手放入工具袋；作业中的走道、通道板和登高用具，应随时清理干净；拆卸下的物料及余料和废料应及时清理运走，不得随意放置或向下丢弃。传递物料时不得抛掷。

（7）高处作业应按《建设工程施工现场消防安全技术规范》GB 50720—2011 的规定，采取防火措施。

（8）在雨、霜、雾、雪等天气进行高处作业时，应采取防滑、防冻和防雷措施，并应及时清除作业面上的水、冰、雪、霜。当遇有 6 级及以上强风、浓雾、沙尘暴等恶劣气候，不得进行露天攀登与悬空高处作业。雨雪天气后，应对高处作业安全设施进行检查，当发现有松动、变形、损坏或脱落等现象时，应立即修理完善，维修合格后方可使用。

（9）对需临时拆除或变动的安全防护设施，应采取可靠措施，作业后应立即恢复。

（10）安全防护设施验收应包括下列主要内容：防护栏杆的设置与搭设；攀登与悬空作业的用具与设施搭设；操作平台及平台防护设施的搭设；防护棚的搭设；安全网的设置；安全防护设施、设备的性能与质量、所用的材料、配件的规格；设施的节点构造，材料配件的规格、材质及其与建筑物的固定、连接状况。

（11）安全防护设施验收资料应包括下列主要内容：施工组织设计中的安全技术措施或施工方案，安全防护用品用具、材料和设备产品合格证明，安全防护设施验收记录，预埋件隐蔽验收记录，安全防护设施变更记录。

（12）应有专人对各类安全防护设施进行检查和维修保养，发现隐患应及时采取整改措施。

（13）安全防护设施宜采用定型化、工具化设施，防护栏应为黑黄或红白相间的条纹标示，盖件应为黄色或红色标示。

3.1.2 临边与洞口作业安全防护

1. 临边作业安全防护

临边作业是指在工作面边沿无围护或围护设施高度低于 800mm 的高处作业，包括楼板边、楼梯段边、屋面边、阳台边、各类坑、沟、槽等边沿的高处作业。临边作业应做好安全防护措施。

（1）在坠落高度基准面 2m 及以上进行临边作业时，应在临空一侧设置如图 3-1 所示的防护栏杆，并应采用密目式安全立网或工具式栏板封闭。

（2）施工的楼梯口、楼梯平台和梯段边，应如图 3-2 所示安装防护栏杆；外设楼梯口、楼梯平台和梯段边，还应采用密目式安全立网封闭。

图 3-1　临边作业防护栏杆

图 3-2　楼梯口临边防护

（3）建筑物外围边沿处，对没有设置外脚手架的工程，应设置防护栏杆；对有外脚手架的工程，应采用密目式安全立网全封闭。密目式安全立网应设置在脚手架外侧立杆上，并应与架体紧密连接。

（4）开挖深度超过 2m 的坑、沟、槽必须在边沿按规范要求设置防护栏杆或采用工具式栏板封闭。护栏刷醒目的警示色，护栏周围悬挂"禁止翻越""当心坠落"等禁止、警告标志。夜间作业设警示红灯，如图 3-3 所示。

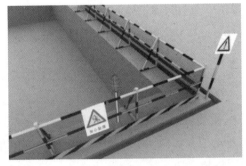

图 3-3　基坑临边防护

（5）施工升降机、龙门架和井架物料提升机等在建筑物间设置的停层平台两侧边，应设置防护栏杆、挡脚板，并应采用密目式安全立网或工具式栏板封闭。停层平台口应设置高度不低于 1.8m 的楼层防护门，并应设置防外开装置。井架物料提升机通道中间，应分别设置隔离设施。

2. 洞口作业安全防护

洞口作业是指在地面、楼面、屋面和墙面等有可能使人和物料坠落，其坠落高度大于或等于2m的洞口处的高处作业。洞口作业时，应采取防坠落措施，并应符合下列规定：

（1）当竖向洞口短边边长小于500mm时，应采取封堵措施；当垂直洞口短边边长大于或等于500mm时，应在临空一侧设置高度不小于1.2m的防护栏杆，并应采用密目式安全立网或工具式栏板封闭，设置挡脚板。

（2）当非竖向洞口短边边长为25～500mm时，应采用承载力满足使用要求的盖板覆盖，如图3-4所示，盖板四周搁置应均衡，且应防止盖板移位。

（3）如图3-5所示，当非竖向洞口短边边长为500～1500mm时，应采用盖板覆盖或防护栏杆等措施，并应固定牢固。

图3-4 洞口盖板防护

图3-5 洞口盖板加防护栏杆

（4）洞口盖板应能承受不小于1kN的集中荷载和不小于2kN/m²的均布荷载，有特殊要求的盖板应另行设计。

（5）当非竖向洞口短边边长大于或等于1500mm时，应在洞口作业侧设置高度不小于1.2m的防护栏杆，洞口应采用安全平网封闭，如图3-6所示。

（6）电梯井口应设置防护门，如图3-7所示，其高度不应小于1.5m，防护门底端距地面高度不应大于50mm，并应设置挡脚板。

图3-6 防护栏杆加安全平网

图3-7 电梯井口防护门

（7）在电梯施工前，电梯井道内应每隔2层且不大于10m加设一道安全平网。电梯井内的施工层上部，应设置隔离防护设施。

（8）墙面等处落地的竖向洞口、窗台高度低于 800mm 的竖向洞口及框架结构在浇筑完混凝土未砌筑墙体时的洞口，应按临边防护要求设置防护栏杆。

3. 防护栏杆设置要求

（1）临边作业的防护栏杆应由横杆、立杆及挡脚板组成。防护栏杆应为两道横杆，上杆距地面高度应为 1.2m，下杆应在上杆和挡脚板中间设置；当防护栏杆高度大于 1.2m 时，应增设横杆，横杆间距不应大于 600mm；防护栏杆立杆间距不应大于 2m；挡脚板高度不应小于 180mm。

（2）防护栏杆立杆底端应固定牢固。当在土体上固定时，应采用预埋或打入方式固定；当在混凝土楼面、地面、屋面或墙面固定时，应将预埋件与立杆连接牢固；当在砌体上固定时，应预先砌入相应规格含有预埋件的混凝土块，预埋件应与立杆连接牢固。

（3）当采用钢管作为防护栏杆杆件时，横杆及栏杆立杆应采用脚手架钢管，并应采用扣件、焊接、定型套管等方式进行连接固定；当采用其他材料作防护栏杆杆件时，应选用与钢管材质强度相当的材料，并应采用螺栓、销轴或焊接等方式进行连接固定。

（4）防护栏杆的立杆和横杆的设置、固定及连接，应确保防护栏杆在上下横杆和立杆任何部位处，均能承受任何方向 1kN 的外力作用。当栏杆所处位置有发生人群拥挤、物件碰撞等可能时，应加大横杆截面或加密立杆间距。

（5）防护栏杆应张挂密目式安全立网或其他材料封闭。

（6）防护栏杆的设计计算应符合规范的规定。

💡 想一想：什么是施工现场的"三宝""四口""五临边"？

3.1.3　攀登与悬空作业安全防护

1. 攀登作业安全防护

攀登作业是指借助登高用具或登高设施进行的高处作业。施工现场攀登作业应符合下列规定：

（1）登高作业应借助施工通道、梯子及其他攀登设施和用具。攀登作业设施和用具应牢固可靠；当采用梯子攀爬时，踏面荷载不应大于 1.1kN；当梯面上有特殊作业时，应按实际情况进行专项设计。

（2）如图 3-8 所示，攀登作业时，作业人员思想必须要集中，采用三点接触式攀爬方法，上下梯子时，必须面向梯子，手中不得握持任何物件，携带笨重物件不准登高；同一梯子上不得两人同时作业；在通道处使用梯子作业时，应有专人监护或设置围栏；脚手架操作层上严禁架设梯子作业。

（3）便携式梯子宜采用金属材料或木材制作，并应符合《便携式金属梯安全要求》GB 12142—2007 和《便携式木折梯安全要求》GB 7059—2007 的规定。

（4）如图 3-9 所示，使用单梯时梯面应与水平面成 75°夹角，踏步不得缺失，梯格间距宜为 300mm，不得垫高使用。

（5）如图 3-10 所示，折梯使用时上部夹角以 35°～45°为宜，连接铰链必须牢固，并有可靠的拉撑措施。

三点接触式攀爬

图 3-8 攀登作业

75°±5°

图 3-9 直梯作业

35°～45°

拉撑带

图 3-10 折梯作业

（6）固定式直梯应采用金属材料制成，并应符合《固定式钢梯及平台安全要求 第1部分：钢直梯》GB 4053.1—2009 的规定；梯子净宽应为 400～600mm，固定直梯的支撑应采用不小于∟70×6 的角钢，埋设与焊接应牢固。直梯顶端的踏步应与攀登顶面齐平，并应加设 1.1～1.5m 高的扶手。

（7）使用固定式直梯攀登作业时，当攀登高度超过 3m 时，宜加设护笼；当攀登高度超过 8m 时，应设置梯间平台。

（8）钢结构安装时，应使用梯子或其他登高设施进行攀登作业；当坠落高度超过 2m 时，应设置操作平台。

（9）当安装屋架时，应在屋脊处设置扶梯。扶梯踏步间距不应大于 400mm；屋架杆件安装时搭设的操作平台，应设置防护栏杆或使用作业人员拴挂安全带的安全绳。

（10）深基坑施工应设置扶梯、入坑踏步及专用载人设备或斜道等设施；采用斜道时，应加设间距不大于 400mm 的防滑条等防滑措施；作业人员严禁沿坑壁、支撑或乘运土工具上下。

2. 悬空作业安全防护

悬空作业是指在周边无任何防护设施或防护设施不能满足防护要求的临空状态下进行

的高处作业。

(1) 悬空作业应配置登高和防坠落装置及设施；悬空高处作业人员应系挂安全带、佩戴工具袋；悬空高处作业所用的索具、操作平台、脚手架或吊篮、吊笼等设备，均需经过技术鉴定后方可使用。

(2) 悬空作业立足处的设置应牢固，并应配置登高和防坠落装置和设施；严禁在未固定、无防护设施的构件及管道上进行作业或通行。

(3) 构件吊装和管道安装时的悬空作业应符合下列规定：钢结构吊装，构件宜在地面组装，安全设施应一并设置；吊装钢筋混凝土屋架、梁、柱等大型构件前，应在构件上预先设置登高通道、操作立足点等安全设施；在高空安装大模板、吊装第一块预制构件或单独的大中型预制构件时，应站在作业平台上操作；钢结构安装施工宜在施工层搭设水平通道，水平通道两侧应设置防护栏杆；当利用钢梁作为水平通道时，应在钢梁一侧设置连续的安全绳，安全绳宜采用钢丝绳。

(4) 模板支撑体系搭设和拆卸的悬空作业应符合下列规定：模板支撑的搭设和拆卸应按规定程序进行，不得在上下同一垂直面上同时装拆模板；在坠落基准面 2m 以上高处搭设与拆除柱模板及悬挑结构的模板时，应设置操作平台；在进行高处拆模作业时，应配置登高用具或搭设支架。

(5) 绑扎钢筋和预应力张拉的悬空作业应符合下列规定：绑扎立柱和墙体钢筋，不得沿钢筋骨架攀登或站在骨架上作业；在坠落基准面 2m 及以上高处绑扎柱钢筋和进行预应力张拉时，应搭设操作平台。

(6) 混凝土浇筑与结构施工的悬空作业应符合下列规定：浇筑高度 2m 及以上的混凝土结构构件时，应设置脚手架或操作平台；悬挑的混凝土梁和檐、外墙和边柱等结构施工时，应搭设脚手架或操作平台。

(7) 屋面作业时应符合下列规定：在坡度大于 25°的屋面上作业，当无外脚手架时，应在屋檐边设置不低于 1.5m 高的防护栏杆，并应采用密目式安全立网全封闭；在轻质型材等屋面上作业，应搭设临时走道板，不得在轻质型材上行走；安装轻质型材板前，应采取在梁下支设安全平网或搭设脚手架等安全防护措施。

(8) 外墙作业时应符合下列规定：如图 3-11 所示，进行外窗作业时，应有防坠落措

图 3-11 外窗作业

施，操作人员在无安全防护措施时，不得站立在檩子、阳台栏板上作业；高处作业不得使用座板式单人吊具，不得使用自制吊篮。

3.1.4　操作平台与交叉作业安全防护

操作平台是由钢管、型钢及其他等效性能材料等组装搭设制作的供施工现场高处作业和载物的平台，包括移动式、落地式、悬挑式等平台。

操作平台应通过设计计算，并应编制专项方案，架体构造与材质应满足国家现行相关标准的规定；平台面铺设的钢、木或竹胶合板等材质的脚手板，应符合材质和承载力要求，并应平整满铺及可靠固定；平台临边应设置防护栏杆，单独设置的操作平台应设置供人上下、踏步间距不大于 400mm 的扶梯。操作平台明显位置应设置限载牌，物料应及时转运，不得超重、超高堆放；平台使用中应每月不少于 1 次定期检查，应由专人进行日常维护工作，及时消除安全隐患。

1. 移动式操作平台

如图 3-12 所示，移动式操作平台是带脚轮或导轨，可移动的脚手架操作平台。移动式操作平台设置应符合下列规定：

（1）移动式操作平台面积不宜大于 10m²，高度不宜大于 5m，高宽比不应大于 2：1；施工荷载不应大于 1.5kN/m²。

（2）移动式操作平台的轮子与平台架体连接应牢固，立柱底端离地面不得大于 80mm，行走轮和导向轮应配有制动器或刹车闸等制动措施。

（3）移动式行走轮承载力不应小于 5kN，制动力矩不应小于 2.5N·m，移动式操作平台架体应保持垂直，不得弯曲变形，制动器除在移动情况外，均应保持制动状态。

图 3-12　移动式操作平台

（4）移动式操作平台移动时，操作平台上不得站人。

（5）移动式升降平台应符合《移动式升降工作平台 设计计算、安全要求和测试方法》GB/T 25849—2010 和《移动式升降工作平台 安全规则、检查、维护和操作》GB/T 27548—2011 的要求。

（6）移动式操作平台的结构设计计算应符合规范的规定。

2. 落地式操作平台

如图 3-13 所示，落地式操作平台是从地面或楼面搭起、不能移动的操作平台，单纯进行施工作业的施工平台和可进行施工作业与承载物料的接料平台。

（1）落地式操作平台架体构造基本要求

1）操作平台高度不应大于 15m，高宽比不应大于 3：1。

2）施工平台的施工荷载不应大于 2.0kN/m²；当接料平台的施工荷载大于 2.0kN/m²

图 3-13　落地式操作平台

时，应进行专项设计。

3）操作平台应与建筑物进行刚性连接或加设防倾措施，不得与脚手架连接。

4）当用脚手架搭设操作平台时，其立杆间距和步距等结构要求应符合国家现行相关脚手架规范的规定；应在立杆下部设置底座或垫板、纵向与横向扫地杆，并应在外立面设置剪刀撑或斜撑。

5）操作平台应从底层第一步水平杆起逐层设置连墙件，且连墙件间隔不应大于 4m，并应设置水平剪刀撑。连墙件应为可承受拉力和压力的构件，并应与建筑结构可靠连接。

（2）落地式操作平台搭设材料及搭设技术要求、允许偏差应符合现行国家相关脚手架规范的规定。

（3）落地式操作平台应按现行国家相关脚手架标准的规定计算受弯构件强度、连接扣件抗滑承载力、立杆稳定性，连墙杆件强度、稳定性及连接强度，立杆地基承载力等。

（4）落地式操作平台一次搭设高度不应超过相邻连墙件以上两步。

（5）落地式操作平台拆除应由上而下逐层进行，严禁上下同时作业，连墙件应随施工进度逐层拆除。

（6）落地式操作平台检查验收应符合下列规定

1）操作平台的钢管和扣件应有产品合格证。

2）搭设前应对基础进行检查验收，搭设中应随施工进度按结构层对操作平台进行检查验收。

3）遇 6 级以上大风、雷雨、大雪等恶劣天气及停用超过 1 个月，恢复使用前，应进行检查。

3. 悬挑式操作平台

如图 3-14 所示，悬挑式操作平台是以悬挑形式搁置或固定在建筑物结构边沿的操作平台，形式主要有斜拉式悬挑操作平台和支承式悬挑操作平台。

图 3-14　悬挑式操作平台

悬挑式操作平台通常采用钢构件制作，其设计安装及使用应符合下列规定：

（1）悬挑式操作平台应按现行规范进行设计安装，其结构构造应能防止左右晃动，计算书及图纸应编入施工组织设计。

（2）悬挑式操作平台设置应符合下列规定：操作平台的搁置点、拉结点、支撑点应设置在稳定的主体结构上，且应可靠连接；严禁将操作平台设置在临时设施上；操作平台的结构应稳定可靠，承载力应符合设计要求。

（3）悬挑式操作平台的悬挑长度不宜大于 5m，均布荷载不应大于 $5.5kN/m^2$，集中荷载不应大于 15kN，悬挑梁应锚固固定。

（4）采用斜拉方式的悬挑式操作平台，平台两侧的连接吊环应与前后两道斜拉钢丝绳连接，每一道钢丝绳应能承载该侧所有荷载。

（5）采用支承方式的悬挑式操作平台，应在钢平台下方设置不少于两道斜撑，斜撑的一端应支承在钢平台主体结构钢梁下，另一端应支撑在建筑物主体结构上。

（6）采用悬臂梁式的操作平台，应采用型钢制作悬挑梁或悬挑桁架，不得使用钢管，其节点应采用螺栓或焊接的刚性节点。当平台板上的主梁采用与主体结构预埋件焊接时，预埋件、焊缝均应经设计计算，建筑主体结构应同时满足强度要求。

（7）悬挑式操作平台应设置 4 个吊环，吊运时应使用卡环，不得使吊钩直接钩挂吊环。吊环应按通用吊环或起重吊环设计，并应满足强度要求。

（8）悬挑式操作平台安装时，钢丝绳应采用专用的钢丝绳夹连接，钢丝绳夹数量应与钢丝绳直径相匹配，且不得少于 4 个。建筑物锐角、利口周围系钢丝绳处应加衬软垫物。

（9）悬挑式操作平台的外侧应略高于内侧；外侧应安装防护栏杆并应设置防护挡板全封闭。

（10）人员不得在悬挑式操作平台吊运、安装时上下。

（11）钢平台吊装，需待横梁支撑点电焊固定，接好钢丝绳并调整完毕，经过检查验收后，方可松卸起重吊钩，上下操作。

（12）钢平台的承重钢丝绳和保险钢丝绳不得设置在同一个固定点上；钢平台挑梁与结构之间采取 U 形压板式（三道）固定方法，固定处要塞紧。

（13）钢平台不得安装在安全通道、外用电梯的上方。

（14）钢平台必须经过验收，合格后方可投入使用；钢平台使用时，应由专人进行检查，发现钢丝绳有锈蚀损坏应及时调换，焊缝脱焊应及时修复。

（15）操作平台上应显著标明容许荷载值，操作平台上人员和物料的总重量严禁超过设计的允许荷载，并配备专人加以监督。

4. 交叉作业安全防护

交叉作业是指垂直空间贯通状态下，可能造成人员或物体坠落，并处于坠落半径范围内、上下左右不同层面的立体作业。施工现场进行交叉作业时，应做好以下安全防护措施：

（1）施工现场立体交叉作业时，下层作业位置应处于上层作业的坠落半径之外，高空作业坠落半径按表 3-3 确定。安全防护棚和警戒隔离区范围的设置应视上层作业高度确定，并应大于坠落半径。

坠落半径 表 3-3

上层作业高度（h_b）	坠落半径（m）
$2 \leqslant h_b \leqslant 5$	3
$5 < h_b \leqslant 15$	4
$15 < h_b \leqslant 30$	5
$h_b > 30$	6

（2）交叉作业时，坠落半径内应设置如图 3-15、图 3-16 所示的安全防护棚或安全防护网等安全隔离措施。当尚未设置安全隔离措施时，应设置警戒隔离区，人员严禁进入隔离区。

图 3-15　安全防护棚

图 3-16　安全防护网

（3）施工现场人员进出的通道口、处于起重机臂架回转范围内的通道，均应搭设安全防护棚。安全防护棚棚顶不得堆放物料。

（4）安全防护棚搭设应符合下列规定：

1）当安全防护棚为非机动车辆通行时，棚底至地面高度不应小于 3m；当安全防护棚为机动车辆通行时，棚底至地面高度不应小于 4m。

2）当建筑物高度大于 24m 并采用木质板搭设时，应搭设双层安全防护棚。两层防护棚的间距不应小于 700mm，安全防护棚的高度不应小于 4m。

3）当安全防护棚的顶棚采用竹笆或胶合板搭设时，应采用双层搭设，间距不应小于 700mm；当采用木质板或与其等强度的其他材料搭设时，可采用单层搭设，木板厚度不应小于 50mm。防护棚的长度应根据建筑物高度与可能坠落半径确定。

（5）对不搭设脚手架和设置安全防护棚时的交叉作业，应设置安全防护网，当在多层、高层建筑外立面施工时，应在二层及每隔四层设一道固定的安全防护网，同时设一道随施工高度提升的安全防护网。

（6）安全防护网搭设应符合下列规定：

1）安全防护网搭设时，应每隔 3m 设一根支撑杆，支撑杆水平夹角不宜小于 45°。

2）当在楼层设支撑杆时，应预埋钢筋环或在结构内外侧各设一道横杆。

3）安全防护网应外高里低，网与网之间应拼接严密。

3.1.5 高处作业安全"三宝"

安全帽、安全带、安全网统称安全"三宝"。进入施工现场佩戴安全帽、高处作业系挂安全带、危险区域架设安全网，是减少和防止高处坠落和物体打击事故的重要措施。

1. 安全帽

（1）安全帽的基本构造

安全帽是施工现场作业人员保护头部、防止和减轻头部伤害、保证生命安全的重要个人防护用品。如图 3-17 所示，安全帽主要由帽壳、顶带、帽衬、帽箍、吸汗带和下颏带等部分组成，帽壳呈半球形，坚固、光滑并有一定弹性，一般采用塑料、玻璃钢、橡胶、金属及植物编织材料等制成。

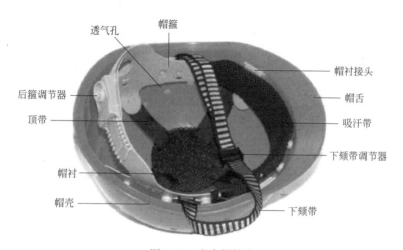

图 3-17　安全帽构造

当作业人员头部受到坠落物的冲击时，安全帽帽壳、帽衬瞬间将冲击力分解到头顶的整个面积上，然后利用安全帽的各个部位的弹性变形、塑性变形和允许的结构破坏将大部分冲击力吸收，使最后作用到人员头部的冲击力降低，从而起到保护作业人员的头部不受伤害或降低伤害的作用。

（2）安全帽的分类与标记

安全帽按照性能分为普通型（P）和特殊型（T）。普通型安全帽具备基本的防护性能，适用于一般作业场所；特殊型安全帽除具备基本防护性能外，还具备多项特殊性能，适用于与其性能相应的特殊作业场所。

带有电绝缘性能的特殊型安全帽，按耐受电压大小分为 G 级和 E 级。G 级电绝缘测试电压为 2200V，E 级电绝缘测试电压为 20000V。

安全帽的分类标记由产品名称和性能标记组成。安全帽的分类标记应符合现行国家标准《头部防护 安全帽》GB 2811—2019 的要求。

如普通型安全帽标记为：安全帽（P）；具备侧向刚性、耐低温性能的安全帽标记为：安全帽（T LD－30℃）；具备侧向刚性、耐极高温性能、电绝缘性能、测试电压为 20000V 的安全帽标记为：安全帽（T LD＋150℃ JE）。

（3）安全帽的技术要求

1）一般要求

不得使用有毒、有害或引起皮肤过敏等伤害人体的材料；不得使用回收、再生材料作为安全帽受力部件（如帽壳、顶带、帽箍等）的原料；材料耐老化性能应不低于产品标识明示的使用期限，正常使用的安全帽在使用期限内不能因材料原因导致防护功能失效。

2）基本性能要求

帽箍应可根据安全帽标识中明示的适用头围尺寸进行调整。帽箍对应前额的区域应有吸汗性织物或增加吸汗带，吸汗带宽度应不小于帽箍的宽度。安全帽如有下颏带，应使用宽度不小于 10mm 的织带或直径不小于 5mm 的绳。帽壳表面不能有气泡、缺损及其他有损性能的缺陷。安全帽各部件的安装应牢固，无松脱、滑落现象。

特殊型安全帽质量（不包括附件）不应超过 600g，普通型安全帽质量不应超过 430g，产品实际质量与标记质量相对误差不应大于 5％。

帽舌、帽檐、佩戴高度、垂直间距、水平间距应按照《安全帽测试方法》GB/T 2812—2006 规定的方法进行测量，尺寸符合规范要求。帽壳内侧与帽衬之间存在的尖锐锋利突出物高度不得超过 6mm，突出物应有软垫覆盖。当帽壳留有通气孔时，通气孔总面积不应大于 450mm²。当安全帽有下颏带时，应按照规定方法测试，下颏带发生破坏时的力值应介于 150～250 N 之间。

当安全帽配有附件（如防护面屏、护听器、照明装置、通信设备、警示标识、信息化装置等）时，附件应不影响安全帽的佩戴稳定性，同时不影响其正常防护功能。

安全帽的冲击吸收性能和耐穿刺性能应符合规范要求。经高温、低温、浸水、紫外线照射预处理后做冲击测试，传递到头模的力不应大于 4900N，帽壳不得有碎片脱落；穿刺测试时，钢锥不得接触头模表面，帽壳不得有碎片脱落。

3）特殊性能要求

安全帽的阻燃性能应按规定方法进行测试，续燃时间不应超过 5s，帽壳不得烧穿；其他如侧向刚性、耐低温性能、耐极高温性能、电绝缘性能、防静电性能以及耐熔融金属飞溅性能等均应符合规范要求。

（4）安全帽的正确使用

安全帽的佩戴要符合标准，使用要符合规定。如果佩戴和使用不规范，就起不到充分的防护作用。安全帽在使用时应注意以下几点：

1）进入施工现场，必须佩戴安全帽。施工作业过程中，不得将安全帽脱下搁置一旁，或当坐垫使用。

2）安全帽应根据防护目的，按照岗位、专业选配，安全帽质量应符合国家标准，标志齐全，帽衬、帽箍、系带、调节器等附件齐全完好，且在使用有效期限内。

3）佩戴前应检查安全帽各配件有无损坏，装配是否牢固，外观是否完好。如图 3-18 所示，安全帽佩戴时必须戴正戴稳，可根据头围大小调节帽箍和下颏带，以保证佩戴牢固，不会发生意外偏移或滑落。

4）如图 3-19 所示，使用安全帽时应注意保持整洁，不接触火源，不用有机溶剂清洗，不任意涂刷油漆，不随意抛掷或敲打，不随便开孔，也不能在帽子里面再戴上其他帽子；经受过一次冲击或做过试验的安全帽应作废，不能再次使用。

安全帽戴正　　　　　　系紧下颏带　　　　　　系带置于耳后　　　　　　调整后箍

图 3-18　安全帽的正确佩戴方法

有机溶剂清洗　　　　　　　　钻孔　　　　　　　　喷涂油漆

有损坏时仍然使用　　　　　抛掷或敲打　　　　　帽内再戴其他帽子

图 3-19　安全帽的使用禁忌

5）安全帽要定期进行检查，检查有没有出现龟裂、下凹、老化、裂痕和磨损等异常情况，如存在影响其性能的明显缺陷，应及时报废。

6）严格执行有关安全帽使用期限的规定，不得使用报废的安全帽。一般情况下，植物枝条编织的安全帽有效期限为两年，塑料安全帽的有效期限为两年半，玻璃钢（包括维纶钢）和胶质安全帽的有效期限为三年半，超过有效期的安全帽应报废。

💡 想一想：你知道施工现场安全帽分色佩戴的基本要求吗？

2. 安全带

安全带是防止高处作业人员发生坠落或发生坠落后将作业人员安全悬挂的个人防护设备。其作用在于通过束缚人的腰部，使高空坠落的惯性得到缓冲，减轻和消除高空坠落所引起的人身伤害，提高作业人员的安全系数。

（1）安全带的分类与标记

安全带按照作业类别分为围杆作业用安全带、区域限制用安全带和坠落悬挂用安全带三类。围杆作业用安全带是通过围绕在固定构造物上的绳或带将人体绑定在固定构造物附近，防止人员滑落，使作业人员的双手可以进行其他操作的个体坠落防护系统。区域限制用安全带是通过限制作业人员的活动范围，避免其到达可能发生坠落区域的个体坠落防护系统。坠落悬挂用安全带是当作业人员发生坠落时，通过制动作用将作业人员安全悬挂的个体坠落防护系统，如图 3-20 所示为半身式和全身式坠落悬挂用安全带。

半身式安全带

全身式安全带

图 3-20　坠落悬挂用安全带

根据《坠落防护 安全带 》GB 6095—2021 的规定，安全带的标记由安全带作业类别及附加功能两部分组成，以汉字或字母的形式明示于产品标识。

安全带作业类别：区域限制用字母 Q 表示；围杆作业用字母 W 表示；坠落悬挂用字母 Z 表示。安全带附加功能：防静电功能用字母 E 表示；阻燃功能用字母 F 代表；救援功能用字母 R 代表；耐化学品功能用字母 C 表示。

（2）安全带的技术要求

1）安全带总体结构要求

安全带中使用的零部件应圆滑，不应有锋利边缘，与织带接触的部分应采用圆角过渡；安全带中使用的动物皮革不应有接缝；安全带中的织带应为整根，同一织带两连接点之间不应接缝；安全带同工作服设计为一体时不应封闭在衬里内；安全带中的主带扎紧扣应可靠，不应意外开启，不应对织带造成损伤；安全带中的腰带应与护腰带同时使用；安全带中所使用的缝纫线不应同被缝纫材料起化学反应，颜色应与被缝纫材料有明显区别；安全带中使用的金属环类零件不应使用焊接件，且不应留有开口；安全带中与系带连接的安全绳在设计结构中不应出现打结；安全带中的安全绳在与连接器连接时应增加支架或垫层。

2）安全带组成与设计

坠落悬挂用安全带应至少包含下列组成部分：可连接坠落悬挂用部件的系带；可连接系带与挂点装置或构筑物的安全绳及缓冲器、速差自控器、自锁器等中的一种；可连接安全带内各组成部分的环类零部件及连接器。

坠落悬挂用安全带的设计应至少符合下列要求：坠落悬挂用系带应为全身式系带；系带应包含一个或多个坠落悬挂用连接点；系带连接点应位于使用者前胸或后背；当安全带中的坠落悬挂用零部件仅含坠落悬挂安全绳时，安全绳应具备能量吸收功能或与缓冲器一起使用；包含未展开缓冲器的坠落悬挂安全绳长度应小于或等于 2m；当安全带可用于多个作业类别时，应符合相应类别的要求。

3）安全带系统性能

坠落悬挂用安全带的带扣不应松脱，模拟人不应与系带滑脱或坠落至地面；连接器不应打开，零部件不应断裂；安全带冲击作用力峰值应小于或等于 6 kN；安全带应标明伸展长度，且伸展长度应小于或等于永久标识中明示的数值；模拟人悬吊在空中时不应出现头朝下的现象；系带不应出现明显不对称滑移或不对称变形；模拟人悬吊在空中时其腋下、大腿内侧不应有金属件；模拟人悬吊在空中时不应有任何部件压迫其喉部、外生殖器；织带或绳在各调节扣内的最大滑移应小于或等于 25mm；如果系带具备坠落指示功能，坠落指示功能应正常显示坠落发生。

4）安全带附加性能

安全带的附加性能包括：救援性能、阻燃性能、防静电性能、耐化学品性能、安全带金属零部件耐腐蚀性能。附加性能应经测试并符合规范要求。

（3）安全带的使用和维护要求

1）高处作业必须系挂安全带。如图 3-21 所示，穿戴安全带时应调整好安全带的金属扣和系带，并把安全绳扎在系带上，不让它垂吊在外，以防绊脚。

图 3-21　安全带的穿戴

2）安全带应选用经有关部门检验合格的符合标准要求的产品，并保证其在使用有效期内；安全带不使用时要妥善保管，应存放在干燥、通风的地方，避免高温、强酸碱环境。

3）安全带严禁打结、续接，避免明火和刺割，各种部件不得任意拆掉；使用 3m 及以上的长绳必须要加缓冲器。

4）每日作业前对安全带进行检查，检查各部位是否完好无损，如绳带有无变质，卡环是否有裂纹，卡簧弹性是否良好，是否与安全绳相匹配等；如果发现安全带外观有破损或有异味等异常情况，应立即更换。

5）安全带使用过程中，要可靠地挂在牢固的地方，若在无法直接挂设安全带的地方作业，应设置安全带的安全拉绳、安全栏杆等。安全带使用时应遵循"高挂低用"的原则，注意防止摆动和碰撞。

6）安全带在使用两年后应抽检一次，使用频繁的绳要经常进行外观检查，发现异常必须立即更换。定期或抽样试验用过的安全带，不允许再继续使用。

3. 安全网

（1）安全网的类别

安全网是用来防止人员、物体坠落，或用来避免、减轻坠落及物体打击伤害的网具。

根据安装形式和使用目的不同，安全网分为安全平网、安全立网以及密目式安全立网。

1）安全平网的安装平面不垂直于水平面，用来防止人、物坠落，或用来避免、减轻坠落及物击伤害，简称为平网。

2）安全立网的安装平面垂直于水平面，用来防止人、物坠落，或用来避免、减轻坠落及物击伤害，简称为立网。

3）密目式安全立网的网眼孔径不大于 12mm，垂直于水平面安装，用于阻挡人员、视线、自然风、飞溅及失控小物体，简称为密目网。密目网一般由网体、开眼环扣、边绳和附加系绳组成。

如图 3-22 所示，建筑物外侧脚手架的立面防护、建筑物临边的立面防护等，应选用密目式安全立网；电梯井内、脚手架外侧、钢结构厂房或其他框架结构构筑物施工时，作业层下部应采用平网封闭。

图 3-22　建筑施工安全网

（2）安全网的分类标记

平（立）网的分类标记由产品材料、产品分类及产品规格尺寸三部分组成。产品分类以字母 P 代表平网，字母 L 代表立网；产品规格尺寸以宽度×长度表示，单位为米；阻燃型安全网应在分类标记后加注"阻燃"字样。例如，宽度为 3m、长度为 6m、材料为锦纶的平网表示为：锦纶 P-3×6；宽度为 1.5m、长度为 6m、材料为维纶的阻燃型立网表示为：维纶 L-1.5×6 阻燃。

密目网的分类标记由产品分类、产品规格尺寸和产品级别三部分组成。产品分类以字母 ML 代表密目网；产品规格尺寸以宽度×长度表示，单位为米；产品级别分为 A 级和 B 级。例如，宽度为 1.8m、长度为 10m 的 A 级密目网表示为：ML-1.8×10 A 级。

（3）安全网的技术要求

1）平（立）网可采用锦纶、维纶、涤纶或其他材料制成，其物理性能、耐候性能应符合现行国家标准的相关规定。

2）平（立）网的网目形状应为菱形或方形，其网目边长不应大于 8cm。平网宽度不应小于 3m，立网宽（高）度不应小于 1.2m，平（立）网的规格尺寸与其标称规格尺寸的允许偏差为±4%。单张平（立）网质量不宜超过 15kg。

3）平（立）网上所用的网绳、边绳、系绳、筋绳均应由不小于 3 股单绳制成；绳头部分应经过编花、燎烫等处理，不应散开。系绳与网体应牢固连接，各系绳沿网边均匀分布，相邻两系绳间距不应大于 75cm，系绳长度不小于 80cm。当筋绳加长用作系绳时，其系绳部分必须加长，且与边绳系紧后，再折回边绳系紧，至少形成双根。如有筋绳，则筋绳分布应合理，两根相邻筋绳的距离不应小于 30cm。

4）平（立）网的绳断裂强力应符合现行国家标准的规定。

5）密目式安全立网缝线不应有跳针、漏缝，缝边应均匀；每张密目网允许有一个缝接，缝接部位应端正牢固；网体上不应有断纱、破洞、变形及有碍使用的编织缺陷；各边缘部位的开眼环扣应牢固可靠。

6）密目式安全立网的开眼环扣孔径不应小于 8mm；网眼孔径不应大于 12mm；密目网的宽度应介于 1.2～2m，长度由合同双方协议条款指定，但最低不应小于 2m；网目、网宽度的允许偏差为 ±5%。

7）密目式安全立网的基本性能包括：断裂强力×断裂伸长、接缝部位抗拉强力、梯形法撕裂强力、开眼环扣强力、系绳断裂强力、耐贯穿性能、耐冲击性能、耐腐蚀性能、阻燃性能、耐老化性能。密目式安全立网的基本性能应按《安全网》GB 5725—2009 规定的方法进行测试。

（4）安全网搭设与使用

1）安全网使用前，应检查产品分类标记、产品合格证、产品外观质量、规格尺寸、基本性能等，确认合格方可使用。

2）安全网搭设应绑扎牢固、网间严密；外观整齐，网内不得存留杂物、网下不能堆积物品；网身不能出现严重变形和磨损；安全网的支撑架应具有足够的强度和稳定性；网与网之间及网与支撑架之间的连接点不允许出现松脱。

3）网内的坠物要经常进行清理，保持网体清洁；还应避免大量焊接或其他火星落入网内，并避免高温或蒸汽环境；当网体受到化学品的污染或网绳嵌入粗砂粒或其他可能引起磨损的异物时，应及时清除、清洗，清洗后使其自然干燥。

4）密目式安全立网搭设时，每个开眼环扣应穿入系绳，系绳应绑扎在支撑架上，间距不得大于 450mm。相邻密目网间应紧密结合或重叠。当立网用于龙门架、物料提升架及井架的封闭防护时，四周边绳应与支撑架贴紧，边绳的断裂张力不得小于 3kN，系绳应绑在支撑架上，间距不得大于 750mm。

5）用于电梯井、钢结构和框架结构及构筑物封闭防护的平网，应符合下列规定：平网每个系结点上的边绳应与支撑架靠紧，边绳的断裂张力不得小于 7kN，系绳沿网边应均匀分布，间距不得大于 750mm；电梯井内平网网体与井壁的空隙不得大于 25mm，安全网拉结应牢固。

6）安全网搬运中不可使用铁钩或带尖刺的工具，防止产生损伤；安全网应由专人保管发放，如暂不使用，应存放在通风、避光、隔热、防潮、无化学品污染的仓库或专用场所，并将其分类、分批存放在架子上，不允许随意乱堆。在存放过程中，应定期对网体进行检验，发现问题，立即处理。

7）安全网搭设完成后必须设专人检查验收，合格后签字方可使用。安全网在使用过程中应经常进行检查，并有跟踪使用记录，安全网如有破损或局部缺失应立即处理。

💡 想一想：你知道建筑施工用密目式安全立网的网目密度要求吗？

任务 3.2 脚手架作业安全管理

任务引入

脚手架的搭拆直接影响施工进度、质量以及作业人员安全。因此，脚手架搭拆前应编制专项施工方案、制定安全技术措施，保证脚手架构造合理、连接牢固、搭拆方便、使用可靠；严格安全检查，消除安全隐患，避免因脚手架组架材料不合格、构造不合理、施工不规范等原因导致结构失稳，进而出现伤亡事故。

3.2.1 认识脚手架

1. 脚手架的定义

脚手架是由杆件或结构单元、配件通过可靠连接而组成，能承受相应荷载，具有安全防护功能，为建筑施工提供作业条件的结构架体，包括作业脚手架和支撑脚手架。

（1）作业脚手架

作业脚手架是由杆件或结构单元、配件通过可靠连接而组成，支承于地面、建筑物上或附着于工程结构上，为建筑施工提供作业平台和安全防护的脚手架，包括以各类不同杆件（构件）和节点形式构成的落地作业脚手架、悬挑脚手架、附着式升降脚手架等，简称作业架。

（2）支撑脚手架

支撑脚手架是由杆件或结构单元、配件通过可靠连接而组成，支承于地面或结构上，可承受各种荷载，具有安全防护功能，为建筑施工提供支撑和作业平台的脚手架，包括以各类不同杆件（构件）和节点形式构成的结构安装支撑脚手架、混凝土施工用模板支撑脚手架等，简称支撑架。

2. 脚手架的基本功能要求

脚手架的构造设计应能保证脚手架结构体系的稳定。脚手架的设计、搭设、使用和维护应满足下列要求：

（1）应能承受设计荷载。

（2）结构应稳固，不得发生影响正常使用的变形。

（3）应满足使用要求，具有安全防护功能。

（4）在使用中，脚手架结构性能不得发生明显改变。

（5）当遇意外作用或偶然超载时，不得发生整体破坏。

（6）脚手架所依附、承受的工程结构不应受到损害。

3. 脚手架的类型

建筑施工常用的脚手架类型有很多，按照用途划分，脚手架可以分为作业脚手架和支撑脚手架；按照搭设材料划分，脚手架可以分为竹脚手架、木脚手架和金属脚手架等；按照构造方式划分，脚手架可以分为扣件式脚手架、碗扣式脚手架、门式脚手架、轮扣式脚手架、承插型盘扣式脚手架等；按照支承部位和支承方式划分，脚手架可以分为落地式脚手架、悬挑式脚手架、附墙悬挂脚手架、悬吊脚手架、附着式升降脚手架和水平移动脚手架等。

不同类型的脚手架构造要求不同，适用范围不同，为保证脚手架的安全使用，在搭设、使用和拆除脚手架时应严格按照相应规范执行。

（1）扣件式钢管脚手架

扣件式钢管脚手架是为建筑施工而搭设的、承受荷载的、由扣件和钢管等构成的脚手架与支撑架。如图 3-23 所示，扣件式钢管脚手架主要由立杆、水平杆、扫地杆、扣件、垫板、连墙件、抛撑、剪刀撑、横向斜撑等构件组成。

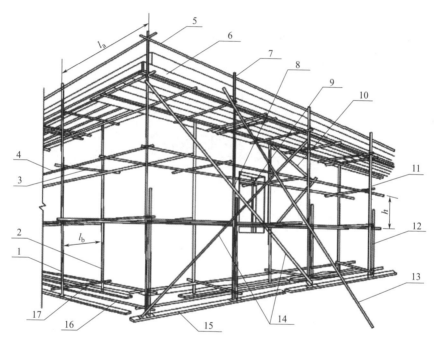

图 3-23　扣件式钢管脚手架基本构造示意图

1—外立杆；2—内立杆；3—纵向水平杆；4—横向水平杆；5—安全防护栏；6—挡脚板；
7—直角扣件；8—旋转扣件；9—连墙件；10—横向斜撑；11—主立杆；12—副立杆；
13—抛撑；14—剪刀撑；15—垫板；16—纵向扫地杆；17—横向扫地杆

（2）碗扣式钢管脚手架

碗扣式钢管脚手架是节点采用碗扣方式连接的钢管脚手架，根据其用途，主要可分为双排脚手架和模板支撑架。如图 3-24 所示，碗扣式钢管脚手架主要由立杆、水平杆、扫地杆、碗扣接头、底座、连墙件、斜撑杆、剪刀撑等构件组成。

碗扣式脚手架立杆的碗扣节点是由上碗扣、下碗扣、水平杆接头和限位销等组成的盖固式连接节点，如图 3-25 所示。立杆碗扣节点间距，对 Q235 级材质钢管立杆宜按 0.6m 模数设置，对 Q345 级材质钢管立杆宜按 0.5m 模数设置，水平杆长度宜按 0.3m 模数设置。立杆上应设有接长用套管及连接销孔。

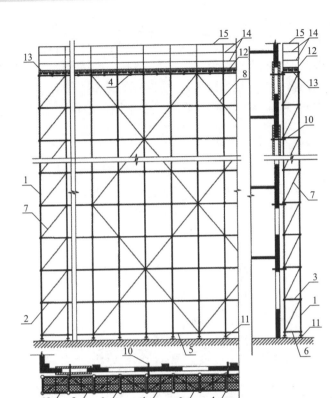

图 3-24 碗扣式钢管脚手架基本构造示意图

1—立杆；2—纵向水平杆；3—横向水平杆；4—间水平杆；5—纵向扫地杆；6—横向扫地杆；
7—竖向斜撑杆；8—剪刀撑；9—水平斜撑杆；10—连墙件；11—底座；12—脚手板；
13—挡脚板；14—栏杆；15—扶手

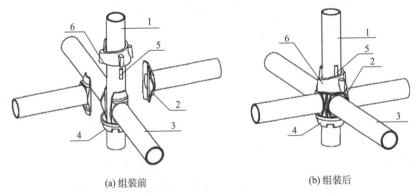

(a) 组装前　　　　　　　　　　　　　　(b) 组装后

图 3-25 碗扣节点示意图

1—立杆；2—水平杆接头；3—水平杆；4—下碗扣；5—限位销；6—上碗扣

（3）门式钢管脚手架

门式钢管脚手架（图 3-26）是以门架、交叉支撑、连接棒、水平架、锁臂、底座等组成基本结构，再以水平加固杆、剪刀撑、扫地杆加固，能承受相应荷载，具有安全防护功能，为建筑施工提供作业条件的一种定型化钢管脚手架。它包括门式作业脚手架和门式支撑架，简称门式脚手架。

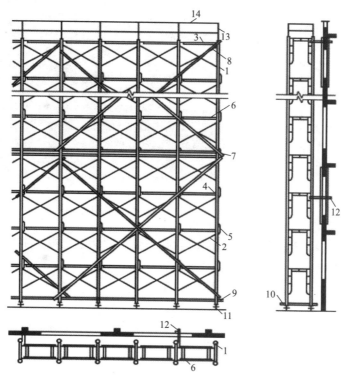

图 3-26　门式钢管脚手架基本构造示意图

1—门架；2—交叉支撑；3—脚手板；4—连接棒；5—锁臂；6—水平架；7—水平加固杆；
8—剪刀撑；9—扫地杆；10—封口杆；11—底座；12—连墙件；13—栏杆；14—扶手

门架是门式脚手架的主要构件，其受力杆件为焊接钢管。如图 3-27 所示，门架是由立杆、横杆、加强杆及锁销等相互焊接组成的门字形框架式结构件。

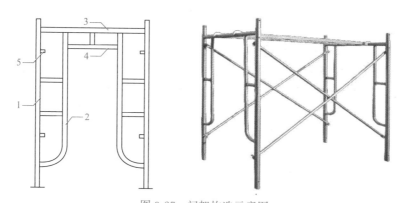

图 3-27　门架构造示意图

1—立杆；2—立杆加强杆；3—横杆；4—横杆加强杆；5—锁销

（4）轮扣式钢管脚手架

如图 3-28 所示，轮扣式钢管脚手架（模板支架）主要由立杆、水平杆、轮扣接头、可调底座、可调托撑等构件组成。

图 3-28　轮扣式钢管脚手架构造示意图
1—立杆；2—水平杆；3—可调底座；4—可调托撑

如图 3-29 所示，轮扣式钢管脚手架的轮扣节点由焊接于立杆上的轮扣盘、水平杆的端插头和插销等组成。

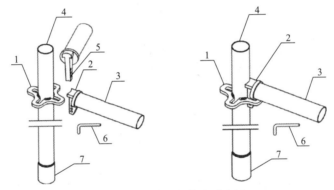

图 3-29　轮扣节点构成示意图
1—轮扣盘；2—端插头；3—水平杆；4—立杆；5—插销孔；6—插销；7—连接套管

（5）承插型盘扣式钢管脚手架

承插型盘扣式钢管脚手架的立杆之间采用外套管或内插管连接，水平杆和斜杆采用杆端扣接头卡入连接盘，用楔形插销连接，能承受相应的荷载，并具有作业安全和防护功能。它根据用途可分为支撑脚手架和作业脚手架。

承插型盘扣式钢管脚手架由立杆、水平杆、斜杆、盘扣节点、可调底座和可调托撑等组成，常见的构造形式如图 3-30 所示。

如图 3-31 所示，承插型盘扣式脚手架的盘扣节点主要由连接盘、扣接头、插销等部分构成。连接盘是焊接于立杆上可扣接 8 个方向扣接头的八边形或圆环形八孔板。

（6）悬挑式脚手架

悬挑式脚手架是采用悬挑方式支固的脚手架，其悬挑支撑方式一般包括三种：架设于专用悬挑梁上；架设于专用悬挑三角桁架上；架设于由撑拉杆件组合的支挑结构上，支挑结构有斜撑式、斜拉式、拉撑式和顶固式等多种。

图 3-30　承插型盘扣式钢管
脚手架构造示意图

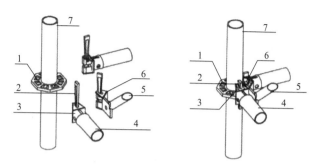

图 3-31　盘扣节点构成示意图
1—连接盘；2—插销；3—水平杆杆端扣接头；
4—水平杆；5—斜杆；6—斜杆杆端扣接头；7—立杆

　　型钢悬挑脚手架的基本构造如图 3-32 所示，型钢悬挑脚手架的架体结构卸荷在附着于建筑结构的刚性悬挑梁上，悬挑梁宜采用双轴对称截面的型钢，悬挑长度按设计确定，固定段长度不应小于悬挑段长度的 1.25 倍。

　　（7）附着式升降脚手架

　　附着式升降脚手架是指搭设一定高度并附着于工程结构上，依靠自身的升降设备和装置，可随工程结构逐层爬升或下降，具有防倾覆、防坠落装置的外脚手架。

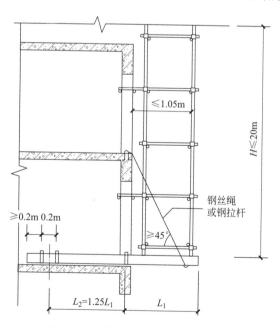

图 3-32　型钢悬挑脚手架基本构造

　　如图 3-33 所示是建筑施工现场常用的一种全钢附着式升降脚手架，主要由竖向主框架、水平支承桁架、架体构架、附着支承装置、防倾覆装置、防坠装置、同步控制装置等部分构成。

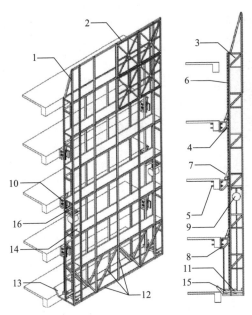

图 3-33 全钢附着式升降脚手架基本构造示意图

1—竖向主框架；2—防护网；3—刚性支撑；4—防倾覆、防坠装置；5—附着螺栓；6—导轨；

7—停靠卸荷装置；8—升降支座；9—升降设备；10—附着支座；11-下吊点；

12—底部水平支承桁架；13—封闭翻板；14—走道板；15—滑轮组；16—上吊点

（8）高处作业吊篮

悬吊脚手架是一种悬吊于悬挑梁或工程结构之下的脚手架。当采用篮式作业架时，称为"吊篮"脚手架。

高处作业吊篮的悬挂装置架设于建筑物或构筑物上，起升机构通过钢丝绳驱动悬吊平台沿立面上下运行，是一种非常设悬挂接近设备。按驱动方式不同，可以划分为手动、气动和电动吊篮。

如图 3-34 所示，高处作业吊篮主要由悬吊平台、悬挂机构、提升机、安全锁、钢丝绳、行程限位装置、配重及电控系统等部件及配件组成。

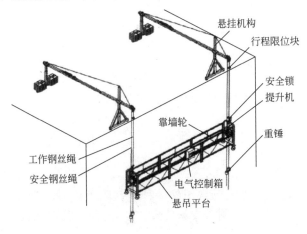

图 3-34 高处作业吊篮

　　悬吊平台的四周装有护栏，通过钢丝绳悬挂于空中，主要用于搭载操作者、工具和材料。悬吊平台有矩形、L形、U形、扇形、圆形等各种形状，以适应不同形状的作业表面。建筑施工过程中常用的矩形双吊点平台结构如图3-35所示。

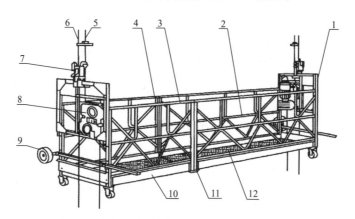

图3-35　悬吊平台（双吊点）

1—安装架；2—护栏横梁；3—前部护栏；4—后部护栏；5—工作钢丝绳；6—安全钢丝绳；
7—防坠落装置；8—爬升式起升机构；9—靠墙轮；10—踢脚板；11—垂直构件；12—底板

　　吊篮的悬挂机构架设于建筑物或构筑物上，通过钢丝绳悬挂悬吊平台。如图3-36所示，施工现场常用的杠杆式悬挂机构主要由前支架、后支架、前梁、中梁、后梁、加强钢丝绳等部分组成，其高度和悬臂伸出量均可调节，后支架上压配重块，钢丝绳收放方便、安全，适用范围广。

图3-36　杠杆式悬挂机构

3.2.2　脚手架的搭设

1. 扣件式钢管脚手架的搭设

（1）立杆基础

1）脚手架应按顺序搭设，每根立杆底部宜设置底座或垫板。

2）如图3-37所示，脚手架必须设置纵、横向扫地杆，纵向扫地杆采用直角扣件固定在距钢管底端不大于200mm处的立杆上，横向扫地杆采用直角扣件固定在紧靠纵向扫地杆下方的立杆上。

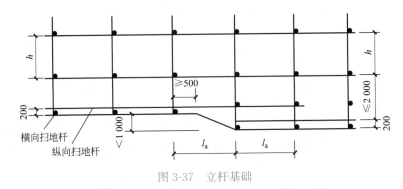

图 3-37　立杆基础

3）脚手架立杆基础不在同一高度上时，必须将高处的纵向扫地杆向低处延长两跨与立杆固定，高低差不大于1m。靠边坡上方的立杆轴线到边坡的距离不小于500mm。

4）脚手架底层步距均不大于2m。

5）立杆接长除顶层顶步外，其余各层各步接头采用对接扣件连接。当立杆采用对接接长时，立杆的对接扣件应交错布置，两根相邻立杆的接头不应设置在同步内，同步内隔一根立杆的两个相隔接头在高度方向错开的距离不宜小于500mm；各接头中心至主节点的距离不宜大于步距的1/3；当立杆采用搭接接长时，搭接长度不小于1m，并采用不少于2个旋转扣件固定；端部扣件盖板的边缘至杆端距离不小于100mm。

6）脚手架立杆顶端栏杆宜高出女儿墙上端1m，宜高出檐口上端1.5m。

（2）纵、横向水平杆搭设

1）纵向水平杆应设置在立杆内侧，单根杆长度不应小于3跨；纵向水平杆接长应采用对接扣件连接或搭接，两根相邻纵向水平杆的接头不应设置在同步或同跨内；不同步或不同跨两个相邻接头在水平方向错开的距离不小于500mm；各接头中心至最近主节点的距离不大于纵距的1/3，如图3-38所示。搭接长度不应小于1m，等间距设置3个旋转扣件固定；端部扣件盖板边缘至搭接纵向水平杆杆端的距离不小于100mm。

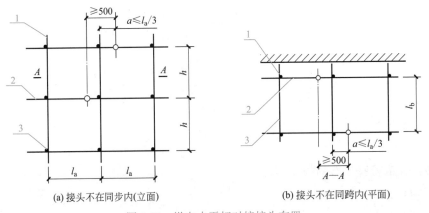

(a) 接头不在同步内(立面)　　　(b) 接头不在同跨内(平面)

图 3-38　纵向水平杆对接接头布置

1—立杆；2—纵向水平杆；3—横向水平杆

2）作业层上非主节点处的横向水平杆，宜根据支承脚手板的需要等间距设置，最大间距不应大于纵距的 1/2；主节点处必须设置一根横向水平杆，用直角扣件扣接且严禁拆除。

（3）连墙件设置

连墙件是将脚手架架体与建筑主体结构连接，能够传递拉力和压力的构件。连墙件的设置应符合下列规定：

1）连墙件设置的位置、数量应按专项施工方案确定。根据《建筑施工扣件式钢管脚手架安全技术规范》JGJ 130—2011，连墙件布置的最大间距应符合表 3-4 中的规定。

连墙件布置最大间距 表 3-4

搭设方法	高度 （m）	竖向间距 （h—步距）	水平间距 （l_a—纵距）	每根连墙件覆盖面积 （m^2）
双排落地	≤50	$3h$	$3l_a$	≤40
双排悬挑	>50	$2h$	$3l_a$	≤27
单排	≤24	$3h$	$3l_a$	≤40

2）连墙件应靠近主节点设置，偏离主节点的距离不大于 300mm；从底层第一步纵向水平杆处开始设置，当该处设置有困难时，采用其他可靠措施固定；优先采用菱形布置，如图 3-39 所示，或采用正方形、矩形布置。

3）连墙件中的连墙杆呈水平设置，当不能水平设置时，向脚手架一端下斜连接，如图 3-40 所示。

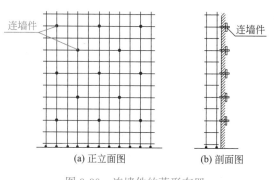

图 3-39　连墙件的菱形布置

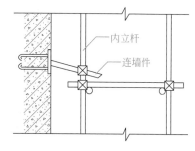

图 3-40　连墙件下斜连接

4）连墙件必须采用可承受拉力和压力的构造。高度 24m 以上的双排脚手架应采用刚性连墙件与建筑物连接。当脚手架下部暂不能设连墙件时应采取防倾覆措施。当搭设抛撑时，抛撑应采用通长杆件，并用旋转扣件固定在脚手架上，与地面的倾角应在 45°～60°之间；连接点中心至主节点的距离不大于 300mm。抛撑在连墙件搭设后再拆除。

5）开口型脚手架的两端必须设置连墙件，连墙件的垂直间距不应大于建筑物的层高，并且不应大于 4m。

6）架高超过 40m 且有风涡流作用时，应采取抗上升翻流作用的连墙措施。

（4）剪刀撑设置

剪刀撑是在脚手架竖向或水平向成对设置的交叉斜杆。

　　双排脚手架应设置剪刀撑与横向斜撑，单排脚手架应设置剪刀撑。每道剪刀撑跨越立杆的根数应按表 3-5 确定。每道剪刀撑宽度不小于 4 跨，且不小于 6m，斜杆与地面的倾角在 45°～60°之间。

剪刀撑跨越立杆的最多根数　　　　　　　　　　　表 3-5

剪刀撑斜杆与地面的倾角 α	45°	50°	60°
剪刀撑跨越立杆的最多根数 n	7	6	5

　　剪刀撑斜杆的接长采用搭接或对接，搭接按照立杆构造要求的内容设置；剪刀撑斜杆用旋转扣件固定在与之相交的横向水平杆的伸出端或立杆上，旋转扣件中心线至主节点的距离不大于 150mm。

　　如图 3-41 所示，高度在 24m 及以上的双排脚手架在外侧全立面连续设置剪刀撑；高度在 24m 以下的单、双排脚手架，均必须在外侧两端、转角及中间间隔不超过 15m 的立面上，各设置一道剪刀撑，并由底至顶连续设置。

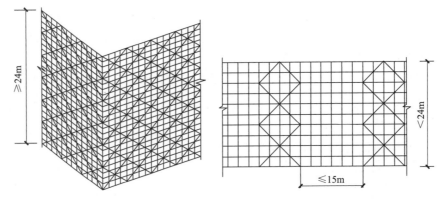

图 3-41　剪刀撑布置

　　（5）横向斜撑设置

　　横向斜撑是与双排脚手架内、外立杆或水平杆斜交呈"之"字形的斜杆。

　　1）双排脚手架横向斜撑应在同一节间，由底至顶层呈"之"字形连续布置。

　　2）高度在 24m 以下的封闭型双排脚手架可不设横向斜撑；高度在 24m 以上的封闭型脚手架，除拐角设置横向斜撑外，中间每隔 6 跨距设置一道横向斜撑。

　　3）开口型双排脚手架的两端均必须设置横向斜撑。

　　（6）脚手板铺设

　　1）作业层脚手板应铺满、铺稳、铺实。

　　2）冲压钢脚手板、木脚手板、竹串片脚手板等，应设置在不少于 3 根横向水平杆上。当脚手板长度小于 2m 时，可用两根横向水平杆支承，但应将脚手板两端与横向水平杆可靠固定，严防倾翻。

　　3）脚手板的铺设应采用对接平铺或搭接铺设。如图 3-42 所示，脚手板对接平铺时，接头处设两根横向水平杆，脚手板外伸长度应取 130～150mm，两块脚手板外伸长度的和不大于 300mm；脚手板搭接铺设时，接头支在横向水平杆上，搭接长度不小于 200mm，其伸出横向水平杆的长度不小于100mm。

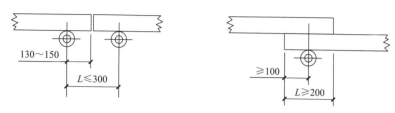

图 3-42 脚手板对接、搭接构造

4）竹笆脚手板按其主竹筋垂直于纵向水平杆方向铺设，且应对接平铺，四个角用直径不小于1.2mm的镀锌钢丝固定在纵向水平杆上。

5）作业层端部脚手板探头长度取150mm，其板的两端均固定于支承杆件上。

（7）斜道设置

1）人行并兼作材料运输的斜道形式，对于高度不大于6m的脚手架，宜采用"一"字形；对于高度大于6m的脚手架，宜采用"之"字形。

2）斜道应附着外脚手架或建筑物设置，运料斜道宽度不小于1.5m，坡度不大于1：6；人行斜道宽度不小于1m，坡度不大于1：3；拐弯处应设置平台，其宽度不小于斜道宽度，斜道两侧及平台外围均设置栏杆及挡脚板；运料斜道两端、平台外围和端部均按相关规定设置连墙件，每两步加设水平斜杆，并按相关规定设置剪刀撑和横向斜撑。

3）斜道脚手板横铺时，在横向水平杆下增设纵向支托杆，纵向支托杆间距不大于500mm；脚手板顺铺时，接头采用搭接，下面的板头压住上面的板头，板头的凸棱处采用三角木填顺；人行斜道和运料斜道的脚手板上每隔250～300mm设置一根防滑木条，木条厚度为20～30mm。

（8）门洞加强措施

脚手架门洞宜采用上升斜杆、平行弦杆桁架结构形式。如图3-43所示，斜杆与地面倾角应在45°～60°之间；当步距小于纵距时，门洞桁架形式应采用A型；当步距大于纵距时，门洞桁架形式应采用B型。

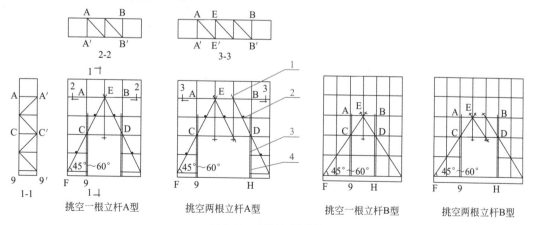

图 3-43 门洞加强措施

1—防滑扣件；2—增设的横向水平杆；3—副立杆；4—主立杆

单排脚手架门洞处，应在平面桁架的每一节间设置一根斜腹杆，双排脚手架门洞处的空间桁架，除下弦平面外，应在其余 5 个平面内的图示节间设置一根斜腹杆（图 3-43 中 1-1、2-2、3-3 剖面）。

斜腹杆宜采用旋转扣件固定在与之相交的横向水平杆的伸出端上，旋转扣件中心线至主节点的距离不宜大于 150mm。当斜腹杆在 1 跨内跨越 2 个步距时，宜在相交的纵向水平杆处，增设一根横向水平杆，将斜腹杆固定在其伸出端上。斜腹杆宜采用通长杆件，当必须接长使用时，宜采用对接扣件连接，也可采用搭接，搭接构造应符合规范规定。

单排脚手架过窗洞时应增设立杆或增设一根纵向水平杆。门洞桁架下的两侧立杆应为双管立杆，副立杆高度应高于门洞口 1～2 步；门洞桁架中伸出上下弦杆的杆件端头，均应增设一个防滑扣件，该扣件宜紧靠主节点处的扣件。

2. 碗扣式钢管脚手架的搭设

（1）脚手架地基

1）地基应坚实、平整，场地应有排水措施，不应有积水。

2）土层地基上的立杆底部应设置底座和混凝土垫层，垫层混凝土强度等级不应低于 C15，厚度不应小于 150mm；当采用垫板代替混凝土垫层时，垫板宜采用厚度不小于 50mm、宽度不小于 200mm、长度不少于两跨的木垫板。

3）混凝土结构层上的立杆底部应设置底座或垫板。

4）对承载力不足的地基土或混凝土结构层，应进行加固处理。

5）湿陷性黄土、膨胀土、软土地基应有防水措施。

6）当基础表面高差较小时，可采用可调底座调整；当基础表面高差较大时，可利用立杆碗扣节点位差配合可调底座进行调整，且高处的立杆距离坡顶边缘不宜小于 500mm。

（2）起步立杆搭设

双排脚手架起步立杆应采用不同型号的杆件交错布置，架体相邻立杆接头应错开设置，不应设置在同步内，如图 3-44 所示。

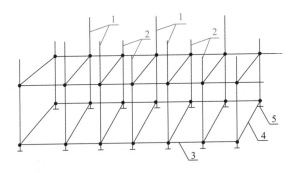

图 3-44　双排脚手架起步立杆设置

1—第一种型号立杆；2—第二种型号立杆；3—纵向扫地杆；4—横向扫地杆；5—立杆底座

（3）水平杆搭设

脚手架的水平杆按步距沿纵向和横向连续设置，不得缺失。在立杆的底部碗扣处设置一道纵向水平杆、横向水平杆作为扫地杆，扫地杆距离地面高度不超过 400mm，水平杆和扫地杆应与相邻立杆连接牢固。

（4）剪刀撑搭设

钢管扣件剪刀撑杆件应符合下列规定：竖向剪刀撑两个方向的交叉斜向钢管宜分别采用旋转扣件设置在立杆的两侧；竖向剪刀撑斜向钢管与地面的倾角应在 45°～60°之间；剪刀撑杆件应每步与交叉处立杆或水平杆扣接；剪刀撑杆件接长应采用搭接，搭接长度不应小于 1m，并应采用不少于 2 个旋转扣件扣紧，且杆端距端部扣件盖板边缘的距离不应小于 100mm；扣件扭紧力矩应为 40～65N·m。

（5）斜撑杆搭设

1）竖向斜撑杆

如图 3-45 所示，竖向斜撑杆应采用专用外斜杆，并应设置在有纵向及横向水平杆的碗扣节点上；在双排脚手架的转角处、开口型双排脚手架的端部应各设置一道竖向斜撑杆；当架体搭设高度在 24m 以下时，应每隔不大于 5 跨设置一道竖向斜撑杆；当架体搭设高度在 24m 及以上时，应每隔不大于 3 跨设置一道竖向斜撑杆；相邻斜撑杆宜对称"八"字形设置；每道竖向斜撑杆应在双排脚手架外侧相邻立杆间由底至顶按步连续设置；当斜撑杆临时拆除时，拆除前应在相邻立杆间设置相同数量的斜撑杆。

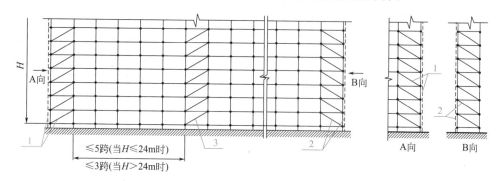

图 3-45 双排脚手架斜撑杆设置

1—拐角竖向斜撑杆；2—端部竖向斜撑杆；3—中间竖向斜撑杆

当采用钢管扣件剪刀撑代替竖向斜撑杆时，应根据图 3-46 所示的要求设置。

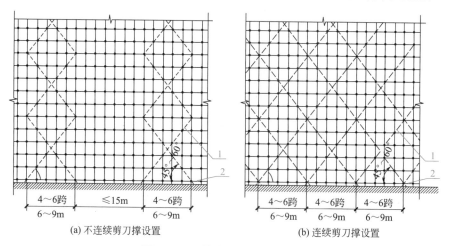

(a) 不连续剪刀撑设置　　　　　(b) 连续剪刀撑设置

图 3-46 双排脚手架剪刀撑设置

1—竖向剪刀撑；2—扫地杆

2）水平斜撑杆

当双排脚手架高度在 24m 以上时，顶部 24m 以下所有的连墙件设置层应连续设置如图 3-47 所示的"之"字形水平斜撑杆，水平斜撑杆应设置在纵向水平杆之下。

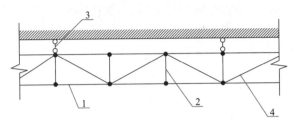

图 3-47　水平斜撑杆设置示意图

1—纵向水平杆；2—横向水平杆；3—连墙件；4—水平斜撑杆

（6）作业层设置

作业平台脚手板应铺满、铺稳、铺实；工具式钢脚手板必须有挂钩，并带有自锁装置与作业层横向水平杆锁紧，严禁浮放；木脚手板、竹串片脚手板、竹笆脚手板两端与水平杆绑牢，作业层相邻两根横向水平杆间加设水平杆，脚手板探头长度不应大于 150mm。

立杆碗扣节点间距按 0.6m 模数设置时，外侧在立杆 0.6m 及 1.2m 高的碗扣节点处搭设两道防护栏杆；立杆碗扣节点间距按 0.5m 模数设置时，外侧在立杆 0.5m 及 1.0m 高的碗扣节点处搭设两道防护栏杆，并应在外立杆的内侧设置高度不低于 180mm 的挡脚板。

作业层脚手板下采用安全平网兜底，以下每隔 10m 采用安全平网封闭；作业平台外侧采用密目安全网进行封闭，网间连接严密，密目安全网宜设置在脚手架外立杆的内侧，并与架体绑扎牢固；密目安全网为阻燃产品。

（7）脚手架专用梯道或坡道

如图 3-48 所示，脚手架应设置人员上下专用梯道或坡道。人行梯道的坡度不宜大于1:1，人行坡道坡度不宜大于 1:3，坡面设置防滑装置；通道与架体连接固定，宽度不小于 900mm，并在通道脚手板下增设水平杆，通道可折线上升；通道两侧及转弯平台设置脚手板、防护栏杆和安全网，并符合规范规定。

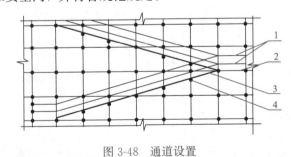

图 3-48　通道设置

1—护栏；2—平台脚手板；3—人行梯道或坡道脚手架；4—增设水平杆

（8）门洞设置

当双排脚手架设置门洞时，应在门洞上部架设桁架托梁，门洞两侧立杆应对称加设竖向斜撑杆或剪刀撑，如图 3-49 所示。

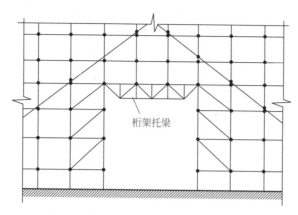

图 3-49 双排外脚手架门洞设置

（9）模板支撑架搭设

1）模板支撑架搭设高度不宜超过 30m。

2）模板支撑架每根立杆的顶部应设置可调托撑。当被支撑的建筑结构底面存在坡度时，应随坡度调整架体高度，可利用立杆碗扣节点位差增设水平杆，并应配合可调托撑进行调整。

3）立杆顶端可调托撑伸出顶层水平杆的悬臂长度（图 3-50）不应超过 650mm。可调托撑和可调底座螺杆插入立杆的长度不得小于 150mm，伸出立杆的长度不宜大于 300mm，安装时其螺杆应与立杆钢管上下同心，且螺杆外径与立杆钢管内径的间隙不应大于 3mm。

4）可调托撑上主楞支撑梁应居中设置，接头宜设置在 U 形托板上，同一断面上主楞支撑梁接头数量不应超过 50%。

5）水平杆步距应通过设计计算确定，并应符合下列规定：步距应通过立杆碗扣节点间距均匀设置；当立杆采用 Q235 级材质钢管时，步距不应大于 1.8m；当立杆采用 Q345 级材质钢管时，步距不应大于 2.0m；对安全等级为Ⅰ级的模板支撑架，架体顶层两步距应比标准步距缩小至少一个节点间距，但立杆稳定性计算时的立杆计算长度应采用标准步距。

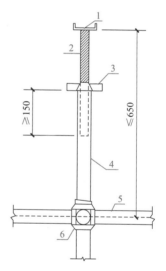

图 3-50 立杆顶端可调托撑悬臂长度示意图
1—托座；2—螺杆；3—调节螺母；4—立杆；5—顶层水平杆；6—碗扣节点

6）立杆间距应通过设计计算确定，并应符合下列规定：当立杆采用 Q235 级材质钢管时，立杆间距不应大于 1.5m；当立杆采用 Q345 级材质钢管时，立杆间距不应大于 1.8m。

7）当有既有建筑结构时，模板支撑架应与既有建筑结构可靠连接，并应符合下列规定：连接点竖向间距不宜超过两步，并应与水平杆同层设置；连接点水平向间距不宜大于 8m；连接点至架体碗扣主节点的距离不宜大于 300mm；当遇柱时，宜采用抱箍式连接措施；当架体两端均有墙体或边梁时，可设置水平杆与墙或梁顶紧。

8）模板支撑架应设置竖向斜撑杆（图3-51、图3-52）。安全等级为Ⅰ级的模板支撑架应在架体周边、内部纵向和横向每隔4～6m各设置一道竖向斜撑杆。安全等级为Ⅱ级的模板支撑架应在架体周边、内部纵向和横向每隔6～9m各设置一道竖向斜撑杆。每道竖向斜撑杆可沿架体纵向和横向每隔不大于两跨在相邻立杆间由底至顶连续设置；也可沿架体竖向每隔不大于两步距采用"八"字形对称设置，或采用等覆盖率的其他设置方式。

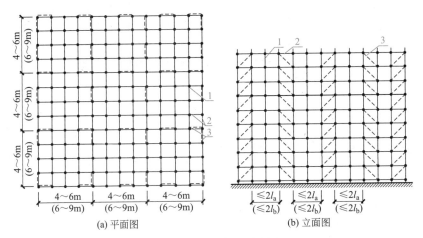

图3-51　竖向斜撑杆布置示意图（一）

1—立杆；2—水平杆；3—竖向斜撑杆

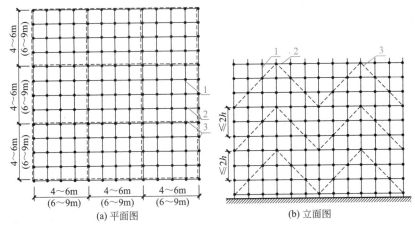

图3-52　竖向斜撑杆布置示意图（二）

1—立杆；2—水平杆；3—竖向斜撑杆

9）模板支撑架应设置水平斜撑杆（图3-53）。安全等级为Ⅰ级的模板支撑架应在架体顶层水平杆设置层、竖向每隔不大于8m各设置一层水平斜撑杆；每层水平斜撑杆应在架体水平面的周边、内部纵向和横向每隔不大于8m各设置一道。安全等级为Ⅱ级的模板支撑架宜在架体顶层水平杆设置层设置一层水平剪刀撑；水平斜撑杆应在架体水平面的周边、内部纵向和横向每隔不大于12m各设置一道；水平斜撑杆应在相邻立杆间呈条带状连续设置。

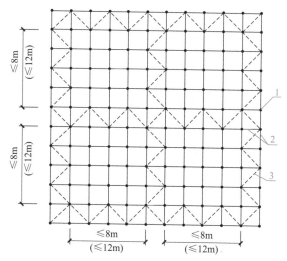

图 3-53 水平斜撑杆布置示意图
1—立杆；2—水平杆；3—水平斜撑杆

10）独立的模板支撑架高宽比不宜大于3；当大于3时，应采取下列加强措施：将架体超出顶部加载区投影范围向外延伸布置2～3跨，将下部架体尺寸扩大，将架体与既有建筑结构进行可靠连接；当无建筑结构进行可靠连接时，宜在架体上对称设置缆风绳或采取其他防倾覆的措施。

11）当模板支撑架设置门洞时（图3-54），门洞净高不宜大于5.5m，净宽不宜大于4.0m；当需设置的机动车道净宽大于4.0m或与上部支撑的混凝土梁体中心线斜交时，应采用梁柱式门洞结构。通道上部应架设转换横梁，横梁设置应经过设计计算确定；横梁下立杆数量和间距应由计算确定，且立杆不应少于4排，每排横距不应大于300mm；横梁下立杆应与相邻架体连接牢固，横梁下立杆斜撑杆或剪刀撑应加密设置；横梁下立杆应采用扩大基础，基础应满足防撞要求；转换横梁和立杆之间应设置纵向分配梁和横向分配梁。门洞顶部应采用木板或其他硬质材料全封闭，两侧应设置防护栏杆和安全网。对通行

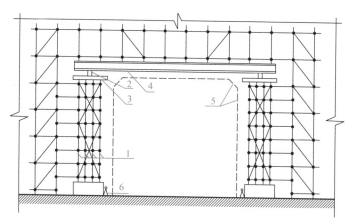

图 3-54 门洞设置
1—加密立杆；2—纵向分配梁；3—横向分配梁；4—转换横梁；
5—门洞净空（仅车行通道有此要求）；6—警示及防撞设施（仅用于车行通道）

机动车的洞口，门洞净空应满足既有道路通行的安全界限要求，且应按规定设置导向、限高、限宽、减速、防撞等设施及标识、标示。

3. 门式钢管脚手架的搭设

（1）门架组装

1）配件应与门架配套，在不同架体结构组合工况下，均应使门架连接可靠、方便，不同型号的门架与配件严禁混合使用。

2）上下榀门架立杆应在同一轴线位置上，门架立杆轴线的对接偏差不应大于 2mm。

3）上下榀门架的组装必须设置连接棒，连接棒插入立杆的深度不应小于 30mm，连接棒与门架立杆配合间隙不应大于 2mm。

4）上下榀门架间应设置锁臂，当采用插销式或弹销式连接棒时，可不设锁臂。

5）底部门架的立杆下端可设置固定底座或可调底座，可调底座和可调托座插入门架立杆的长度不应小于 150mm，调节螺杆伸出长度不应大于 200mm。

（2）交叉支撑设置

门式脚手架设置的交叉支撑应与门架立杆上的锁销锁牢，交叉支撑的设置应符合下列规定：

1）门式作业脚手架的外侧应按步满设交叉支撑，内侧宜设置交叉支撑。当架体内侧不设交叉支撑时，应按步设置水平加固杆；当架体按步设置挂扣式脚手板或水平架时，可在内侧的门架立杆上每步设置一道水平加固杆。

2）门式支撑架应按步在门架的两侧满设交叉支撑。

（3）水平加固杆搭设

门式脚手架应设置水平加固杆，每道水平加固杆均应通长连续设置；水平加固杆应靠近门架横杆设置，并采用扣件与相关门架立杆扣紧；水平加固杆的接长应采用搭接，搭接长度不宜小于 1000mm，搭接处宜采用 2 个及以上旋转扣件扣紧。

（4）剪刀撑设置

门式脚手架应设置剪刀撑。剪刀撑斜杆的倾角应为 45°～60°；剪刀撑应采用旋转扣件与门架立杆及相关杆件扣紧；每道剪刀撑的宽度不应大于 6 个跨距，且不应大于 9m，也不宜小于 4 个跨距，且不宜小于 6m；每道竖向剪刀撑均应由底至顶连续设置；剪刀撑斜杆的接长应符合规范要求。

（5）斜梯设置

作业人员上下门式脚手架的斜梯宜采用挂扣式钢梯，并宜采用"Z"字形设置，一个梯段宜跨越两步或三步门架再行转折。当采用垂直挂梯时，应采用护圈式挂梯，并应设置安全锁；钢梯规格应与门架规格配套，并应与门架挂扣牢固；钢梯应设栏杆扶手和挡脚板。

（6）连墙件设置

门式作业脚手架的连墙件应从作业脚手架的首层首步开始设置，连墙点之上架体的悬臂高度不应超过 2 步；作业脚手架的转角处和开口型脚手架端部增设连墙件，连墙件的竖向间距不应大于建筑物的层高，且不应大于 4.0m；连墙件最大间距或最大覆盖面积按表 3-6 确定。

连墙件最大间距或最大覆盖面积　　　　　　　　　　　　表 3-6

序号	脚手架搭设方式	脚手架高度（m）	连墙件间距（m）		每根连墙件覆盖面积（m²）
			竖向（h—步距）	水平（l—跨距）	
1	落地、密目式安全网封闭	≤40	3h	3l	≤33
2			2h	3l	≤22
3		>40			
4	悬挑、密目式安全网封闭	≤40	3h	3l	≤33
5		40～60	2h	3l	≤22
6		>60	2h	2l	≤15

如图 3-55 所示，连墙件应靠近门架的横杆设置，并应固定在门架的立杆上；连墙件宜水平设置，当不能水平设置时，与门式作业脚手架连接的一端应低于与建筑结构连接的一端，连墙杆的坡度宜小于 1：3。

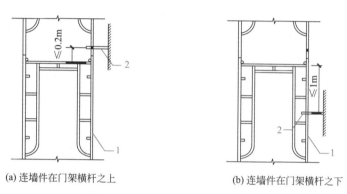

(a) 连墙件在门架横杆之上　　　　　　　　(b) 连墙件在门架横杆之下

图 3-55　连墙件与门架连接示意图

1—门架；2—连墙件

（7）转角连接

在建筑物的转角处，门式作业脚手架内外两侧立杆上应按步水平设置连接杆和斜撑杆，应将转角处的两榀门架连成一体。如图 3-56 所示，连接杆和斜撑杆应采用扣件与门架立杆或水平加固杆扣紧；当连接杆与水平加固杆平行时，连接杆的一端应采用不少于 2 个旋转扣件与平行的水平加固杆扣紧，另一端应采用扣件与垂直的水平加固杆扣紧。

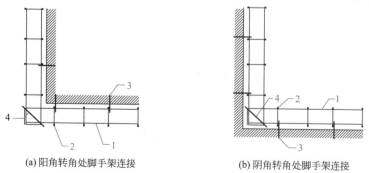

(a) 阳角转角处脚手架连接　　　　　　　　(b) 阴角转角处脚手架连接

图 3-56　转角处脚手架连接

1—连接杆；2—门架；3—连墙件；4—斜撑杆

（8）移动门式作业架搭设

1）用于装饰装修、维修和设备管道安装的可移动门式作业架搭设高度不宜超过 8m，高宽比不应大于 3，施工荷载不应大于 $1.5kN/m^2$。

2）移动门式作业架在门架平面内方向门架列距不应大于 1.8m，架体宜搭设成正方形结构，当搭设成矩形结构时，长短边之比不宜大于 3:2。

3）移动门式作业架应按步在每个门架的两根立杆上分别设置纵、横向水平加固杆，应在底部架立杆上设置纵、横向扫地杆。

4）移动门式作业架应在外侧周边、内部纵、横向间隔不大于 4m 连续设置竖向剪刀撑，应在顶层、扫地杆设置处和竖向间隔不超过 2 步分别设置一道水平剪刀撑。

5）当架体的高宽比大于 2 时，在移动就位后使用前应设抛撑。

6）架体上应设置供施工人员上下架体使用的爬梯。

7）架体顶部作业平台应满铺脚手板，周边应设防护栏杆和挡脚板。

8）架体应设有万向轮。在架体移动时，应有架体同步移动控制措施。在架体使用时，应有防止架体移动的固定措施。

4. 承插型盘扣式钢管脚手架的搭设

承插型盘扣式钢管脚手架的构造体系应完整，具有整体稳定性。应根据专项施工方案计算得出的立杆纵、横向间距选用定长的水平杆和斜杆，并应根据搭设高度组合立杆、基座、可调托撑和可调底座。

（1）地基与基础

1）脚手架基础应按专项施工方案进行施工，并应按基础承载力要求进行验收，脚手架应在地基基础验收合格后搭设。

2）土层地基上的立杆下应采用可调底座和垫板，垫板的长度不宜少于 2 跨。

3）当地基高差较大时，可利用立杆节点位差配合可调底座进行调整，如图 3-57 所示。

（2）作业架搭设

1）作业架的高宽比宜控制在 3 以内；当作业架高宽比大于 3 时，应设置抛撑或缆风绳等抗倾覆措施。

2）当搭设双排外作业架时或搭设高度 24m 及以上的作业架时，应根据使用要求选择架体几何尺寸，相邻水平杆步距不宜大于 2m。

3）双排外作业架首层立杆宜采用不同长度的立杆交错布置，立杆底部宜配置可调底座或垫板。

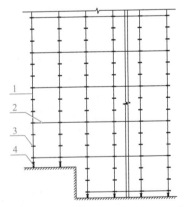

图 3-57 可调底座调整立杆连接盘示意图
1—立杆；2—水平杆；3—连接盘；4—可调底座

4）当设置双排外作业架人行通道时，应在通道上部架设支撑横梁，横梁截面大小应按跨度以及承受的荷载计算确定，通道两侧作业架应加设斜杆；洞口顶部应铺设封闭的防护板，两侧应设置安全网；通行机动车的洞口，应设置安全警示和防撞设施。

5）双排作业架的外侧立面上应设置竖向斜杆；架体转角处、开口型脚手架端部应由架体底部至顶部连续设置斜杆；每隔不大于 4 跨设置一道竖向或斜向连续斜杆；当架体搭设高度在 24m 以上时，应每隔不大于 3 跨设置一道竖向斜杆；竖向斜杆应在双排作业架外侧相邻立杆间由底部至顶部连续设置，如图 3-58 所示。

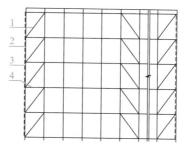

图 3-58 作业架斜杆搭设示意图

1—斜杆；2—立杆；3—两端竖向斜杆；4—水平杆

6）连墙件应靠近水平杆的盘扣节点从底层第一道水平杆处开始设置，同一层连墙件宜在同一水平面，水平间距不应大于 3 跨，连墙件之上架体的悬臂高度不得超过 2 步；在架体的转角处或开口型双排脚手架的端部应按楼层设置，且竖向间距不应大于 4m；当脚手架下部不能搭设连墙件时，宜外扩搭设多排脚手架并设置斜杆，形成外侧斜面状附加梯形架。

7）三脚架与立杆连接及接触的地方，应沿三脚架长度方向增设水平杆，相邻三脚架应连接牢固。

（3）支撑架搭设

1）支撑架的高宽比宜控制在 3 以内，高宽比大于 3 的支撑架应采取与既有结构进行刚性连接等抗倾覆措施。

2）对标准步距为 1.5m 的支撑架，应根据支撑架搭设高度、支撑架型号及立杆轴向力设计值进行竖向斜杆布置，竖向斜杆布置形式见表 3-7。当支撑架搭设高度大于 16m 时，顶层步距内应每跨布置竖向斜杆。

标准型（B型）支撑架竖向斜杆布置形式 表 3-7

立杆轴力设置值 N（kN）	搭设高度 H（m）			
	$H \leqslant 8$	$8 < H \leqslant 16$	$16 < H \leqslant 24$	$H > 24$
$N \leqslant 25$	间隔 3 跨	间隔 3 跨	间隔 2 跨	间隔 1 跨
$25 < N \leqslant 40$	间隔 2 跨	间隔 1 跨	间隔 1 跨	间隔 1 跨
$N > 40$	间隔 1 跨	间隔 1 跨	间隔 1 跨	每跨

如图 3-59、图 3-60 所示，每跨表示竖向斜杆沿纵、横向每跨搭设；间隔 1 跨表示竖向斜杆沿纵、横向每间隔 1 跨搭设。

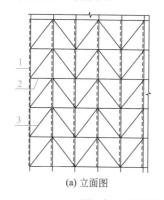
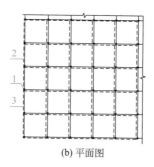

(a) 立面图   (b) 平面图

图 3-59 每跨形式支撑架斜杆设置

1—立杆；2—水平杆；3—竖向斜杆

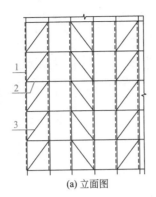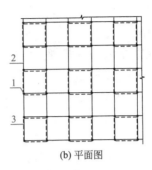

(a) 立面图　　　　　　　(b) 平面图

图 3-60　间隔 1 跨形式支撑架斜杆设置

1—立杆；2—水平杆；3—竖向斜杆

3）支撑架可调托撑伸出顶层水平杆或双槽托梁中心线的悬臂长度不应超过 650mm，且丝杆外露长度不应超过 400mm，可调托撑插入立杆或双槽托梁长度不得小于 150mm，如图 3-61 所示。

4）支撑架可调底座丝杆插入立杆长度不得小于 150mm，丝杆外露长度不宜大于 300mm，作为扫地杆的最底层水平杆中心线距离可调底座的底板不应大于 550mm。

5）当支撑架搭设高度超过 8m、周围有既有建筑结构时，应沿高度每间隔 4～6 个步距与周围已建成的结构进行可靠拉结。

6）支撑架沿高度每间隔 4～6 个标准步距应设置水平剪刀撑，并应符合《建筑施工扣件式钢管脚手架安全技术规范》JGJ 130—2011 中钢管水平剪刀撑的有关规定。

7）当支撑架架体内设置与单支水平杆同宽的人行通道时，可间隔抽除第一层水平杆和斜杆，形成施工人员进出通道，与通道正交的两侧立杆间应设置竖向斜杆；当支撑架架体内设置与单支水平杆不同宽的人行通道时，应如图 3-62 所示，在通道上部架设支撑横梁，通道周围的支撑架应连成整体；洞口顶部应铺设封闭的防护板，相邻跨应设置安全网；通行机动车的洞口，应设置安全警示和防撞设施。

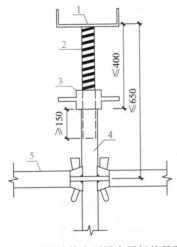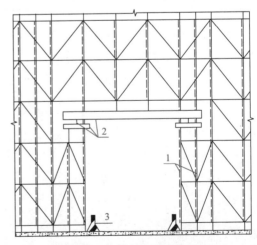

图 3-61　可调托撑伸出顶层水平杆的悬臂长度

1—可调托撑；2—螺杆；3—调节螺母；4—立杆；5—水平杆

图 3-62　支撑架人行通道设置

1—立杆；2—支撑横梁；3—防撞设施

5. 附着式升降脚手架的搭设

（1）构造要求

1）架体尺寸

附着式升降脚手架的架体高度不大于 5 倍楼层高，架体宽度不大于 1.2m。直线布置的架体，支承跨度不大于 7m；折线或曲线布置的架体，支承跨度不大于 5.4m。架体全高与支承跨度的乘积不大于 110m²。

整体式附着升降脚手架架体的悬挑长度不得大于 1/2 水平支承跨度和 2m；单片式附着升降脚手架架体的悬挑长度不得大于 1/4 水平支承跨度。在升降和使用工况下，架体的悬臂高度均不大于 6m 和 2/5 架体高度。

2）架体结构的加强构造措施

架体结构除按规定搭设外，还应在以下部位采取可靠的加强构造措施：

① 与附着支撑结构的连接处。

② 架体的升降机构的设置处。

③ 架体上防倾覆、防坠落装置的设置处。

④ 架体被吊拉点设置处。

⑤ 架体平面的转角处。

⑥ 架体与塔式起重机、施工电梯、物料平台等设施相遇需要断开或开洞处。

⑦ 其他有加强要求的部位。

（2）安装及使用要求

1）安装验收

附着式升降脚手架安装前应根据工程结构特点、施工环境、条件及施工要求等编制专项施工方案。脚手架组装完毕，必须进行以下检查，合格后方可进行升降操作。

① 工程结构混凝土强度应达到附着支承对其附加荷载的要求。

② 全部附着支承点的安装符合设计规定，严禁少装附着固定连接螺栓和使用不合格螺栓。

③ 各项安全保险装置全部检验合格。

④ 电源、电缆及控制柜等的设置符合用电安全的有关规定。

⑤ 升降动力设备工作正常。

⑥ 同步及荷载控制系统的设置和试运效果符合设计要求。

⑦ 架体结构中采用普通脚手架杆件搭设的部分，其搭设质量达到要求。

⑧ 各种安全防护设施齐备并符合设计要求。

⑨ 各岗位施工人员已落实。

⑩ 施工区域应有防雷措施。

⑪ 应设置必要的消防及照明设施。

⑫ 同时使用的升降动力设备、同步与荷载控制系统及防坠装置等专项设备，应分别采用同一厂家、同一规格型号的产品。

⑬ 动力设备、控制设备、防坠装置等应有防雨、防砸、防尘等措施。

⑭ 其他需要检查的项目。

2）升降操作

附着式升降脚手架的升降操作必须遵守以下规定：

① 严格执行升降作业的程序规定和技术要求。

② 严格控制并确保架体上的荷载符合设计规定。

③ 所有妨碍架体升降的障碍物必须拆除。

④ 所有升降作业要求解除的约束必须拆开。

⑤ 严禁操作人员停留在架体上，特殊情况确实需要上人的，必须采取有效的安全防护措施，并由建筑安全监督机构审查后方可实施。

⑥ 应设置安全警戒线，正在升降的脚手架下部严禁有人进入，并设专人负责监护。

⑦ 严格按设计规定控制各提升点的同步性，相邻提升点间的高差不得大于 30mm，整体架最大升降差不得大于 80mm。

⑧升降过程中应实行统一指挥、规范指令。升、降指令只能由总指挥一人下达，但当有异常情况出现时，任何人均可立即发出停止指令。

⑨ 采用环链葫芦作升降动力的，应严密监视其运行情况，及时发现、解决可能出现的翻链、铰链和其他影响正常运行的故障。

⑩ 架体升降到位后，必须及时按使用状况要求进行附着固定。在没有完成架体固定工作前，施工人员不得擅自离岗或下班。

3）使用安全要求

附着式升降脚手架升降到位架体固定后，办理交付使用手续前，必须按规定进行检查验收。未办理交付使用手续的，不得投入使用。

附着式升降脚手架应按设计性能指标进行使用，不得随意扩大使用范围。架体上的施工荷载须符合设计规定，不得超载。架体内的建筑垃圾和杂物应及时清理干净。

附着式升降脚手架在使用过程中严禁进行下列作业：

① 利用架体吊运物料。

② 在架体上拉结吊装缆绳（或缆索）。

③ 在架体上推车。

④ 任意拆除结构件或松动连接件。

⑤ 拆除或移动架体上的安全防护设施。

⑥ 利用架体支撑模板或卸料平台。

⑦ 其他影响架体安全的作业。

当附着式升降脚手架停用超过 3 个月时，应提前采取加固措施。当附着式升降脚手架停用超过 1 个月或遇 6 级及以上大风后复工时，需进行检查，确认合格后方可使用。螺栓连接件、升降设备、防倾覆装置、防坠落装置、电控设备、同步控制装置等每月需进行维护保养。

3.2.3 脚手架的安全检查与验收

脚手架的安全检查项目一般包括专项施工方案、构配件材质、架体基础、架体稳定、架体防护、交底与验收等。不同类型脚手架的安全检查项目应根据《建筑施工安全检查标准》JGJ 59—2011 确定。

1. 脚手架专项施工方案

根据住房和城乡建设部令第 37 号文《危险性较大的分部分项工程安全管理规定》的规定，危险性较大的分部分项工程需要编制专项施工方案。其中危险性较大的脚手架工程包括：

（1）搭设高度 24m 及以上的落地式钢管脚手架工程（包括采光井、电梯井脚手架）。

（2）附着式升降脚手架工程。

（3）悬挑式脚手架工程。

（4）高处作业吊篮。

（5）卸料平台、操作平台工程。

（6）异型脚手架工程。

施工单位应当在危险性较大的分部分项工程施工前组织工程技术人员编制专项施工方案，专项施工方案应当由施工单位技术负责人审核签字、加盖单位公章，并由总监理工程师审查签字、加盖执业印章后方可实施。对于超过一定规模的危险性较大的分部分项工程，施工单位还应当组织召开专家论证会对专项施工方案进行论证。

脚手架专项施工方案的主要内容包括：

（1）工程概况和编制依据。

（2）脚手架类型选择。

（3）所用材料、构配件类型及规格。

（4）结构与构造设计施工图。

（5）结构设计计算书。

（6）搭设、拆除施工计划。

（7）搭设、拆除技术要求。

（8）质量控制措施。

（9）安全控制措施。

（10）应急预案。

💡查一查：需要组织专家进行专项施工方案论证的超过一定规模的危险性较大的脚手架工程范围。

2. 架体搭设材料及构配件的进场验收

搭设脚手架的材料及构配件应按进入施工现场的批次分品种、规格进行检验，检验合格后方可进行搭设施工。在对脚手架材料及构配件进行现场检验时，应采用随机抽样的方法抽取样品进行外观检验、实量实测检验和功能测试检验。

脚手架材料及构配件应有产品质量合格证明文件，其外观质量和性能指标符合规范要求；脚手架所用杆件和构配件应配套使用，并满足组架方式及构造要求。

构配件的外观质量应符合下列要求：钢管应平直光滑、不得有裂纹、锈蚀、分层、结疤或毛刺等缺陷；铸造件表面应平整，不得有砂眼、缩孔、裂纹或浇冒口残余等缺陷，表面粘砂应清除干净；冲压件不得有毛刺、裂纹、氧化皮等缺陷；焊缝应饱满，焊药应清除干净，不得有未焊透、夹砂、咬肉、裂纹等缺陷；构配件表面应涂刷防锈漆或进行镀锌处理，涂层应均匀、牢靠，表面应光滑，在连接处不得有毛刺、滴瘤和多余结块。

（1）脚手架钢管

脚手架所用钢管宜采用现行国家标准《直缝电焊钢管》GB/T 13793—2016 或《低压流体输送用焊接钢管》GB/T 3091—2015 中规定的普通钢管，其材质应符合现行国家标准《碳素结构钢》GB/T 700—2006 中 Q235 级钢或《低合金高强度结构钢》GB/T 1591—2018 中 Q345 级钢的规定。钢管外径、壁厚、外形允许偏差应符合表 3-8 中的规定。

钢管外径、壁厚、外形允许偏差 表 3-8

钢管直径 D(mm)	外径(mm)	壁厚 S	外形允许偏差		
			弯曲度(mm/m)	椭圆度(mm)	管端截面
≤20	±0.3	±10%·S	1.5	0.23	与轴线垂直、无毛刺
21~30	±0.5			0.38	
31~40					
41~50	±1.0%		2.0		
51~70				7.5/1000·D	

根据《建筑施工扣件式钢管脚手架安全技术规范》JGJ 130—2011 规定，扣件式脚手架钢管宜采用 ϕ48.3×3.6 钢管，每根钢管的最大质量不应大于 25.8kg；根据《建筑施工承插型盘扣式钢管脚手架安全技术标准》JGJ/T 231—2021，承插型盘扣式钢管脚手架（标准型）立杆外径应为 48.3mm，水平杆和水平斜杆钢管的外径应为 48.3mm，竖向斜杆钢管的外径可为 33.7mm、38mm、42.4mm 和 48.3mm。

💡 想一想：脚手架新（旧）钢管进场验收应包括哪些具体的验收项目？

（2）扣件

扣件是采用螺栓紧固的扣接连接件，按结构形式分为直角扣件、旋转扣件和对接扣件，如图 3-63 所示。

对接扣件　　　　　　直角扣件　　　　　　旋转扣件

图 3-63 扣件型式

扣件的质量和性能应符合《钢管脚手架扣件》GB/T 15831—2023 的规定；扣件表面应进行防锈处理，油漆均匀美观，没有堆漆或露铁；活动部位应转动灵活，旋转扣件两旋转面间隙应小于 1mm；各部位不应有裂纹、气孔等缺陷；抗滑、抗破坏、抗扭刚度、抗拉等力学性能满足规范要求；扣件在螺栓拧紧扭力矩达到 65N·m 时不得发生破坏。

💡 查一查：架体搭设时扣件螺栓的拧紧扭力矩范围是多少？

（3）可调托撑及底座

脚手架搭设常用的可调托撑（托座）及底座外形如图 3-64 所示。底座和托撑应经设计计算后加工制作，其材质应符合现行国家标准《碳素结构钢》GB/T 700—2006 中 Q235 级钢或《低合金高强度结构钢》GB/T 1591—2018 中 Q345 级钢的规定。

底座的钢板厚度不得小于 6mm，托座 U 形钢板厚度不得小于 5mm，钢板与螺杆应采用环焊，焊缝高度不应小于钢板厚度，并宜设置加劲板；可调底座和可调托座螺杆

可调底座

可调托撑

图 3-64　可调托撑及底座

插入脚手架立杆钢管的配合公差应小于 2.5mm；可调底座和可调托座螺杆与可调螺母啮合的承载力应高于可调底座和可调托座的承载力，应通过计算确定螺杆与调节螺母啮合的齿数，螺母厚度不得小于 30mm。

💡 查一查：规范中关于可调托撑及底座的螺杆外径限值是多少？

（4）脚手板

脚手板应满足强度、耐久性和重复使用要求。

如图 3-65 所示，脚手板可采用钢、木或竹材料制作，单块脚手板的质量不宜大于 30kg；木脚手板可采用杉木、白松等，板厚不应小于 50mm，板宽宜为 200～300mm，两端宜各设置直径不小于 4mm 的镀锌钢丝箍两道；竹脚手板宜采用由毛竹或楠竹制作的竹串片板、竹芭板；钢脚手板材质应符合现行国家标准《碳素结构钢》GB/T 700—2006 中 Q235 级钢的规定；冲压钢板脚手板的钢板厚度不宜小于 1.5mm，板面冲孔内切圆直径应小于 25mm。

木脚手板

竹脚手板

钢脚手板

图 3-65　脚手板类型

（5）悬挑型钢

悬挑脚手架用型钢的材质应符合现行国家标准《碳素结构钢》GB/T 700—2006 或《低合金高强度结构钢》GB/T 1591—2018 的规定。型钢悬挑梁宜采用双轴对称截面的型钢，悬挑钢梁型号及锚固件应按设计确定，钢梁截面高度不应小于 160mm。

3. 脚手架搭设与使用过程中的检查验收

（1）脚手架的搭设应与主体结构工程施工同步，一次搭设高度不应超过最上层连墙件

2步，且自由高度不应大于 4m；每搭设完一步距架体后，应及时校正立杆间距、步距、垂直度及水平杆的水平度；架体达到设计高度后，附着式升降脚手架安装就位后，应对脚手架搭设施工质量进行完工验收。

（2）脚手架在搭设过程中和阶段使用前，应进行阶段施工质量检查，确认合格后方可进行下道工序施工或阶段使用，在下列阶段应进行阶段施工质量检查：

1）搭设场地完工后及脚手架搭设前；附着式升降脚手架支座、悬挑脚手架悬挑结构固定后。

2）首层水平杆搭设安装后。

3）落地作业脚手架和悬挑作业脚手架每搭设一个楼层高度，阶段使用前。

4）附着式升降脚手架在每次提升前、提升就位后和每次下降前、下降就位后。

5）支撑脚手架每搭设 2～4 步或不大于 6m 高度。

（3）脚手架在使用过程中，应定期进行检查并形成记录，脚手架工作状态应符合下列规定：

1）主要受力杆件、剪刀撑等加固杆件和连墙件应无缺失、无松动，架体应无明显变形。

2）场地应无积水，立杆底端应无松动、无悬空。

3）安全防护设施应齐全、有效，无损坏缺失。

4）附着式升降脚手架支座应稳固，防倾、防坠、停层、荷载、同步升降控制装置应处于良好工作状态，架体升降应正常平稳。

5）悬挑脚手架的悬挑支承结构应稳固。

（4）当遇到下列情况之一时，应对脚手架进行检查并形成记录，确认安全后方可继续使用：

1）承受偶然荷载后。

2）遇有 6 级及以上强风后。

3）大雨及以上降水后。

4）冻结的地基土解冻后。

5）停用超过 1 个月。

6）架体部分拆除。

7）其他特殊情况。

（5）脚手架在使用过程中出现安全隐患时，应及时排除；当出现下列状况之一时，应立即撤离作业人员，并应及时组织检查处置。

1）杆件、连接件因超过材料强度破坏，或因连接节点产生滑移，或因过度变形而不适于继续承载。

2）脚手架部分结构失去平衡。

3）脚手架结构杆件发生失稳。

4）脚手架发生整体倾斜。

5）地基部分失去继续承载的能力。

3.2.4　脚手架的拆除

1. 脚手架拆除前的准备工作

脚手架拆除作业前应做好以下准备工作：

（1）当工程施工完成后，必须经单位工程负责人检查验证，确认脚手架不再需要后，方可拆除。脚手架拆除必须由施工现场技术负责人下达正式通知。

（2）全面检查脚手架是否安全。如扣件连接、连墙件、支撑体系等是否符合构造要求。

（3）根据检查结果补充完善脚手架专项方案中的拆除顺序和措施，经审批后方可实施。

（4）拆除前应向操作人员进行安全技术交底。

（5）拆除前应清除脚手架上的材料、工具和杂物，楼层临边的杂物及外墙上的悬浮物，清理地面障碍物。

2. 脚手架拆除程序

脚手架应由上而下按层按步地拆除，拆除顺序与搭设顺序相反，后搭的先拆，先搭的后拆，严禁上下同时进行拆除作业。先拆除安全网，然后拆除护身栏、脚手板和横向水平杆，再依次拆除剪刀撑的上部扣件和接杆，最后拆除纵向水平杆和立杆。拆除全部剪刀撑之前，必须搭设临时加固斜支撑，预防架体倾倒。连墙杆应随拆除进度逐层拆除，严禁先将连墙杆整层或数层拆除后再拆脚手架。分段拆除高差大于两步时，应增设连墙件加固。

3. 脚手架拆除安全技术措施

（1）脚手架拆除作业现场应设置安全警戒区域和警告牌，并由专职人员负责监护，严禁非施工作业人员进入拆除作业区内。拆除大片架子应加设临时围栏。作业区内电线及其他设备有妨碍时，应事先与有关部门联系，再拆除、转移或加防护。

（2）拆除作业人员佩戴安全帽、系安全带、穿防滑鞋才允许上架作业。

（3）拆除时应有专人指挥，分工明确、统一行动、上下呼应、动作协调。当解开与另一人有关的结扣时，应先通知对方，以防坠落。

（4）拆除脚手架杆件，必须由2～3人协同操作，严禁单人拆除如脚手板、长杆件等较重、较大的部件。拆纵向水平杆时，应由站在中间的人向下传递，严禁向下抛掷。

（5）拆除立杆时，先把稳上部，再拆开后两个扣，然后取下；拆除大横杆、斜撑、剪刀撑时，应先拆中间扣，然后托住中间，再解端头扣，松开连接后，水平托举取下。

（6）拆卸下来的钢管、门架与各构配件应防止碰撞，严禁抛掷至地面。可采用起重设备吊运或人工传送至地面。

（7）当脚手架拆至下部最后一根立杆高度时，应在适当位置先搭设临时抛撑加固后，再拆除连墙件。当单、双排脚手架采取分段、分立面拆除时，对不拆除的脚手架两端应按规定设置连墙件和横向斜撑加固。

（8）拆除门架的顺序，应从一端向另一端，自上而下逐层地进行。同一层的构配件和加固杆件必须按照先上后下、先外后内的顺序进行拆除，最后拆除连墙件。拆除的工人必须站在临时设置的脚手板上进行拆卸作业。拆除连接部件时，应先将止退装置旋转至开启位置，然后拆除，不得硬拉，严禁敲击。严禁使用手锤等硬物击打、撬别。连墙件、通长水平杆和剪刀撑等必须在脚手架拆除到相关门架时，方可拆除。

（9）大片架子拆除后所预留的斜道、上料平台、通道等，应在大片架子拆除前先进行加固，以便拆除后确保其完整、安全和稳定。

（10）拆除时严禁撞碰附近电源线，以防事故发生。不能撞碰门窗、玻璃、水落管、房檐瓦片、地下明沟等。

（11）在拆架过程中，不能中途换人，如必须换人时，应将拆除情况交代清楚后方可离开。

（12）运至地面的钢管、门架与各构配件应按规定及时检查、整修与保养，按品种、规格分类存放，以便于运输、维护和保管。

■ **知识链接**

危险性较大的分部分项工程范围

1. 基坑工程

（1）开挖深度超过 3m（含 3m）的基坑（槽）的土方开挖、支护、降水工程。

（2）开挖深度虽未超过 3m，但地质条件、周围环境和地下管线复杂，或影响毗邻建、构筑物安全的基坑（槽）的土方开挖、支护、降水工程。

2. 模板工程及支撑体系

（1）各类工具式模板工程：包括滑模、爬模、飞模、隧道模等工程。

（2）混凝土模板支撑工程：搭设高度 5m 及以上，或搭设跨度 10m 及以上，或施工总荷载（荷载效应基本组合的设计值，以下简称设计值）$10kN/m^2$ 及以上，或集中线荷载（设计值）$15kN/m$ 及以上，或高度大于支撑水平投影宽度且相对独立无联系构件的混凝土模板支撑工程。

（3）承重支撑体系：用于钢结构安装等满堂支撑体系。

3. 起重吊装及起重机械安装拆卸工程

（1）采用非常规起重设备、方法，且单件起吊重量在 10kN 及以上的起重吊装工程。

（2）采用起重机械进行安装的工程。

（3）起重机械安装和拆卸工程。

4. 脚手架工程

（1）搭设高度 24m 及以上的落地式钢管脚手架工程（包括采光井、电梯井脚手架）。

（2）附着式升降脚手架工程。

（3）悬挑式脚手架工程。

（4）高处作业吊篮。

（5）卸料平台、操作平台工程。

（6）异型脚手架工程。

5. 拆除工程

可能影响行人、交通、电力设施、通信设施或其他建、构筑物安全的拆除工程。

6. 暗挖工程

采用矿山法、盾构法、顶管法施工的隧道、洞室工程。

7. 其他

（1）建筑幕墙安装工程。

（2）钢结构、网架和索膜结构安装工程。

（3）人工挖孔桩工程。

（4）水下作业工程。

（5）装配式建筑混凝土预制构件安装工程。

（6）采用新技术、新工艺、新材料、新设备可能影响工程施工安全，尚无国家、行业及地方技术标准的分部分项工程。

超过一定规模的危险性较大的分部分项工程范围

1. 深基坑工程

开挖深度超过5m（含5m）的基坑（槽）的土方开挖、支护、降水工程。

2. 模板工程及支撑体系

（1）各类工具式模板工程：包括滑模、爬模、飞模、隧道模等工程。

（2）混凝土模板支撑工程：搭设高度8m及以上，或搭设跨度18m及以上，或施工总荷载（设计值）15kN/m² 及以上，或集中线荷载（设计值）20kN/m及以上。

（3）承重支撑体系：用于钢结构安装等满堂支撑体系，承受单点集中荷载7kN及以上。

3. 起重吊装及起重机械安装拆卸工程

（1）采用非常规起重设备、方法，且单件起吊重量在100kN及以上的起重吊装工程。

（2）起重量300kN及以上，或搭设总高度200m及以上，或搭设基础标高在200m及以上的起重机械安装和拆卸工程。

4. 脚手架工程

（1）搭设高度50m及以上的落地式钢管脚手架工程。

（2）提升高度在150m及以上的附着式升降脚手架工程或附着式升降操作平台工程。

（3）分段架体搭设高度20m及以上的悬挑式脚手架工程。

5. 拆除工程

（1）码头、桥梁、高架、烟囱、水塔或拆除中容易引起有毒有害气（液）体或粉尘扩散、易燃易爆事故发生的特殊建、构筑物的拆除工程。

（2）文物保护建筑、优秀历史建筑或历史文化风貌区影响范围内的拆除工程。

6. 暗挖工程

采用矿山法、盾构法、顶管法施工的隧道、洞室工程。

7. 其他

（1）施工高度50m及以上的建筑幕墙安装工程。

（2）跨度36m及以上的钢结构安装工程，或跨度60m及以上的网架和索膜结构安装工程。

（3）开挖深度16m及以上的人工挖孔桩工程。

（4）水下作业工程。

（5）重量1000kN及以上的大型结构整体顶升、平移、转体等施工工艺。

（6）采用新技术、新工艺、新材料、新设备可能影响工程施工安全，尚无国家、行业及地方技术标准的分部分项工程。

任务 3.3　施工机械安全管理

任务引入

　　近年来，随着国家政策的大力推动，以装配式建筑为代表的新型建筑工业化快速推进。新型建筑工业化是以构件预制化生产、装配式施工为生产方式，以设计标准化、构件部品化、施工机械化为特征，其中基础是标准化，核心是机械化。装配式建筑发展改变了施工方式和对施工机械的需求，无论是构件生产还是构件运输、吊装，装配式建筑比传统建筑更加依靠机械化施工。

　　"工欲善其事，必先利其器"。建筑施工机械作为重要的施工生产要素，其合理的选型、良好的性能状态、科学规范的管理与使用是保证施工作业顺利开展、避免出现机械伤害等安全事故的重要保障。

3.3.1　施工机械的配置与管理

1. 施工机械的类型

　　建筑施工机械主要包括土石方机械、桩工机械、起重机械、混凝土机械、砂浆机械、钢筋加工机械、焊接机械、木工机械以及其他中小型机械等，如图 3-66 所示。

挖掘机　　　　　地下连续墙成槽机　　　　　混凝土泵车

电焊机　　　　　打夯机　　　　　汽车式起重机

图 3-66　施工现场常见机械

（1）土石方机械主要包括挖掘机、装载机、推土机、铲运机、压路机、平地机和打夯机等。

（2）桩工机械主要包括柴油打桩锤、振动桩锤、锤式打桩机、静力压桩机、转盘钻孔机、螺旋钻孔机、全套管钻机、旋挖钻机、深层搅拌机、地下连续墙施工成槽机和冲孔桩机械等。

（3）混凝土机械主要包括混凝土搅拌机、混凝土搅拌运输车、混凝土输送泵、混凝土泵车、振捣器、混凝土喷射机和混凝土布料机等。

（4）钢筋加工机械主要包括钢筋调直切断机、钢筋弯曲机、钢筋螺纹成型机、钢筋除锈机、钢筋冷拉机、预应力钢丝拉伸设备、钢筋冷拔机等。

（5）木工机械主要包括带锯机、圆盘锯、平面刨、压刨床、木工车床、木工铣床、开榫机、打眼机、锉锯机和磨光机等。

（6）焊接机械主要包括交直流电焊机、氩弧焊机、电焊机、二氧化碳气体保护焊机、埋弧焊机、对焊机、竖向钢筋电渣压力焊机和气焊（割）设备等。

（7）起重机械主要包括履带式起重机、汽车式起重机、轮胎式起重机、桅杆式起重机、塔式起重机、门式起重机、桥式起重机、物料提升机、施工升降机等。

（8）中小型机械设备主要包括喷浆机、灰浆泵、水磨石机、切割机、通风机、离心水泵、潜水泵、深井泵、泥浆泵以及射钉枪、云石机、电钻和电锤等手持式电动工具。

2. 施工机械的配置

施工机械选择的主要依据包括施工项目的施工条件、工程特点、工程量大小以及工期要求等；选择的主要原则包括适应性、高效性、稳定性、经济性和安全性等。

施工机械选择的方法有单位工程量成本比较法、折算费用法（等值成本法）、界限时间比较法和综合评分法等。施工机械需用量根据工程量、计划期内台班数量、机械生产率和利用率计算确定。

3. 施工机械的使用管理制度

施工现场应建立机械管理制度，加强对施工机械的管理。

（1）"三定"制度：主要机械在使用过程中实行定人、定机、定岗位责任的制度。

（2）交接班制度：在采用多班制作业、多人操作机械时，要执行交接班制度，内容包括：交接工作完成情况，交接机械运转情况，交接备用料具、工具和附件，填写本班的机械运行记录，交接双方签字，管理部门检查交接情况。

（3）安全技术交底制度：项目机械管理人员要对机械操作人员进行安全技术书面交底，并由机械操作人签字。

（4）技术培训制度：通过进场培训和定期的过程培训，使操作人员做到"四懂三会"，即懂机械原理、懂机械构造、懂机械性能、懂机械用途，会操作、会维修、会排除故障；使维修人员做到"三懂四会"，即懂技术要求、懂质量标准、懂验收规范，会拆检、会组装、会调试、会鉴定。

（5）检查制度：在使用前和使用过程中应对施工机械进行检查，检查内容包括：制度的执行情况，机械的正常操作情况，机械的完整与受损情况，机械的技术与运行状况、维修及保养情况，各种机械管理资料的完整情况。

（6）操作证制度：机械操作人员必须持证上岗；操作人员应随身携带操作证；严禁无证操作。

4. 施工机械的进场验收管理

进入施工现场的机械应具有的技术文件包括：

（1）安装、调试、使用、拆除及试验图标程序和详细文字说明书。

（2）各种安全保险装置及行程限位器装置调试和使用说明书。

（3）维修保养及运输说明书。

（4）安全操作规程。

（5）产品鉴定证书、合格证书。

（6）配件及配套工具目录。

施工机械使用验收主要内容有：

（1）安装位置是否符合平面布置图要求。

（2）安装地基是否牢固，机械是否稳固，工作棚是否符合要求。

（3）传动部分是否灵活可靠，离合器是否灵活，制动器是否可靠，限位保险装置是否有效，机械的润滑情况是否良好。

（4）电气设备是否可靠，电阻遥测记录是否符合要求，漏电保护器是否灵敏可靠，接地接零保护是否正确。

（5）安全防护装置是否完好，安全、防火距离是否符合要求。

（6）机械工作机构是否无损伤、运转正常，紧固件是否牢固。

（7）操作人员是否持证上岗。

💡 想一想：建筑施工机械中有哪些属于特种设备？

3.3.2　塔式起重机与起重吊装

1. 塔式起重机的类型

塔式起重机（简称"塔机"）是一种塔身直立、起重臂可回转的非连续性垂直运输机械，主要用于多层及高层建筑施工，可以将构件、设备和其他重物、材料等准确地吊运到建筑物的任一作业面。塔式起重机具有适用范围广、起升高度大、回转半径大、工作效率高、操作简便、运转可靠等特点，较其他起重运输设备优势明显。

塔式起重机的类型较多，依据《塔式起重机》GB/T 5031—2019，塔式起重机可按组装方式、回转部位、结构特征、基础特征等进行分类。

（1）按组装方式分类

塔式起重机按组装方式可分为自行架设塔式起重机和组装式塔式起重机。其中，自行架设塔式起重机按转场运输方式又可以分为车载式塔式起重机和拖行式塔式起重机。

（2）按回转部位分类

塔式起重机按回转部位可分为上回转式塔式起重机和下回转式塔式起重机。

（3）按结构特征分类

组装式塔式起重机按上部结构特征可分为水平臂（含平头式）小车变幅塔式起重机、

倾斜臂小车变幅塔式起重机、动臂变幅塔式起重机、伸缩臂小车变幅塔式起重机和折臂小车变幅塔式起重机。其中，动臂变幅塔式起重机按臂架结构形式又可以分为定长臂动臂变幅塔式起重机与铰接臂动臂变幅塔式起重机。

组装式塔式起重机按中部结构特征可分为爬升式塔式起重机和定置式塔式起重机。其中，爬升式塔式起重机按爬升特征又可以分为内爬式塔式起重机和外爬式塔式起重机。

自行架设塔式起重机按上部结构特征可分为水平臂小车变幅塔式起重机、倾斜臂小车变幅塔式起重机、动臂变幅塔式起重机。

（4）按基础特征分类

组装式塔式起重机按基础特征可分为轨道运行式塔式起重机和固定式塔式起重机，固定式塔式起重机又可分为固定底架压重塔式起重机和固定基础塔式起重机。

自行架设塔式起重机按基础特征分为轨道运行式塔式起重机和固定式塔式起重机。

2. 塔式起重机的主要技术性能参数

塔式起重机的技术性能用各种数据来表示，即性能参数。

（1）主参数

塔式起重机的主参数为额定起重力矩。额定起重力矩是指与基本臂最大幅度相同或相近臂长组合状态，基本臂最大幅度与相应额定起重量的乘积。

（2）基本参数

塔式起重机的基本参数包括起重量、起升高度、工作幅度以及工作速度、轨距、结构自重、平衡重、装机总容量等。

1）起重量

塔式起重机的起重量是指被起升重物（包括索吊具）的质量，主要包括最大起重量和最大幅度额定起重量。变幅塔式起重机的起重能力随工作幅度而变化，塔式起重机在不同的工作幅度状态下对应不同的额定起重量。

2）独立起升高度

独立起升高度是指塔式起重机运行或固定独立状态时，空载、塔身处于最大高度、吊钩位于最小幅度的最大允许高度处，吊钩支承面对塔式起重机基准面的最大垂直距离。对动臂变幅塔式起重机，起升高度分为最大幅度时起升高度和最小幅度时起升高度。

3）工作幅度

工作幅度是指塔式起重机置于水平场地时，吊钩垂直中心线与回转中心线的水平距离。

4）工作速度

塔式起重机的工作速度参数包括起升速度、回转速度、小车变幅速度、运行速度和慢降速度等。起升速度是指塔式起重机在稳定运行状态下，额定载荷的垂直位移速度；回转速度是指塔式起重机在额定起重力矩载荷状态、吊钩位于最大高度时的稳定回转速度；小车变幅速度是指对小车变幅塔式起重机，吊载最大幅度时的额定起重量，小车稳定运行的速度；运行速度是指塔式起重机空载，起重臂平行于轨道方向稳定运行的速度；慢降速度是指起升滑轮组为最小倍率，吊载该倍率允许的额定起重量，吊钩稳定下降时的最低速度。

3. 塔式起重机的基本构造

塔式起重机主要由金属结构、工作机构、驱动控制系统和安全防护装置四大部分组成，其基本构造如图 3-67 所示。

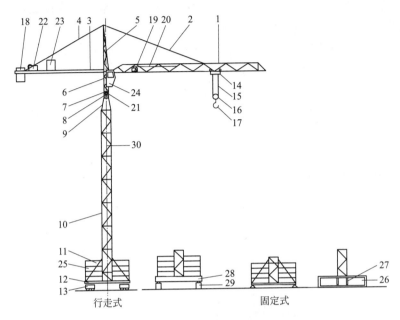

图 3-67　塔式起重机基本构造

1—臂架；2—臂架拉索；3—平衡臂；4—平衡臂拉索；5—塔顶；6—回转塔身；7—回转平台；8—回转支承；
9—回转支承座；10—塔身；11—塔身撑杆；12—底架；13—行走台车；14—小车；15—起升钢丝绳；16—起升滑轮组；
17—吊钩；18—平衡重；19—小车变幅机构；20—小车变幅钢丝绳；21—回转机构；22—起升机构；23—电控柜；
24—司机室；25—压重；26—基础；27—地脚螺栓；28—固定底架；29—支脚；30—回转中心

（1）金属结构

塔式起重机金属结构基础部件包括底架、塔身、塔帽、起重臂、平衡臂、回转总成、顶升套架、附着装置等部分。

（2）工作机构

塔式起重机的工作机构是为实现塔式起重机不同的机械运动要求而设置的各种机械部分的总称，主要包括起升机构（图 3-68）、变幅机构（图 3-69）、回转机构以及行走机构等。

起升机构用以实现载荷的升降，是塔式起重机中最重要也是最基本的工作机构，起升机构的性能直接影响到整台塔式起重机的工作性能；动力驱动的起升机构应能使荷载以可控制的速度上升或下降，不应有单独靠重力下降的运动。小车变幅机构应能使变幅小车带载沿水平或倾斜的臂架结构以可控制的速度双向运动，改变塔式起重机的工作幅度范围。回转结构应能使塔式起重机的起重臂架和载荷在正常工作风力作用下可控回转，扩大塔式起重机的作业范围；回转机构宜采用集电器供电，不使用集电器时，应设置限位器限制臂架两个方向的旋转角度；电缆应安装固定在不会被损坏的位置。如塔式起重机安装有运行机构，则运行机构应能使塔式起重机在直线轨道或特制的曲线轨道上运行；运行机构至少应在两个支脚上提供驱动力，车轮直径和数量应满足各支脚承载要求；塔式起重机应装备有非工作状态用的抗风防滑锚定装置。

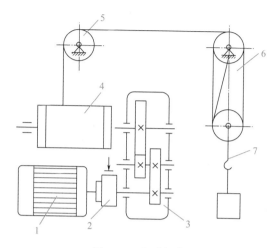

图 3-68 起升机构

1—电动机；2—联轴器；3—减速器；4—卷筒；5—导向滑轮；6—滑轮组；7—吊钩

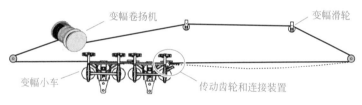

图 3-69 变幅机构

（3）驱动控制机构

如图 3-70 所示，塔式起重机驱动控制机构主要由联动台、驾配箱、主控柜和配电箱等部分组成。凡无特殊要求的塔式起重机，采用 380V、50Hz 的三相交流电源，在正常工作条件下，供电系统在塔式起重机馈电线接入处的电压波动应不超过额定值的 ±10%。

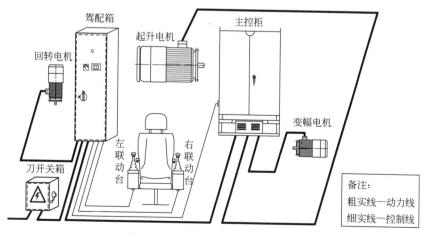

图 3-70 塔式起重机驱动控制机构

（4）安全防护装置

安全防护装置主要包括防止塔式起重机超载的装置、限制运动行程和工作位置的装置、联锁保护装置等，安全防护装置必须灵敏可靠。

1）起升高度限位器

动臂变幅的塔式起重机，当吊钩装置顶部升至对应位置起重臂下端的最小距离为800mm处时，应能立即停止起升运动，但应有下降运动；对没有变幅重物平移功能的动臂变幅的塔式起重机，还应同时切断向外变幅控制回路电源。小车变幅的塔式起重机，吊钩装置顶部升至小车架下端的最小距离为800mm处时，应能立即停止起升运动，但应有下降运动。所有形式的塔式起重机，当钢丝绳松弛可能造成卷筒乱绳或反卷时应设置下限位器，当吊钩不能再下降或卷筒上钢丝绳只剩3圈时应能立即停止下降运动。

2）幅度限位器

动臂变幅的塔式起重机，应设置幅度限位开关，在臂架到达相应的极限位置前开关动作，停止臂架继续往极限方向变幅。小车变幅的塔式起重机，应设置小车行程限位开关和终端缓冲装置，限位开关动作后应保证小车停车时其端部距缓冲装置的最小距离为200mm。

3）动臂变幅幅度限制装置

动臂变幅的塔式起重机，应设置臂架极限位置的限制装置，该装置应能有效防止臂架向后倾翻。

4）回转限位器

回转处不设集电器供电的塔式起重机，应设置正反两个方向回转限位开关，开关动作时臂架旋转角度应不大于±540°。

5）运行限位器

轨道运行的塔式起重机，每个运行方向应设置限位装置，其中包括限位开关、缓冲器和终端止挡。运行限位器应保证开关动作后塔式起重机停车时其端部距缓冲器的最小距离为1000mm，终端止挡距轨道终端的最小距离为1000mm。

6）起重力矩限制器和起重量限制器

当起重力矩大于相应幅度额定值并小于额定值的110%时，应停止上升和向外变幅动作，但应有下降和内变幅动作。力矩限制器控制定码变幅的触点和控制定幅变码的触点应分别设置，且能分别调整。小车变幅的塔式起重机，如最大变幅速度超过40m/min，在小车向外运行，且起重力矩达到额定值的80%时，变幅速度应自动转换为不大于40m/min的速度运行。当起重量大于最大额定起重量并小于额定起重量的110%时，应停止上升方向动作，但应有下降方向动作。具有多挡变速的起升机构，限制器应对各挡位具有防止超载的作用。在塔式起重机达到额定起重力矩和（或）额定起重量的90%以上时，应能向司机发出断续的声光报警。在塔式起重机达到额定起重力矩和（或）额定起重量的100%以上时，应能发出连续清晰的声光报警，且只有在降低到额定工作能力的100%以内时报警才能停止。

7）小车断绳保护装置

小车变幅塔式起重机应设置双向小车断绳保护装置。

8）小车防坠落装置

小车轮应有轮缘或设有水平导向轮以防止小车脱离臂架。当变幅牵引力使小车有偏转趋势时，小车轮应无轮缘并设有水平导向轮。塔式起重机应设置小车防坠落装置，即使车轮失效，小车也不得脱离臂架坠落，装置应在失效点下坠 10mm 前作用。

9）抗风防滑装置

轨道运行的塔式起重机，应设置非工作状态抗风防滑装置，其强度应满足规范要求。

10）钢丝绳防脱装置

起升与变幅滑轮的入绳和出绳切点附近、起升卷筒及动臂变幅卷筒均应设有钢丝绳防脱装置，该装置表面与滑轮或卷筒侧板外缘间的间隙不应超过钢丝绳直径的20%，装置应有足够的刚度，可能与钢丝绳接触的表面不应有棱角。卷扬机驱动的自行架设塔式起重机架设绳轮系统，滑轮组间钢丝绳采用交叉 8 字形穿绕时可不设钢丝绳防脱装置。

11）爬升装置防脱功能

爬升式塔式起重机爬升支撑装置应有直接作用于其上的预定工作位置锁定装置。在加节、降节作业中，塔式起重机未到达稳定支撑状态（塔式起重机回落到安全状态或被换步支撑装置安全支撑）被人工解除锁定前，即使爬升装置有意外卡阻，爬升支撑装置也不应从支撑处（踏步或爬梯）脱出。爬升式塔式起重机换步支撑装置工作承载时，应有预定工作位置保持功能或锁定装置。

12）安全监控系统

塔式起重机安全监控系统应具有对塔式起重机的起重量、起重力矩、起升高度、幅度、回转角度、运行行程信息进行实时监视和数据存储功能。当塔式起重机有运行危险趋势时，塔式起重机控制回路电源应能自动切断。塔式起重机安全监控系统不得执行来自本系统外的塔式起重机操作控制指令。在既有塔式起重机升级加装安全监控系统时，不得改变塔式起重机原有安全装置及电气控制系统的功能和性能，严禁损伤塔式起重机受力结构。

13）风速仪

除起升高度低于 30m 的自行架设塔式起重机外，塔式起重机应配备风速仪，当风速大于工作允许风速时，应能发出停止作业的警报。

14）工作空间限制器

塔式起重机可装设工作空间限制器。对单台塔式起重机，工作空间限制器应在正常工作时根据需要限制塔式起重机进入某些特定的区域或进入该区域后不允许吊载。对群塔（两台以上），该限制器还应限制塔式起重机的回转、变幅和整机运行区域，以防止塔式起重机间结构、起升绳或吊重发生相互碰撞。当群塔作业的工作空间限制器间采用有线通信时，应采取有效措施防止电缆意外损坏。

4. 塔式起重机的安装与拆卸

（1）基本要求

塔式起重机安装、拆卸单位应具备起重设备安装工程专业承包资质和建筑施工企业安全生产许可证，并应在其资质许可范围内承揽塔式起重机安装、拆卸工程；塔式起重机安装、拆卸单位应具备安全管理保证体系，并应建立健全安全管理制度，配备与承担项目相适应的专职安全生产管理人员、专业安装作业人员以及专业技术人员。塔式起重机的安装拆卸工、电工、司机、指挥、司索工等应具有建筑施工特种作业操作资格证书，且不得超过有效期，严禁无证上岗。

塔式起重机在安装前和使用过程中，发现有下列情况之一的，不得安装和使用：

1）结构件上有可见裂纹和严重锈蚀的。

2）主要受力构件存在塑性变形的。

3）连接件存在严重磨损和塑性变形的。

4）钢丝绳达到报废标准的。

5）安全装置不齐全或失效的。

塔式起重机的产权单位应建立安全技术档案，安装单位应建立安装、拆卸工程档案，施工总承包单位或使用单位应建立审批、验收、定期检查、维护和保养等安全管理工作的相关记录，监理单位应建立审核、监督、巡视等安全管理工作的相关记录。

（2）专项施工方案编制

塔式起重机安装、拆卸前应编制专项施工方案，指导作业人员实施安装、拆卸作业。专项施工方案应根据塔式起重机使用说明书和作业场地的实际情况编制，并应符合国家现行相关标准的规定。专项施工方案应由本单位技术、安全、设备等部门审核，技术负责人审批后，经监理单位批准实施。

塔式起重机安装专项施工方案的主要内容包括：

1）工程概况。

2）安装位置平面和立面图。

3）所选用的塔式起重机型号及性能技术参数。

4）基础和附着装置的设置。

5）爬升工况及附着节点详图。

6）安装顺序和安全质量要求。

7）主要安装部件的重量和吊点位置。

8）安装辅助设备的型号、性能及布置位置。

9）电源的设置。

10）施工人员配置。

11）吊索具和专用工具的配备。

12）安装工艺程序。

13）安全装置的调试。

14）重大危险源和安全技术措施。

15）应急预案等。

🤍 想一想：塔式起重机拆卸专项施工方案的主要内容是什么？

（3）塔式起重机的安装程序

安装作业应根据专项施工方案要求实施，安装前对安装作业人员进行安全技术交底，安装作业中应统一指挥、明确指挥信号，安装作业人员分工明确、职责清楚、严格遵守施工工艺流程和安全操作规程。

塔式起重机安装的一般程序如下：基础验收→安装基础节→安装塔身标准节→安装顶升机构→安装回转平台和司机室→安装塔帽→起重臂组装、变幅钢丝绳穿绕→安装平衡臂→吊装部分平衡重→安装起重臂→吊装全部剩余配重→电气接线→穿绕起升钢丝绳、安装吊钩 →调整各限位及安全装置→整机调试。

1）基础验收

塔式起重机基础是用于安装固定塔式起重机，保证塔式起重机正常使用且传递其各种作用到地基的混凝土结构。塔式起重机的基础形式应根据工程地质、荷载与塔式起重机稳定性要求、现场条件、技术经济指标，并结合塔式起重机使用说明书的要求确定。

常见的塔式起重机基础形式有板式基础、十字形式基础、组合式基础等。当地基土为软弱土层，采用浅基础不能满足塔式起重机对地基承载力和变形的要求时，宜采用桩基础。组合式基础可由混凝土承台或型钢平台、格构式钢柱或钢管柱、型钢剪刀撑及灌注桩或钢管桩等组成（图 3-71）。

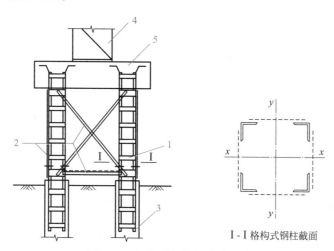

I-I格构式钢柱截面

图 3-71　格构式钢柱组合式基础

1—格构式钢柱；2—型钢剪刀撑；3—灌注桩；4—塔式起重机；5—混凝土承台

塔式起重机安装前应对基础的位置、标高、尺寸，基础的隐蔽工程验收记录和混凝土强度报告等相关资料，安装辅助设备的基础、地基承载力、预埋件等，基础的排水措施等项目进行检查验收。

2）塔身安装

塔身安装时，应按产品说明书规定的立塔顺序进行，不得交换位置或随意组装。

起重臂组装时，必须按每节臂上的序号标记组装，严禁错位或随意组装；起吊起重臂总成时严禁斜拉，同时应记录标记吊装起重臂的吊点位置；塔式起重机平衡重的数量、重量、位置及臂架的安装应按照产品说明书的规定准确安装，装好所有平衡重后，应仔细检查确保平衡重在平衡臂上支撑牢固妥当；因不同组合臂长原因造成配重数量减少，配重位置空缺的部位应采取防护措施。

3）顶升加节

自升式塔式起重机顶升前，应确保顶升系统和结构件完好、顶升横梁搁置正确、塔式起重机下支座与顶升套架可靠连接；顶升加节顺序应符合使用说明书规定；顶升过程中，应确保塔式起重机的平衡、不应进行起升、回转、变幅等操作；顶升结束后，应将标准节与回转下支座可靠连接。

4）附着装置安装

塔式起重机的独立高度、悬臂高度应符合使用说明书的要求。塔式起重机使用高度超过最大独立高度时，应装设附着装置。塔式起重机附着在装配式建筑预制构件上时，应在预制构件制作时进行设计，预留附着预埋连接件或连接孔；当设置在建筑结构现浇混凝土处时，应对连接处的结构强度进行验算。

（4）安装注意事项

1）安装作业应根据专项施工方案的要求实施；安装作业人员应按施工安全技术交底内容进行作业；安装作业人员应分工明确、职责清楚；危险部位安装时应采取可靠的防护措施；当指挥信号传递困难时，应使用对讲机、多级指挥等工具方法进行指挥；安装单位的专业技术人员、专职安全生产管理人员应进行现场监督。

2）塔式起重机的安装作业范围应设置警戒线及明显的警示标志；非作业人员不得进入警戒范围。任何人不得在悬吊物下方行走或停留；作业人员按要求佩戴安全帽、穿防滑鞋、系挂安全带。

3）塔式起重机的安全装置必须齐全，并应按程序进行调试合格；连接件及其防松防脱件严禁用其他代用品代用。连接件及其防松防脱件应使用专用工具紧固。塔身标准节连接螺栓预紧力应达到产品说明书要求。

4）雨雪、浓雾等恶劣天气严禁进行安装作业。安装时塔式起重机最大高度处的风速应符合产品说明书的要求，且风速不得超过 12m/s；不宜在夜间进行安装作业；当需在夜间进行安装作业时，应保证提供足够的照明。

5）当遇特殊情况安装作业不能连续进行时，必须将已安装的部位固定牢靠并达到安全状态，经检查确认无隐患后，方可停止安装作业。

6）当发现故障或危及安全的情况时，应立刻停止安装作业，采取必要的安全防护措施，应设置警示标志并报告专职安全生产管理人员。在故障或危险情况未排除之前，不得继续安装作业。

7）安装完毕后，应及时清理施工现场的辅助用具和杂物。

（5）塔式起重机安装检查与验收

塔式起重机安装完成后首先由安装单位对塔式起重机安装质量进行自检；安装单位自检合格后，应委托有相应资质的检验机构进行检验，检验机构应出具检验报告；经自检、检验合格后，使用单位应组织产权单位、安装单位和监理单位等进行验收；实行施工总承包的，应由施工总承包单位组织验收。严禁使用未经验收或验收不合格的塔式起重机。

使用单位应在塔式起重机安装验收合格后，办理使用登记手续。塔式起重机安装自检记录、检验报告、验收记录、使用登记证明等应存入设备档案。

（6）塔式起重机的拆卸

塔式起重机拆卸前应检查主要结构件、连接件、电气系统、起升机构、回转机构、变幅机构、顶升机构等项目，发现隐患应采取措施，解决后方可进行拆卸作业。

塔式起重机拆卸的一般程序如下：降塔身标准节→吊下配重块、保留一块保持平衡→拆卸起重臂→吊下最后一块配重→拆卸平衡臂→拆除塔帽、回转塔身和司机室→拆卸顶升套架及剩余标准节→清点现场。

塔式起重机拆卸作业宜连续进行，当遇特殊情况拆卸作业不能继续时，应保证塔式起重机处于安全状态。

自升式塔式起重机每次降节前，应检查顶升系统和附着装置的连接等，确认完好后方可进行作业；拆卸时应先降节、后拆除附着装置。

当用于拆卸作业的辅助起重设备设置在建筑物上时，应明确设置位置、锚固方法，并应对辅助起重设备的安全性及建筑物的承载能力等进行验算。

拆卸完毕后，为塔式起重机拆卸作业而设置的所有设施应拆除，清理场地上作业时所用的吊索具、工具等各种零配件和杂物。

5. 塔式起重机的安全使用

（1）塔式起重机使用前，使用单位应对塔式起重机司机、指挥、司索工等作业人员进行安全技术交底，交底内容应包括产品说明书和专项施工方案中吊装相关内容。

（2）塔式起重机的起重力矩限制器、起重量限制器、幅度限位器、回转限位器、运行限位器、起升高度限位器等安全装置不得随意调整和拆除，严禁用限位装置代替操纵机构。每次使用前，均应对安全装置进行检查，确认合格后方可使用；安全装置失灵时，不得使用。

（3）塔式起重机吊装作业应按吊装作业施工方案进行，并应根据施工现场的环境、建筑物、架空电线等情况确定，吊装路线应避开交叉作业区域。

（4）塔式起重机起吊前，当吊物与地面或其他物件之间存在吸附力或摩擦力而未采取处理措施时，不得起吊。

（5）塔式起重机起吊前，应对吊具与索具进行检查，对吊索、吊具及吊物的吊点处结构进行强度复核，确认合格后方可起吊。

（6）塔式起重机起吊前，吊物应绑扎牢固，不得在吊物上堆放或悬挂其他物件；零星材料起吊时，必须用吊笼或钢丝绳绑扎牢靠；吊物上站人时，严禁起吊。

（7）塔式起重机不得起吊重量超过额定载荷的吊物，且不得起吊重量不明的吊物。

（8）在吊物载荷达到额定载荷的 90% 时，应先将吊物吊离地面 200～500mm 后，检查机械状况、制动性能、物件绑扎情况等，确认无误后方可起吊；对有晃动的物件，必须拴拉溜绳使之稳固。

（9）对标有绑扎位置或记号的物件，应按标明位置绑扎；吊索与吊物棱角之间应有防护措施，未采取防护措施的，不得起吊。

（10）塔式起重机回转、变幅、行走、起吊动作前应示意警示；起吊时应统一指挥，明确指挥信号，当指挥信号不清楚时，不得起吊。

（11）对装配式建筑工程的预制件或大型钢结构件等需要现场施工安装的吊装作业，应按预制件上预设的吊点进行挂钩起吊，不得随意更换吊点；在吊物下落安装就位前，司机和指挥应观察就位点处人员位置，确认无危险后方可缓慢就位；对仍处于惯性晃动中的构件，严禁人员靠近，防止发生碰撞事故。

（12）作业中遇突发故障，应采取适当措施将吊物降落到安全地点，严禁吊物长时间悬挂在空中；对吊物无法及时降落的情况，应做好安全措施，拉好警戒线，制定应急救援方案。

（13）塔式起重机非工作状态时，应打开回转制动器，各部件应置于非工作状态，控制开关应置于零位，并应切断总电源；小车变幅的塔式起重机应将变幅小车收至根部，动臂变幅塔式起重机应按产品说明书的要求停放；行走式塔式起重机停止作业时，应锁紧夹轨器。

（14）夜间施工应有足够照明；当塔式起重机使用高度超过 30m 时，应按要求配置障碍指示灯；起重臂根部铰点高度超过 50m 时，应按要求配置风速仪。

（15）严禁在塔式起重机身上附加广告牌或其他标语牌。

（16）实行多班作业时，应执行交接班制度，认真填写交接班记录，接班司机经检查确认无误后，方可开机作业。

（17）遇恶劣天气时，应停止作业。雨雪过后，应先对塔式起重机钢结构和电气设备等进行检查，并应经过试吊，确认制动器灵敏可靠后方可进行作业；遇到急冻寒冷天气，应对塔式起重机钢结构，尤其是管状构件，检查积水冻胀造成的结构破坏情况。

💡想一想：大风或台风期间，塔式起重机安全防护措施有哪些？

6. 塔式起重机的检查与维护

（1）塔式起重机的主要部件和安全装置等应进行经常性检查，每月不得少于一次，并应留有记录。当发现塔式起重机有安全隐患时，应及时进行整改维护。

（2）塔式起重机每班作业前应进行日常维护，且应按一定的周期由专业维护人员进行定期维护，并应做好记录。

（3）塔式起重机停用 6 个月以上或使用周期超过一年的，在使用前，应进行全面检查和重新验收，合格后方可继续使用。

（4）塔式起重机使用过程中发生故障时，应及时维修，维修期间应停止作业。

（5）对塔式起重机进行维护时应切断电源，并应设置醒目的警示标志。当需通电检修时，应做好防护措施。

（6）不得使用未排除安全隐患的塔式起重机。

（7）严禁在塔式起重机运行过程中进行维护作业。

（8）塔式起重机在一个施工项目施工完毕后，宜转场至专用场地进行全面维护；不应未经维护直接投入下一个项目中使用。

（9）塔式起重机检查与维护相关的记录应纳入安全技术档案。

7. 起重吊装作业

根据《建筑施工起重吊装工程安全技术规范》JGJ 276—2012 的规定，施工现场起重吊装作业的安全技术基本要求如下：

（1）起重吊装作业前，必须编制吊装作业的专项施工方案，并应进行安全技术交底；作业中，未经技术负责人批准，不得随意更改。

（2）起重机操作人员、起重信号工、司索工等特种作业人员必须持特种作业资格证书上岗。严禁非起重机驾驶人员驾驶、操作起重机。

（3）起重作业人员必须穿防滑鞋、戴安全帽，高处作业应系挂安全带，并应系挂可靠，高挂低用。

（4）起重吊装作业前，应检查所使用的机械、滑轮、吊具和地锚等，必须符合安全要求。

（5）起重设备的通行道路应平整，承载力应满足设备通行要求。吊装作业区域四周应设置明显标志，严禁非操作人员入内。夜间不宜作业，当确需夜间作业时，应有足够的照明。

（6）登高梯子的上端应固定，高空用的吊篮和临时工作台应固定牢靠，并应设不低于1.2m的防护栏杆。吊篮和工作台的脚手板应铺平绑牢，严禁出现探头板。吊移操作平台时，平台上面严禁站人。当构件吊起时，所有人员不得站在吊物下方，并应保持一定的安全距离。

（7）绑扎所用的吊索、卡环、绳扣等的规格应根据计算确定。起吊前，应对起重机钢丝绳及连接部位和吊具进行检查。

（8）高空吊装屋架、梁和采用斜吊绑扎吊装柱时，应在构件两端绑扎溜绳，由操作人员控制构件的平衡和稳定。

（9）构件的吊点应符合设计规定。对异形构件或当无设计规定时，应经计算确定，保证构件起吊平稳。

（10）吊装大、重构件和采用新的吊装工艺时，应先进行试吊，确认无问题后，方可正式起吊。

（11）大雨、雾、大雪及6级以上大风等恶劣天气应停止吊装作业。雨雪后进行吊装作业时，应及时清理冰雪并应采取防滑和防漏电措施，先试吊，确认制动器灵敏可靠后方可进行作业。

（12）吊起的构件应确保在起重机吊杆顶的正下方，严禁采用斜拉、斜吊，严禁起吊埋于地下或粘结在地上的构件。

（13）起重机靠近架空输电线路作业或在架空输电线路下行走时，与架空输电线的安全距离应符合现行行业标准《施工现场临时用电安全技术规范》JGJ 46—2005和其他相关标准的规定。

（14）当采用双机抬吊时，宜选用同类型或性能相近的起重机，负载分配应合理，单机载荷不得超过额定起重量的80%。两机应协调工作，起吊的速度应平稳缓慢。

（15）起吊过程中，在起重机行走、回转、俯仰吊臂、起落吊钩等动作前，起重司机应鸣声示意。一次只宜进行一个动作，待前一动作结束后，再进行下一个动作。

（16）开始起吊时，应先将构件吊离地面200～300mm后暂停，检查起重机的稳定性、制动装置的可靠性、构件的平衡性和绑扎的牢固性等，确认无误后，方可继续起吊。已吊起的构件不得长久停滞在空中。严禁超载和吊装重量不明的重型构件和设备。

（17）严禁在吊起的构件上行走或站立，不得用起重机载运人员，不得在构件上堆放或悬挂零星物件。严禁在已吊起的构件下面或起重臂下旋转范围内作业或行走。起吊时应匀速，不得突然制动。回转时动作应平稳，当回转未停稳前不得做反向动作。

（18）暂停作业时，对吊装作业中未形成稳定体系的部分，必须采取临时固定措施。

（19）对临时固定的构件，必须在完成了永久固定，并经检查确认无误后，方可解除临时固定措施。

（20）已安装好的结构构件，未经有关设计和技术部门批准不得随意凿洞开孔。严禁在其上堆放超过设计荷载的施工荷载。

（21）高处作业所使用的工具和零配件等，应放在工具袋（盒）内，并严禁抛掷。

（22）吊装中的焊接作业，应有严格的防火措施，并应设专人看护。在作业部位下面周围 10m 范围内不得有人。

（23）对起吊物进行移动、吊升、停止、安装时的全过程应采用旗语、通用手势信号或通信工具进行指挥，信号不明不得启动，上下联系应相互协调。

💡 想一想：起重吊装作业的"十不吊"原则有哪些？

3.3.3 施工升降机与物料提升机

1. 施工升降机

施工升降机是用吊笼载人、载物沿导轨做上下运输的施工机械。

（1）施工升降机的类型

施工升降机按其传动形式分为齿轮齿条式、钢丝绳式、混合式三种。图 3-72 为齿轮齿条式传动示意图，齿轮齿条式升降机采用齿轮齿条作为荷载悬挂系统；钢丝绳式升降机采用钢丝绳作为荷载悬挂系统；混合式施工升降机一个吊笼采用齿轮齿条传动，另一个吊笼采用钢丝绳提升。

（2）施工升降机的基本性能

1）性能参数

施工升降机的技术参数包括主参数和基本参数。主参数为额定载重量，基本参数包括额定提升速度、最大提升高度、安全器动作速度、最大独立高度、吊笼净空、标准节尺寸等。

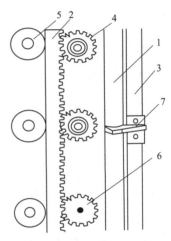

图 3-72　齿轮齿条式传动示意图
1—立柱导轨；2—立柱齿条；3—吊笼；
4—传动齿轮；5—压轮；
6—防坠安全器齿轮；7—防脱轨挡板

额定载重量是指工作工况下吊笼允许的最大载荷；额定提升速度是指吊笼装载额定载重量，在额定功率下稳定上升的设计速度；最大提升高度是指吊笼运行至最高上限位置时，吊笼底板与底架平面之间的垂直距离；最大独立高度是指导轨架在无侧面附着时，能保证施工升降机正常作业的最大架设高度。

2）型号标识

施工升降机型号由组、型、特性、主参数和变型更新等代号组成，如图 3-73 所示。

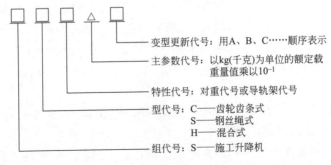

变型更新代号：用 A、B、C……顺序表示

主参数代号：以 kg(千克)为单位的额定载重量值乘以 10^{-1}

特性代号：对重代号或导轨架代号

型代号：C——齿轮齿条式
　　　　S——钢丝绳式
　　　　H——混合式

组代号：S——施工升降机

图 3-73　施工升降机型号表示方法

练一练：某施工升降机铭牌上标注 SCD 200/250，该施工升降机的类型、参数是什么？

（3）施工升降机的基本构造

施工升降机主要由金属结构、驱动机构、安全保护装置、电气控制系统等部分组成，具体构造如图 3-74 所示。

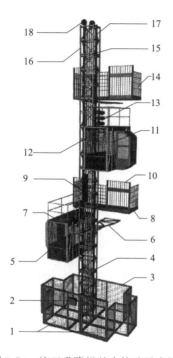

图 3-74　施工升降机基本构造示意图

1—地面防护围栏门；2—开关箱；3—地面防护围栏；4—导轨架标准节；5—吊笼门；
6—附墙架；7—紧急逃离门；8—层站；9—对重；10—层门；11—吊笼；12—防坠安全器；
13—传动系统；14—层站栏杆；15—对重导轨；16—导轨；17—齿条；18—天轮

1）金属结构

① 吊笼。吊笼是可以沿导轨上下运行的用于运输物料和人员的承载结构，一般由笼架、笼门、天窗盖、安全防护栏、吊杆安装孔、导向滚轮等组成。如图 3-75 所示，吊笼应完全封围，吊笼底板与吊笼顶之间应全高度有围壁，底板应有防滑和自排水功能，吊笼内的净高度不应小于 2.0m，吊笼外侧附有驾驶室。吊笼上应设置紧急出口，当使用笼顶活板门作为紧急出口时，门应向外开启，且应配有从吊笼通往紧急出口的扶梯。如果吊笼顶用于升降机自身安拆、维护检查或设有紧急出口，则顶板应防滑且周围应设置高度不低于 1.1m 的护栏。吊笼应设置机械和电气安全装置。对于钢丝绳式施工升降机，提升吊笼的钢丝绳不得少于 2 根，且应彼此独立。

② 底笼。底笼由底架、基础节和防护围栏组成，主要用于支撑施工升降机导轨架，防止无关人员进入施工升降机工作区域。底架是导轨架与基础连接部分，多用槽钢焊接成平面框架，并用地脚螺栓与基础连接；底架承受施工升降机作用在其上的所有载荷，并有效地将载荷传递到底架预埋件及其支撑面上，底架底部设有缓冲器防止吊笼蹾底。底笼四周设置高度不低于 2.0m 的地面防护围栏，地面防护围栏应围成一周；围栏登机门应具有

机械锁紧装置和电气安全开关，使吊笼只有位于底部规定位置时，围栏登机门才能开启，而在该门开启后吊笼不能启动。

③ 导轨架。导轨架由标准节通过螺栓连接而成，底部与底笼连接并通过附墙架与建筑物固定，是吊笼上下运行的轨道。如图 3-76 所示，标准节由钢管和型钢焊接而成，截面一般呈矩形，传动齿条通过螺栓连接在导轨架一侧或两侧。

图 3-75　吊笼

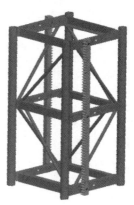

图 3-76　施工升降机标准节

④ 附墙架。附墙架是连接导轨架和建筑物或其他固定结构物，为导轨架提供侧向支撑的结构件。附墙架形式、附着高度、垂直间距、附着点水平距离、附墙架与水平面之间的夹角、导轨架自由端高度和导轨架与主体结构间水平距离等均应符合施工升降机使用说明书的要求。

2）驱动机构

钢丝绳式施工升降机有卷扬驱动和曳引驱动两种驱动形式。齿轮齿条式施工升降机的驱动机构（机械传动系统）如图 3-77 所示。每个吊笼至少应有一套驱动装置。驱动电动机应通过不能脱开的强制式传动系统与卷筒或驱动齿轮连接。在正常运行时，吊笼应在动力作用下随时升降。

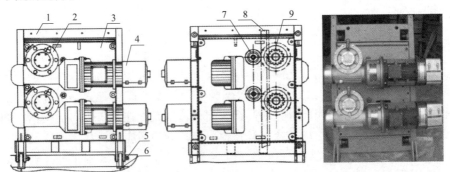

图 3-77　齿轮齿条式施工升降机驱动机构
1—驱动架；2—减速器；3—传动底板；4—电动机；5—联接销轴或传感销；
6—吊笼；7—背靠轮；8—齿条；9—齿轮

3）安全保护装置

① 超载保护装置。施工升降机应装有超载保护装置，该装置应对吊笼内荷载、吊笼

顶部荷载均有效。超载传感器用于检测吊笼荷载，并将重量信号转换成电信号经传输电缆传给起重量限制器，起重量限制器可以实时显示吊笼的负载情况。超载检测应在吊笼静止时进行，超载保护装置应在载荷达到额定载重量的90％时给出清晰的报警信号，并在载荷达到额定载重量的110％前中止吊笼启动。应对超载检测装置加以保护，以防止其因冲击、振动、使用（包括安装、运转、拆卸、维护）和制造商规定的环境影响而损坏。

② 防坠安全器。防坠安全器是一种非电气、气动和手动控制的防止吊笼或对重坠落的机械式安全保护装置。施工升降机一般采用如图3-78所示的齿轮锥鼓形渐进式防坠安全器，其主要组成部件为齿轮、离心式限速装置和锥鼓形制动器。防坠安全器安装在吊笼或其不间断的刚性延伸件上，壳体无可见裂纹，铅封或漆封完整。升降机正常工作时，防坠安全器不应动作；当吊笼意外超速下降时，防坠安全器动作，确保吊笼平稳制动，防止吊笼坠落。防坠安全器只能在有效的标定期限内使用，有效标定期限不应超过1年；防坠安全器自出厂之日算起，使用年限为5年，达到使用年限，应予以报废。

图 3-78　防坠安全器

③ 限位开关。限位开关是吊笼到达行程终点时自动切断控制电路的安全装置。施工升降机必须设置自动复位型的上、下行程限位开关。

④ 极限开关。极限开关是吊笼超越行程终点时自动切断总电源的非自动复位安全装置。施工升降机应设置非自动复位型的上、下极限限位开关。吊笼越程超出限位开关后，极限开关动作，切断总电源使吊笼停车。正常工作状态下，上极限开关的安装位置应保证上极限开关与上限位开关之间的越程距离；下极限开关的安装位置应保证吊笼碰到缓冲器之前，下极限开关先动作。

⑤ 连锁控制开关。施工升降机的吊笼门、底笼门以及各停层的层门等处均应按规范要求设置机械锁紧装置和电气安全开关，以保证吊笼运行过程中作业人员的安全。

⑥ 急停开关。急停开关的作用是紧急制动。吊笼在运行过程中发生各种原因的紧急情况时，司机能在任何时候按下急停开关，使吊笼停止运行。急停开关是非自动复位的电气安全装置。

⑦ 缓冲器。缓冲器是安装在底架上，用以吸收下降吊笼或对重的动能，起缓冲作用的装置。当未配备上极限开关时，行程的上端部应设有缓冲器。

⑧ 安全钩。安全钩是防止吊笼倾翻的挡块。当上限位开关、上极限开关因故不能及时动作，吊笼持续上行时，安全钩可以钩住导轨架，防止吊笼冲顶而发生倾翻坠落事故。安全钩应连接可靠、无变形与破损，至少应有一对安全钩的位置低于最低驱动齿轮。

4）电气控制系统

电气控制系统是施工升降机的机械运行控制端口，主要包括电源箱、电控箱、电阻箱、操作台等。

（4）施工升降机的安装验收

根据《建筑施工升降机安装、使用、拆卸安全技术规程》JGJ 215—2010 的规定，施工单位应与安装单位签订施工升降机安装、拆卸合同，明确双方的安全生产责任；实行施工总承包的，施工总承包单位应与安装单位签订施工升降机安装、拆卸工程安全协议书。

1）专项施工方案编审

施工升降机安装作业前，安装单位应编制专项施工方案，由安装单位技术负责人批准后，报送施工总承包单位或使用单位、监理单位审核，并告知工程所在地县级以上建设行政主管部门。

专项施工方案的主要内容应包括：工程概况，编制依据，作业人员组织和职责，施工升降机安装位置平面、立面图和安装作业范围平面图，施工升降机技术参数、主要零部件外形尺寸和重量，辅助起重设备的种类、型号、性能及位置安排，吊索具的配置，安装与拆卸工具及仪器，安装、拆卸步骤与方法，安全技术措施，安全应急预案。

施工总承包单位应向安装单位提供拟安装设备位置的基础施工资料，确保施工升降机进场安装所需的施工条件；审核施工升降机的特种设备制造许可证、产品合格证、起重机械制造监督检验证书、备案证明等文件；审核施工升降机安装单位、使用单位的资质证书、安全生产许可证和特种作业人员的特种作业操作资格证书；审核安装单位制定的施工升降机安装、拆卸工程专项施工方案；审核使用单位制定的施工升降机安全应急预案；指定专职安全生产管理人员监督检查施工升降机安装、使用、拆卸情况。

2）安装前的准备工作

安装作业前，安装单位应根据施工升降机基础验收表、隐蔽工程验收单和混凝土强度报告等相关资料，确认所安装的施工升降机和辅助起重设备的基础、地基承载力、预埋件、基础排水措施等符合施工升降机安装专项施工方案的要求。安装技术人员应根据专项施工方案和使用说明书的要求，对安装作业人员进行安全技术交底。

施工升降机安装前应对各部件进行检查。对有可见裂纹的构件应进行修复或更换，对有严重锈蚀、严重磨损、整体或局部变形的构件必须进行更换，符合产品标准的有关规定后方能进行安装。

有下列情况之一的施工升降机不得安装使用：属于国家明令淘汰或禁止使用的；超过安全技术标准或制造厂家规定使用年限的；经检验达不到安全技术标准规定的；无完整安全技术档案的；无齐全有效的安全保护装置的。

3）安装作业

施工升降机安装的一般程序如下：基础制作与预埋→底架、基础节安装→防护围栏安装→标准节、附墙架安装→吊笼、笼顶安全围栏、传动机构安装→电控系统安装→电力驱动升降试车→电缆导向装置安装→层门安装→整机调试。

施工升降机安装作业时的主要注意事项包括：

① 施工升降机的安装作业范围应设置警戒线及明显的警示标志，非作业人员不得进入警戒范围；安装作业人员应佩戴安全防护用品，高处作业人员应系安全带，穿防滑鞋。

② 安装时应确保施工升降机运行通道内无障碍物；当安装吊杆上有悬挂物、导轨架或附墙架上有人员作业时，严禁开动施工升降机。

③ 导轨架安装时，应对施工升降机导轨架的垂直度进行测量校准；每次加节完毕后，应对施工升降机导轨架的垂直度进行校正，且应按规定及时重新设置行程限位和极限限位，经验收合格后方能运行。

④ 接高导轨架标准节时，应按使用说明书的规定进行附墙连接。

⑤ 层站应为独立受力体系，不得搭设在施工升降机附墙架的立杆上。

⑥ 当发现故障或危及安全的情况时，应立刻停止安装作业，采取必要的安全防护措施，应设置警示标志并报告技术负责人。在故障或危险情况未排除之前，不得继续安装作业。

⑦ 当遇意外情况不能继续安装作业时，应使已安装的部件达到稳定状态并固定牢靠，经确认合格后方能停止作业。作业人员下班离岗时，应采取必要的防护措施，并应设置明显的警示标志。

⑧ 安装完成应进行荷载及坠落试验。每个吊笼均应进行坠落试验，试验时吊笼应均布装载额定载重量，并通过专用操纵装置使驱动机构制动器松闸，要求防坠安全器能切断驱动机构控制电源、安全器制动距离符合规范要求、结构及连接件无损坏。

4）安装自检和验收

施工升降机安装完毕且经调试后，安装单位应按规范及使用说明书的有关要求对安装质量进行自检，并应向使用单位进行安全使用说明。安装单位自检合格后，应经有相应资质的检验检测机构监督检验。检验合格后，使用单位应组织租赁单位、安装单位和监理单位等进行验收。实行施工总承包的，应由施工总承包单位组织验收。严禁使用未经验收或验收不合格的施工升降机。

使用单位应自施工升降机安装验收合格之日起 30 日内，向工程所在地县级以上建设行政主管部门办理使用登记备案。

（5）施工升降机的安全使用

1）安全操作要求

① 施工升降机司机应持有建筑施工特种作业操作资格证书，遵守安全操作规程和安全管理制度，严禁酒后作业；工作时间内不得擅自离岗，当有特殊情况需离开时，应将吊笼停到最底层，关闭电源并锁好吊笼门。

② 多班作业应执行交接班制度，交班司机填写交接班记录表，接班司机应进行班前检查，确认无误后，方能开机作业。每天第一次使用前，司机应将吊笼升离地面 1～2m，停车试验制动器的可靠性；每 3 个月应进行 1 次 1.25 倍额定载重量的超载试验，确保制动器性能安全可靠。

③ 施工升降机额定载重量、额定乘员数标牌应置于吊笼醒目位置，严禁在超过额定载重量或额定乘员数的情况下使用施工升降机。严禁施工升降机使用超过有效标定期的防坠安全器；严禁用行程限位开关作为停止运行的控制开关。

④ 施工升降机作业范围内应设置明显的安全警示标志，集中作业区应做好安全防护；当建筑物超过 2 层时，施工升降机地面通道上方应搭设防护棚，当建筑物高度超过 24m 时，应设置双层防护棚。

⑤ 在施工升降机基础周边水平距离 5m 以内，不得开挖井沟，不得堆放易燃易爆物品及其他杂物。吊笼底板应保持干燥整洁；各层站通道区域不得有物品长期堆放；运行通道内不得有障碍物，不得利用导轨架、横竖支撑、层站等牵拉或悬挂脚手架、施工管道、绳缆标语、旗帜等。

⑥ 夜间施工时作业区应有足够的照明；安装在阴暗处或夜班作业的施工升降机，应在全行程装设明亮的楼层编号标志灯。层门门栓宜设置在靠施工升降机一侧，且层门应处于常闭状态；未经施工升降机司机许可，不得启闭层门。

⑦ 运载物料的尺寸不应超过吊笼的界限，散状物料运载时应装入容器、进行捆绑或包装，堆放时应使载荷分布均匀；运载溶化沥青、强酸、强碱、溶液、易燃物品或其他特殊物料时，应由相关技术部门做好风险评估和采取安全措施，且应向司机、相关作业人员书面交底；当使用搬运机械向吊笼内搬运物料时，搬运机械不得碰撞施工升降机。卸料时，物料放置速度应缓慢。

⑧ 吊笼上的各类安全装置应保持完好有效，经过大雨、大雪、台风等恶劣天气后应对各安全装置进行全面检查，确认安全有效后方能使用。当遇大雨、大雪、大雾、施工升降机顶部风速大于 20m/s 或导轨架、电缆表面结有冰层时，不得使用施工升降机。

⑨ 运行中发现异常情况应立即停机，排除故障后方能继续运行；运行中由于断电或其他原因中途停止时，可手动下降，吊笼手动下降速度不得超过额定运行速度。作业结束后应将吊笼返回最底层停放，将各控制开关拨到零位，切断电源，锁好开关箱、吊笼门和地面防护围栏门。

2）检查、保养和维修

① 使用期间应按使用说明书的要求对施工升降机进行检查、保养和维修，不得使用未排除安全隐患的、有故障的施工升降机。

② 对保养和维修后的施工升降机，经检测确认各部件状态良好后，宜对施工升降机进行额定载重量试验。双吊笼施工升降机应对左右吊笼分别进行额定载重量试验。

③ 在每天开工前和每次换班前，施工升降机司机应按使用说明书及规范要求对施工升降机进行检查，并对检查结果应进行记录，发现问题及时报告。使用单位应每月组织专业技术人员对施工升降机进行检查，并对检查结果进行记录。使用期间，每 3 个月应进行不少于一次的额定载重量坠落试验。

④ 对施工升降机进行检修时应切断电源，并应设置醒目的警示标志；当需通电检修时，应做好防护措施。严禁在施工升降机运行中进行保养、维修作业。

⑤ 当遇到可能影响施工升降机安全技术性能的自然灾害、发生设备事故或停工 6 个月以上时，应对施工升降机重新组织检查验收。

⑥ 施工升降机检查、保养和维修记录应纳入安全技术档案，并在施工升降机使用期间内在工地存档。

（6）施工升降机的拆卸

施工升降机拆卸前应编制专项施工方案，拆卸时应有足够的工作面作为拆卸场地，在拆卸场地周围设置警戒线和醒目的安全警示标志，并应派专人监护。拆卸前应对施工升降机的关键部件进行检查，当发现问题时，应在问题解决后方能进行拆卸作业。夜间不得进行施工升降机的拆卸作业。

附墙架拆卸时，导轨架的自由端高度应始终满足使用说明书的要求；应确保与基础相连的导轨架在最后一个附墙架拆除后，仍能保持各方向的稳定性。吊笼未拆除之前，非拆卸作业人员不得在地面防护围栏内、施工升降机运行通道内、导轨架内以及附墙架上等区域活动。

施工升降机拆卸应连续作业。当拆卸作业不能连续完成时，应根据拆卸状态采取相应的安全措施。

2. 物料提升机

物料提升机是以卷扬机或曳引机为牵引动力，由底架、立柱及天梁组成架体，吊笼沿导轨升降运动，垂直输送物料的起重设备。

（1）物料提升机的类型

物料提升机根据架体结构形式的不同，可以分为龙门架式和井架式两大类，如图 3-79 所示；根据驱动方式的不同，分为卷扬式和曳引式两大类；根据吊笼数量的不同，分为单吊笼式和双吊笼式；根据架体高度的不同，分为高架式和低架式两大类；架体高度在 30m 以上的物料提升机称为高架提升机，架体高度在 30m（含 30m）以下的物料提升机称为低架提升机。

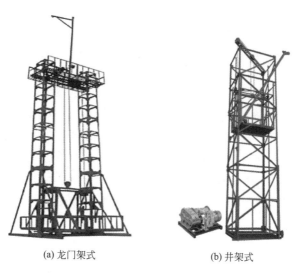

(a) 龙门架式　　　　　(b) 井架式

图 3-79　物料提升机

（2）物料提升机的基本构造

物料提升机主要由架体结构、传动系统、安全装置与防护设施、电气控制系统等部分组成。

1）架体结构

① 立柱。立柱由若干个标准节用螺栓连接组成，可为单立柱或双立柱。立柱是支承天梁的结构件，承载吊笼的垂直载荷，兼有运行导向和整体稳固的功能。立柱顶部的横梁称为天梁，是支承顶端滑轮的结构件。

② 底架。架体的底部设有底架，底架一般由槽钢、角钢焊接组成，上面可固定标准节、地滑轮，用于承受所有负荷；下面通过预埋地脚螺栓与基础连成一体。

③ 吊笼。吊笼是装载物料沿提升机导轨作升降运动的部件。吊笼内净高度不应小于2m，吊笼门及两侧立面宜采用网板结构、全高度封闭，吊笼上装有停靠装置和防坠保险装置。

④ 导轨。导轨是为吊笼上下运行提供导向的部件，导靴是安装在吊笼上沿导轨运行的装置，可防止吊笼运行中偏斜和摆动。

⑤ 自升平台。自升平台是用于导轨架标准节的安装、拆除，通过辅助设施可沿导轨架垂直升降的作业平台。具有自升（降）功能的物料提升机应安装自升平台。兼做天梁的自升平台在物料提升机正常工作时，应与导轨架刚性连接；自升平台的导向滚轮应有足够的刚度，并应有防止脱轨的防护装置；自升平台的传动系统应具有自锁功能，并应有刚性的停靠装置；平台四周应设置防护栏杆；自升平台应安装渐进式防坠安全器。

2）传动系统

① 驱动机构。物料提升机的驱动机构可为卷扬机或曳引机。物料提升机严禁使用摩擦式卷扬机。钢丝绳在卷筒上应整齐排列，端部应与卷筒压紧装置连接牢固；当吊笼处于最低位置时，卷筒上的钢丝绳不应少于3圈；卷扬机应设置防止钢丝绳脱出卷筒的保护装置，该装置与卷筒外缘的间隙不应大于3mm，并应有足够的强度；卷筒边缘外周至最外层钢丝绳的距离应不小于钢丝绳直径的2倍，且应有防止钢丝绳滑脱的保险装置，卷筒与钢丝绳直径的比值应不小于30。曳引轮直径与钢丝绳直径的比值不应小于40，包角不宜小于150°；当曳引钢丝绳为2根及以上时，应设置曳引力自动平衡装置。

② 滑轮。滑轮直径与钢丝绳直径的比值不应小于30；滑轮应设置防钢丝绳脱出装置；滑轮与吊笼或导轨架采用刚性连接，严禁采用钢丝绳等柔性连接或使用开口拉板式滑轮。

③ 钢丝绳。钢丝绳的选用应符合现行国家标准《重要用途钢丝绳》GB/T 8918—2006的规定，钢丝绳的维护、检验和报废应符合现行国家标准《起重机 钢丝绳 保养、维护、检验和报废》GB/T 5972—2016的规定。提升吊笼的钢丝绳直径不应小于12mm，安全系数不得小于8；自升平台钢丝绳直径不应小于8mm，安全系数不应小于12；安装吊杆钢丝绳直径不应小于6mm，安全系数不应小于8。

💡 查一查：钢丝绳报废标准是什么？

3）安全装置

① 安全停靠装置。安全停靠装置应为刚性机构，运行至各楼层位置装卸载荷时，停靠装置应能将吊笼可靠定位。吊笼停层时，安全停层装置能可靠承担吊笼自重、额定荷载等全部工作载荷。吊笼停层后地板与停层平台的垂直偏差不应大于50mm。

② 附着装置。当导轨架的安装高度超过设计的最大独立高度时，必须安装附墙架。附墙架与导轨架及建筑结构采用刚性连接，不得与脚手架连接；墙架间距、自由端高度不应大于使用说明书的规定值。当物料提升机安装条件受到限制不能使用附墙架时，可采用缆风绳。缆风绳宜设在导轨架的顶部，且应对称设置，当中间设置缆风绳时，应采取增加导轨架刚度的措施；缆风绳与水平面夹角宜在45°～60°之间，并应采用与缆风绳等强度的花篮螺栓与地锚连接；当物料提升机安装高度大于等于30m时，不得使用缆风绳。

③ 限位装置。当吊笼上升达到上限位高度时，上限位器应动作，切断吊笼上升电源，此时，吊笼的越程应不小于3.0m。下限位器应能在吊笼碰到缓冲装置之前动作，当吊笼下降至下限位时，限位器应自动切断电源，使吊笼停止下降。

④ 吊笼安全门。吊笼应装设安全门。安全门宜采用联锁开启装置。

⑤ 缓冲器。缓冲器应承受吊笼及对重下降时相应冲击荷载。

⑥ 起重量限制器。当物料提升机吊笼内载荷达到额定起重量的90%时，起重量限制器应发出报警信号；当吊笼内载荷达到额定起重量的110%时，起重量限制器应切断提升机上升主电路电源。

⑦ 断绳保护装置。当吊笼提升钢丝绳断绳时，断绳保护装置应制停带有额定起重量的吊笼，且不应造成结构损坏。

⑧ 紧急断电开关。紧急断电开关应为非自动复位型，任何情况下均可切断主电路停止吊笼运行。紧急断电开关应设在便于司机操作的位置。

4）防护设施

① 防护围栏。物料提升机地面进料口应设置防护围栏，围栏高度不应小于1.8m，围栏立面可采用网板结构，强度符合要求；进料口门的开启高度不应小于1.8m，进料口门应装有电气安全开关，吊笼应在进料口关闭后才能启动。

② 停层平台及平台门。停层平台的搭设应符合规范要求，两侧设置防护围栏，平台外边缘与吊笼门外缘的水平距离不宜大于100mm，与外脚手架外侧立杆（当无外脚手架时与建筑结构外墙）的水平距离不宜小于1m。平台门宜采用工具式、定型化产品，高度不宜小于1.8m，与吊笼门宽度差不大于200mm，向平台内侧开启，并应处于常闭状态。

③ 进料口防护棚。进料口防护棚应设在提升机地面进料口上方，长度不小于3m，宽度大于吊笼宽度，防护棚顶部强度符合规范要求。

5）电气控制系统

物料提升机的电气控制系统包括电气控制箱、电器元件、电缆电线及保护系统等。物料提升机选用的电气设备及电器元件应符合工作性能、工作环境等条件要求，并有合格证书。总电源应设置短路保护及漏电保护装置，电机主回路上应同时装设短路、失压、过电流保护装置。物料提升机应设置避雷装置，金属结构及所有电气设备的金属外壳应可靠接地，接地电阻应不大于10Ω。

（3）物料提升机的安装验收

1）物料提升机安装、拆除前，应根据工程实际情况编制专项安拆方案，且应经安拆单位技术负责人审批后实施。

2）专项安拆方案应具有针对性、可操作性，主要内容包括：工程概况，编制依据，安装位置及示意图，专业安拆技术人员的分工及职责，辅助安拆起重设备的型号、性能、参数及位置，安拆的工艺程序和安全技术措施，主要安全装置的调试及试验程序。

3）物料提升机安装前，安装负责人应依据专项安装方案对安装作业人员进行安全技术交底；确认物料提升机的结构、零部件和安全装置经出厂检验，并符合要求；确认物料提升机的基础已验收合格；确认辅助安装起重设备及工具经检验检测合格；明确作业警戒区，并设专人监护。

4）物料提升机安装的一般程序如下：基础验收→底架、基础节安装→提升抱杆安装→卷扬机安装→标准节、附墙架安装→吊笼安装→穿绕起升钢丝绳→安全装置安装→整机调试。

5）物料提升机安装完成后，应及时组织验收。安装单位应先进行自检，自检合格后委托第三方检验检测机构进行检测，第三方检验检测机构检测合格，出具检验报告，施工单位组织租赁单位、安装单位、监理单位进行联合验收，自安装验收合格之日起30日内，向当地建设行政主管部门办理使用登记。验收合格标志牌应悬挂于导轨架明显处。

（4）物料提升机的安全使用

1）物料提升机安装后，应经检测单位检测合格后，方可交付使用。使用前和使用中的检查宜包括下列内容：金属结构有无开焊和明显变形；立柱螺栓连接是否紧固；连接预埋件、附墙架安装是否牢固可靠；安全防护装置是否齐全、灵敏、可靠；卷扬机的安装是否合理；电气设备及操作系统的可靠性；钢丝绳、滑轮组的固接情况。

2）使用单位应建立设备档案，档案内容应包括下列项目：安装检测及验收记录，大修及更换主要零部件记录，设备安全事故记录，累计运转记录。

3）物料提升机必须由取得特种作业操作资格证的人员操作。

4）物料提升机严禁载人。

5）物料应在吊笼内均匀分布，不应过度偏载；不得装载超出吊笼空间的超长物料，不得超载运行。

6）在任何情况下，不得使用限位开关代替控制开关运行。

7）物料提升机每班作业前司机应进行作业前检查，确认无误后方可作业。应检查确认下列内容：制动器可靠有效；限位器灵敏完好；停层装置动作可靠；钢丝绳磨损在允许范围内；吊笼及对重导向装置无异常；滑轮、卷筒防钢丝绳脱槽装置可靠有效；吊笼运行通道内无障碍物。

8）当发生防坠安全器制停吊笼的情况时，应查明制停原因，排除故障，并应检查吊笼、导轨架及钢丝绳，应确认无误并重新调整防坠安全器后运行。

9）物料提升机夜间施工应有足够照明。

10）物料提升机在大雨、大雾、风速13m/s及以上大风等恶劣天气时，必须停止运行。

11）作业结束后，应将吊笼返回最底层停放，控制开关应扳至零位，切断电源，锁好开关箱。

任务 3.4   临时用电安全管理

任务引入

施工现场作业环境复杂，临时用电条件差，用电负荷随施工进度的变化而变化，配电装置、配电线路及用电设备等易受风沙、雨雪、积水、腐蚀介质的侵害或遭受意外机械损伤，极易产生电气保护装置失效、线路绝缘破坏、设备外壳带电等安全隐患。

为保证施工现场用电安全，有效防止触电和电气火灾事故，项目部应加强施工现场临时用电管理，编制临时用电施工组织设计，落实安全用电管理制度，定期进行配电线路及设备的巡查与维护，加强临时用电安全教育培训，提高安全用电意识，规范用电行为。

3.4.1　临时用电施工组织设计

1. 临时用电的基本原则

为保证施工现场用电安全，有效防止触电和电气火灾事故，施工现场临时用电工程专用的电源中性点直接接地的 220/380V 三相四线制低压电力系统，必须遵守三项基本用电安全原则。

（1）采用三级配电系统

如图 3-80 所示，配电系统应设置总配电箱、分配电箱、开关箱三级配电装置，采用三级配电系统。

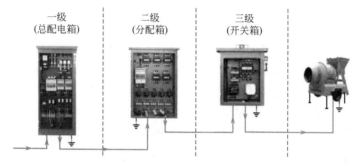

图 3-80　施工现场三级配电系统

为保证三级配电系统能够安全、可靠、有效地运行，在实施三级配电时还应该遵守四项基本规则：

1）分级分路规则：总配电箱可以分若干分路向若干分配电箱配电，每一分路也可分支支接若干分配电箱；分配电箱可以分若干分路向若干开关箱配电，每一分路也可分支支接若干开关箱；开关箱向用电设备配电不得分路，每台用电设备应有各自专用的开关箱，严禁用同一个开关箱直接控制 2 台及 2 台以上用电设备（含插座）。

2）动照分设规则：动力配电箱与照明配电箱宜分别设置，若动力与照明合置于同一配电箱内共箱配电，则动力与照明应进行分路配电；动力开关箱与照明开关箱必须分箱设置，不存在共箱分路的设置问题。

3）压缩配电间距规则：分配电箱与开关箱之间、开关箱与用电设备之间的空间间距应尽量缩短。分配电箱应设在用电设备或负荷相对集中的场所；分配电箱与开关箱的距离不得超过 30m，开关箱与其控制的固定式用电设备的水平距离不宜超过 3m。

4）环境安全规则：配电系统要求周围环境保持干燥、通风、常温；周围无易燃易爆物及腐蚀介质；能避开外物撞击、强烈振动、液体浸溅和热源烘烤；周围无灌木、杂草丛生；周围不堆放器材、杂物等。

（2）采用两级漏电保护系统

施工现场供配电实行分级分段漏电保护，在总配电箱和开关箱首、末二级配电装置中，设置漏电保护器，其中总配电箱中的漏电保护器可以设置在总路，也可以设置在支路，但不必重叠设置。

漏电保护器的选择应符合现行国家标准规定；配电箱、开关箱中的漏电保护器宜选用无辅助电源型（电磁式）产品，或选用辅助电源故障时能自动断开的辅助电源型（电子式）产品。当选用辅助电源故障时不能自动断开的辅助电源型（电子式）产品时，应同时设置缺相保护。漏电保护器应装设在总配电箱、开关箱靠近负荷的一侧，且不得用于启动电气设备。

总配电箱中漏电保护器的额定漏电动作电流应大于 30mA，额定漏电动作时间应大于 0.1s，但其额定漏电动作电流与额定漏电动作时间的乘积不应大于 30mA·s；开关箱中漏电保护器的额定漏电动作电流不应大于 30mA，额定漏电动作时间不应大于 0.1s。

使用于潮湿或有腐蚀介质场所的漏电保护器应采用防溅型产品，其额定漏电动作电流不应大于 15mA，额定漏电动作时间不应大于 0.1s。

（3）采用 TN-S 接零保护系统

施工现场临时用电工程专用的电源中性点直接接地的 220/380V 三相四线制低压电力系统，必须采用 TN-S 接零保护系统。

TN-S 系统是工作零线与保护零线分开设置的接零保护系统。如图 3-81 所示，在施工现场专用变压器的供电 TN-S 接零保护系统中，保护零线应由工作接地线、配电室（总配电箱）电源侧零线或总漏电保护器电源侧零线处引出，系统正常运行时，专用保护零线上没有电流，对地没有电压，电气设备的金属外壳必须与保护零线连接。

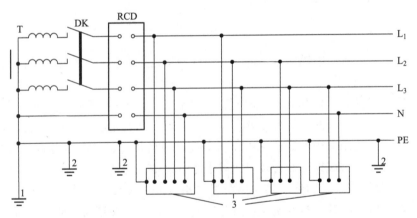

图 3-81　专用变压器供电时 TN-S 接零保护系统示意图

1—工作接地；2—PE 线重复接地；3—电气设备金属外壳（正常不带电的外露可导电部分）；

L_1、L_2、L_3—相线；N—工作零线；PE—保护零线；DK—总电源隔离开关；

RCD—总漏电保护器（兼有短路、过载、漏电保护功能的漏电断路器）；T—变压器

在 TN-S 接零保护系统中，通过总漏电保护器的工作零线与保护零线之间不得再做电气连接；保护零线应单独敷设；重复接地线必须与保护零线相连接，严禁与工作零线相连接；保护零线上严禁装设开关或熔断器，严禁通过工作电流，且严禁断线。

相线、工作零线、保护零线的颜色标记必须符合以下规定：相线 L_1（A）、L_2（B）、L_3（C）相序的绝缘颜色依次为黄、绿、红色；工作零线的绝缘颜色为淡蓝色；保护零线的绝缘颜色为绿/黄双色。

当施工现场与外电线路共用同一供电系统时，电气设备的接地、接零保护应与原系统

保持一致。不得一部分设备做保护接零，另一部分设备做保护接地。

💡 **想一想**：施工现场哪些电气设备不带电的外露可导电部分应做保护接零？

2. 临时用电施工组织设计的编审

施工现场临时用电设备在 5 台及以上或设备总容量在 50kW 及以上者，应编制临时用电施工组织设计；施工现场临时用电设备在 5 台以下和设备总容量在 50kW 以下者，应制定安全用电和电气防火措施。

施工现场临时用电施工组织设计应包括下列内容：

（1）现场勘测。

（2）确定电源进线、变电所或配电室、配电装置、用电设备位置及线路走向。

（3）进行负荷计算。

（4）选择变压器。

（5）设计配电系统，包括设计配电线路、选择导线或电缆，设计配电装置、选择电器，设计接地装置，绘制用电工程总平面图、配电装置布置图、配电系统接线图、接地装置设计图等临时用电工程图纸。

（6）设计防雷装置。

（7）确定防护措施。

（8）制定安全用电措施和电气防火措施。

临时用电施工组织设计编制及变更时，必须履行"编制、审核、批准"程序，由电气工程技术人员组织编制，经相关部门审核及具有法人资格企业的技术负责人批准后实施；变更临时用电施工组织设计时，应补充有关图纸资料。

临时用电工程必须经编制、审核、批准部门和使用单位共同验收，合格后方可使用。

3.4.2 临时用电安全检查

临时用电工程应定期检查，定期检查应按分部、分项工程进行，对安全隐患必须及时处理，并应履行复查验收手续。

根据《建筑施工安全检查标准》JGJ 59—2011 的规定，施工现场临时用电安全检查的保证项目包括外电防护、接地与接零保护系统、配电线路、配电箱与开关箱，一般项目包括配电室与配电装置、现场照明和用电档案。

1. 外电防护

施工现场周围往往存在一些高低压电力线路，这些不属于施工现场的外接电力线路统称为外电线路。当邻近外电线路作业时，为了防止外电线路对作业人员可能造成的触电伤害事故，消除安全隐患，施工现场必须对其采取相应的防护措施，这种对外电线路触电伤害的防护称为外电线路防护，简称外电防护。外电防护措施主要包括绝缘、屏护、保持安全距离、限制放电能量以及采用安全特低电压等。

（1）在建工程不得在外电架空线路正下方施工、搭设作业棚、建造生活设施或堆放构件、架具、材料及其他杂物等。

（2）在建工程（含脚手架）的周边与外电架空线路的边线之间的最小安全操作距离应

符合表 3-9 中的规定,需要注意的是,上、下脚手架的斜道不宜设在有外电线路的一侧。

在建工程(含脚手架)的周边与外电架空线路的边线之间的最小安全操作距离　表 3-9

外电线路电压等级(kV)	<1	1~10	35~110	220	330~500
最小安全操作距离(m)	4.0	6.0	8.0	10	15

(3)施工现场的机动车道与外电架空线路交叉时,架空线路的最低点与路面之间的最小垂直距离应符合表 3-10 中的规定。

施工现场外电架空线路的最低点与路面之间的最小垂直距离　表 3-10

外电线路电压等级(kV)	<1	1~10	35
最小垂直距离(m)	6.0	7.0	7.0

(4)起重机严禁越过无防护设施的外电架空线路作业。在外电架空线路附近吊装时,起重机的任何部位或被吊物边缘在最大偏斜时与架空线路边线之间的最小安全距离应符合表 3-11 中的规定。

起重机与外电架空线路边线之间的最小安全距离　表 3-11

电压(kV)		<1	10	35	110	220	330	500
最小安全距离(m)	沿垂直方向	1.5	3.0	4.0	5.0	6.0	7.0	8.5
	沿水平方向	1.5	2.0	3.5	4.0	6.0	7.0	8.5

(5)当施工作业受到现场位置限制而无法保证规定的安全距离时,必须采取绝缘隔离防护措施,并应悬挂醒目的警告标识。

(6)架设防护设施时,必须经有关部门批准,采用线路暂时停电或其他可靠的安全技术措施,并应有电气工程技术人员和专职安全人员监护。防护设施与外电线路之间的安全距离不应小于表 3-12 中所列数值。防护设施应坚固、稳定,且对外电线路的隔离防护应达到 IP30 级。

防护设施与外电线路之间的最小安全距离　表 3-12

外电线路电压等级(kV)	≤10	35	110	220	330	500
最小安全距离(m)	1.7	2.0	2.5	4.0	5.0	6.0

💡想一想:当施工现场作业与外电线路的安全距离不能保证,又无法采取绝缘隔离措施时,应如何处理?

2. 接地与防雷

(1)接地保护

在施工现场,由于现场环境、条件的影响,间接触电现象往往比直接触电现象更普遍,危害也更大,因此除了绝缘、屏护和保证安全距离等直接接触触电的防护措施外,还必须采取接地保护等间接接触触电的安全措施。

3-3

接地保护

常见的接地形式有工作接地、保护接地及重复接地等。

1）工作接地是为了保证电力系统正常运行，使电路或设备达到运行要求的接地，如三相电力变压器低压侧中性点和三相电力发电机中性点的接地。

2）保护接地是为了保障人身安全、防止间接触电，将电气设备的外露可导电部分接地。

3）重复接地是为了增强接地保护系统接地的作用和效果，并提高其可靠性，在保护零线上一处或多处通过接地装置与大地连接；TN 系统中的保护零线除必须在配电室或总配电箱处做重复接地外，还必须在配电系统的中间处和末端处做重复接地。

💡查一查：现行的国家及行业标准中关于不同接地形式的接地电阻的规定限值。

（2）防雷保护

雷电放电过程中，会呈现出电磁效应、热效应以及机械效应，对于建筑物、构筑物和电气设备有很大的危害性。为了防止雷电带来的危害，施工现场应对电气设备和建筑物、构筑物采取必要的防雷措施。

3-4

防雷系统

1）位于山区或多雷地区的变电所、箱式变电站、配电室应装设防雷装置；高压架空线路及变压器高压侧应装设避雷器；自室外引入有重要电气设备的办公室的低压线路宜装设电涌保护器。

2）在土壤电阻率低于 $200\Omega \cdot m$ 区域的电杆可不另设防雷接地装置，但在配电室的架空进线或出线处应将绝缘子铁脚与配电室的接地装置相连接。

3）施工现场内的起重机、井字架、龙门架等机械设备，以及钢管脚手架和正在施工的在建工程等的金属结构，当在相邻建筑物、构筑物等设施的防雷装置接闪器的保护范围以外时，应按表 3-13 中的规定安装防雷装置；当最高机械设备上避雷针（接闪器）的保护范围能覆盖其他设备，且又最后退出现场，则其他设备可不设防雷装置。

施工现场内机械设备及高架设施需安装防雷装置的规定　　　　　　　　表 3-13

地区年平均雷暴日(d)	机械设备高度(m)
≤15	≥50
>15,<40	≥32
≥40,<90	≥20
≥90 及雷害特别严重地区	≥12

4）机械设备上的避雷针（接闪器）长度应为 $1\sim2m$。塔式起重机等升降式设备可不另设避雷针（接闪器）。

5）安装避雷针（接闪器）的机械设备，所有固定的动力、控制、照明、信号及通信线路宜采用钢管敷设；钢管与该机械设备的金属结构体应做电气连接。

6）机械设备或设施的防雷引下线可利用该设备或设施的金属结构体，但应保证电气连接。

7）施工现场内所有防雷装置的冲击接地电阻值不得大于 30Ω。

8）做防雷接地机械上的电气设备，所连接的 PE 线必须同时做重复接地，同一台机械电气设备的重复接地和机械的防雷接地可共用同一接地体，但接地电阻应符合重复接地电阻值的要求。

3. 配电装置

配电装置是配电系统中电源与用电设备之间传输、分配电能的电气装置，是联系电源和用电设备的枢纽。正常运行时，配电装置用来接受和分配电能，发生故障时通过自动或手动操作，可迅速切除故障部分，恢复正常运行。

施工现场采用三级配电系统，由总配电箱（一级箱）或配电室的配电柜开始，依次经由分配电箱（二级箱）、开关箱（三级箱）逐级将电力配送至用电设备。

（1）配电室及自备电源

配电室应靠近电源，并应设在灰尘少、潮气少、振动小、无腐蚀介质、无易燃易爆物及道路畅通的地方。

配电室布置应符合下列要求：

1）配电室和控制室应能自然通风，并应采取防止雨雪侵入和动物进入的措施。

2）配电室的建筑物和构筑物耐火等级不低于 3 级，室内配置砂箱和可用于扑灭电气火灾的灭火器；配电室的门应向外开并配锁，室内保持整洁，不得堆放任何妨碍操作、维修的杂物。

3）配电室的顶棚与地面的距离不低于 3m，配电柜侧面的维护通道宽度不小于 1m，如图 3-82 所示。

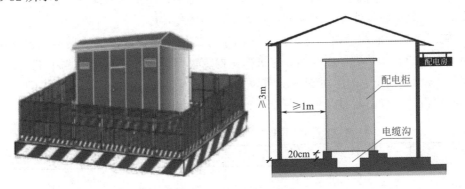

图 3-82　施工现场配电室

4）配电柜应编号，并应有用途标记；配电柜应装设电度表，电流、电压表，电源隔离开关及短路、过载、漏电保护电器等；成列的配电柜和控制柜两端应与重复接地线及保护零线做电气连接。

5）配电柜或配电线路停电维修时，应挂接地线，并应悬挂"禁止合闸、有人工作"停电标识牌；停送电必须由专人负责。

施工现场临时用电工程一般是由外电线路供电的，常因外电线路电力供应不足或其他原因而停止供电，使施工受到影响。因此为了保证施工不因停电而中断，施工现场可以自备发电机组，作为外电线路停止供电时的接续供电电源。自备发电机组应采用电源中性点直接接地的三相四线制供电系统和独立设置的 TN-S 接零保护系统，发电机组电源必须与外电线路电源联锁，严禁并列运行。

（2）配电箱与开关箱的设置

1）配电箱、开关箱应装设在干燥、通风及常温场所，不得装设在有严重损伤作用的瓦斯、烟气、潮气及其他有害介质中，也不得装设在易受外来固体物撞击、强烈振动、液体浸溅及热源烘烤场所；否则，应予清除或做防护处理。

2）配电箱、开关箱周围应有足够 2 人同时工作的空间和通道，不得堆放任何妨碍操作、维修的物品，不得有灌木、杂草。

3）配电箱、开关箱外形结构应能防雨、防尘；箱体应采用冷轧钢板或阻燃绝缘材料制作，钢板厚度应为 1.2～2.0mm，其中开关箱箱体钢板厚度不得小于 1.2mm，配电箱箱体钢板厚度不得小于 1.5mm，箱体表面应做防腐处理。

4）配电箱、开关箱应装设端正、牢固；如图 3-83、图 3-84 所示，固定式配电箱、开关箱的中心点与地面的垂直距离应为 1.4～1.6m，移动式配电箱、开关箱应装设在坚固、稳定的支架上，其中心点与地面的垂直距离宜为 0.8～1.6m。

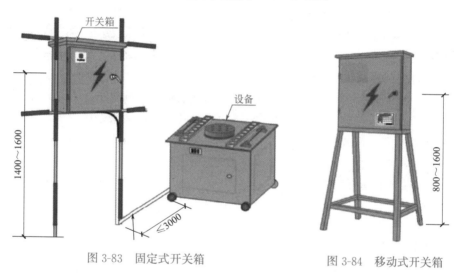

图 3-83　固定式开关箱　　　　　　图 3-84　移动式开关箱

5）配电箱、开关箱内的电器（含插座）应先安装在金属或非木质阻燃绝缘电器安装板上，然后方可整体紧固在配电箱、开关箱箱体内；金属电器安装板与金属箱体应作电气连接；配电箱、开关箱内的电器（含插座）应按其规定位置紧固在电器安装板上，不得歪斜和松动。

6）配电箱的电器安装板上必须分设 N 线端子板和 PE 线端子板，N 线端子板必须与金属电器安装板绝缘，PE 线端子板必须与金属电器安装板做电气连接；进出线中的 N 线必须通过 N 线端子板连接；PE 线必须通过 PE 线端子板连接。

7）配电箱、开关箱内的连接线必须采用铜芯绝缘导线。导线绝缘的颜色符合规范要求配置并排列整齐；导线分支接头不得采用螺栓压接，应采用焊接并做绝缘包扎，不得有外露带电部分。

8）配电箱、开关箱的金属箱体、金属电器安装板以及电器正常不带电的金属底座、外壳等应通过 PE 线端子板与 PE 线做电气连接，金属箱门与金属箱体必须采用黄/绿相间软绝缘导线做电气连接。

9）配电箱、开关箱中导线的进线口和出线口应设在箱体的下底面；进、出线口应配置固定线卡，进、出线应加绝缘护套并成束卡固在箱体上，不得与箱体直接接触；移动式配电箱、开关箱的进、出线应采用橡皮护套绝缘电缆，不得有接头。

（3）配电装置的电器选择

1）配电箱、开关箱内的电器必须可靠、完好，严禁使用破损、不合格的电器。

2）总配电箱的电器应具备电源隔离，正常接通与分断电路，以及短路、过载、漏电保护功能。

3）总配电箱应装设电压表、总电流表、电度表及其他需要的仪表；专用电能计量仪表的装设应符合当地供用电管理部门的要求；装设电流互感器时，其二次回路必须与保护零线有一个连接点，且严禁断开电路。

4）分配电箱应装设总隔离开关、分路隔离开关以及总断路器、分路断路器或总熔断器、分路熔断器。

5）开关箱必须装设隔离开关、断路器或熔断器、漏电保护器。当漏电保护器是同时具有短路、过载、漏电保护功能的漏电断路器时，可不装设断路器或熔断器。隔离开关应采用分断时具有可见分断点，能同时断开电源所有极的隔离电器，并应设置于电源进线端；隔离开关只可直接控制照明电路和容量不大于 3.0kW 的动力电路，但不应频繁操作；容量大于3.0kW 的动力电路应采用断路器控制，操作频繁时还应附设接触器或其他启动控制装置。

6）配电箱、开关箱的电源进线端不宜采用插头和插座做活动连接。

7）漏电保护器应按产品说明书安装、使用，对搁置已久重新使用或连续使用的漏电保护器应逐月检测其特性，发现问题应及时修理或更换。

（4）配电装置的使用与维护

1）配电箱、开关箱应有名称、用途、分路标记及系统接线图；配电箱、开关箱箱门应配锁，并应由专人负责。

2）配电箱、开关箱应定期检查、维修，检查、维修人员必须是专业电工，检查、维修时必须按规定穿戴绝缘鞋、绝缘手套，必须使用电工绝缘工具，并应做检查、维修工作记录；定期维修、检查时，必须将其前一级相应的电源隔离开关分闸断电，并悬挂"禁止合闸、有人工作"停电标识牌，严禁带电作业。

3）配电箱、开关箱的送电操作顺序为：总配电箱→分配电箱→开关箱；停电操作顺序为：开关箱→分配电箱→总配电箱；出现电气故障的紧急情况可除外。

4）施工现场停止作业 1 小时以上时，应将动力开关箱断电上锁。

5）配电箱、开关箱内应保持整洁、不得放置任何杂物；不得随意拉接其他用电设备；电器配置和接线严禁随意改动；熔断器的熔体更换时，严禁采用不符合原规格的熔体代替；漏电保护器每天使用前应启动剩余电流试验按钮试跳一次，试跳不正常时严禁继续使用。

6）配电箱、开关箱的进线和出线严禁承受外力，严禁与金属尖锐断口、强腐蚀介质和易燃易爆物接触。

4. 配电线路

在施工现场临时用电系统中，除了有配电装置作为配电枢纽外，还必须有联结配电装置和用电设备，传输、分配电能的电力线路，这就是配电线路。

（1）电缆线路

1）电缆中必须包含全部工作芯线和用作保护零线或保护线的芯线；需要三相四线制配电的电缆线路必须采用五芯电缆，五芯电缆必须包含淡蓝、绿/黄两种颜色的绝缘芯线，淡蓝色芯线必须用作 N 线，绿/黄双色芯线必须用作 PE 线，严禁混用。

2）电缆干线应采用埋地或架空敷设，严禁沿地面明设，并应避免机械损伤和介质腐蚀。埋地电缆路径应设方位标识。

3）电缆类型应根据敷设方式、环境条件选择；埋地敷设宜选用铠装电缆，当选用无铠装电缆时，应能防水、防腐；架空敷设宜选用无铠装电缆。

4）电缆直接埋地敷设的深度不应小于 0.7m，并应在电缆紧邻上、下、左、右侧均匀敷设不小于 50mm 厚的细砂，然后覆盖砖或混凝土板等硬质保护层。

5）埋地电缆在穿越建筑物、构筑物、道路、易受机械损伤、介质腐蚀场所及引出地面从 2.0m 高到地下 0.2m 处，必须加设防护套管，防护套管内径不应小于电缆外径的 1.5 倍。

6）埋地电缆与其附近外电电缆和管沟的平行间距不得小于 2.0m，交叉间距不得小于 1.0m。

7）埋地电缆的接头应设在地面上的接线盒内，接线盒应能防水、防尘、防机械损伤，并应远离易燃、易爆、易腐蚀场所。

8）架空电缆应沿电杆、支架或墙壁敷设，并采用绝缘子固定，绑扎线必须采用绝缘线，固定点间距应保证电缆能承受自重所带来的荷载，敷设高度应符合规范要求，沿墙壁敷设时最大弧垂距地不得小于 2.0m。架空电缆严禁沿脚手架、树木或其他设施敷设。

9）在建工程内的电缆线路应采用电缆埋地引入，严禁穿越脚手架引入；电缆线路沿墙体、梁、柱等明敷设时，应采取支吊架、钢索或绝缘子固定；电缆垂直敷设应利用在建工程的竖井、垂直孔洞等位置，并宜靠近用电负荷中心，固定点每楼层不得少于一处；电缆水平敷设时宜沿墙或门口刚性固定，最大弧垂距地不得小于 2.0m。

10）电缆线路必须有短路保护和过载保护，短路保护和过载保护电器与电缆的选配应符合规范要求。

（2）室内配线

1）室内配线必须采用绝缘导线或电缆；室内配线应根据配线类型采用瓷瓶、瓷（塑料）夹、嵌绝缘槽、穿管或钢索敷设；潮湿场所或埋地非电缆配线必须穿管敷设，管口和管接头应密封；当采用金属管敷设时，金属管必须做等电位联结，且必须与 PE 线相连接。

2）室内非埋地明敷设主干线距地面高度不得小于 2.5m。

3）架空进户线的室外端应采用绝缘子固定，过墙处应穿管保护，距地面高度不得小于 2.5m，并应采取防雨措施。

4）室内配线所用导线或电缆的截面应根据用电设备或线路的计算负荷确定，但铜导线截面面积不应小于 $1.5mm^2$，铝导线截面面积不应小于 $2.5mm^2$。

5）室内配线必须有短路保护和过载保护，短路保护和过载保护电器元件选配应符合规范要求；对穿管敷设的绝缘导线线路，其短路保护熔断器的熔体额定电流不应大于穿管绝缘导线长期连续负荷允许载流量的 2.5 倍。

6）钢索配线的支吊架间距不宜大于 12m；当采用瓷夹固定导线时，导线间距不应小于 35mm，瓷夹间距不应大于 800mm；当采用瓷瓶固定导线时，导线间距不应小于

100mm，瓷瓶间距不应大于 1500mm。

5. 现场照明

为了保障作业和生活安全，在坑、洞、井内作业、夜间施工或厂房、道路、仓库、办公室、食堂、宿舍、料具堆放场及自然采光差的场所，均应采取照明措施。

（1）照明方式及种类

常见的照明方式有一般照明、分区一般照明、局部照明和混合照明。需要夜间施工、无自然采光或自然采光差的场所，办公、生活、生产辅助设施，道路等应设置一般照明；同一工作场所内的不同区域有不同照度要求时，应采用分区一般照明或混合照明，不应只采用局部照明。

常见的照明种类包括正常照明、应急照明、障碍照明和警戒照明等。工作场所应设置正常照明；停电后，操作人员需及时撤离的施工现场，必须装设自备电源的应急照明；施工现场临边洞口等危险作业区域可在周边设置警戒照明。

（2）照明装置

1）现场照明应采用高光效、长寿命的照明光源。对需大面积照明的场所，应采用高压汞灯、高压钠灯或混光用的卤钨灯等。照明器的选择必须按环境条件确定：正常湿度一般场所，选用开启式照明器；潮湿或特别潮湿场所，选用密闭型防水照明器或配有防水灯头的开启式照明器；含有大量尘埃但无爆炸和火灾危险的场所，选用防尘型照明器；有爆炸和火灾危险的场所，按危险场所等级选用防爆型照明器；存在较强振动的场所，选用防震型照明器；有酸碱等强腐蚀介质场所，选用耐酸碱型照明器。

2）照明灯具内的接线必须牢固，灯具外的接线必须做可靠的防水绝缘包扎；灯具的金属外壳必须与 PE 线相连接，照明开关箱内必须装设隔离开关、短路与过载保护电器和剩余电流动作保护器。

3）室外 220V 灯具距地面不得低于 3m，室内 220V 灯具距地面不得低于 2.5m；普通灯具与易燃物距离不宜小于 300mm；聚光灯、碘钨灯等高热灯具与易燃物距离不宜小于500mm，且不得直接照射易燃物。达不到规定安全距离时，应采取隔热措施。

4）一般场所宜选用额定电压为 220V 的照明器，特殊场所应使用安全特低电压照明器。如隧道、人防工程、高温、有导电灰尘、比较潮湿或灯具离地面高度低于 2.5m 等场所的照明，电源电压不应大于 36V；潮湿和易触及带电体场所的照明，电源电压不得大于 24V；特别潮湿场所、导电良好的地面、锅炉或金属容器内的照明，电源电压不得大于 12V。

5）使用行灯应符合下列要求：电源电压不大于 36V；灯体与手柄应坚固、绝缘良好并耐热、耐潮湿；灯头与灯体结合牢固，灯头无开关；灯泡外部有金属保护网；金属网、反光罩、悬吊挂钩固定在灯具的绝缘部位上。

6. 安全技术档案

施工现场临时用电工程必须建立安全技术档案，并应包括下列内容：

（1）临时用电施工组织设计编制、修改和审批的全部资料。

（2）施工现场临时用电工程主要设备、材料的产品合格证、3C 认证报告、检测报告等。

（3）临时用电工程技术交底资料。

（4）临时用电工程检查验收表。

（5）电气设备的试验、检验凭单和调试记录。

（6）接地电阻、绝缘电阻和剩余电流动作保护器的剩余电流动作参数测定记录表。

（7）定期检（复）查表。

（8）电工安装、巡检、维修、拆除工作记录。

（9）施工现场临时用电工程管理制度、分包单位临时用电安全生产协议、电工特种作业操作资格证等。

安全技术档案应由主管该现场的电气技术人员负责建立与管理。其中电工安装、巡检、维修、拆除工作记录可指定电工代管，每周由项目经理审核认可，并应在临时用电工程拆除后统一归档。

触电急救知识

触电事故是指由电流及其转换成的其他形式的能量对人身造成的伤害。触电事故分为电击和电伤。电击是电流直接作用于人体所造成的伤害；电伤是电流转换成热能、机械能等其他形式的能量作用于人体而产生的伤害。

触电形式有直接接触触电和间接接触触电两种。直接接触触电是人体接触正常带电的带电体造成的触电，常见的直接接触触电形式又有单相触电和两相触电。单相触电是指人站在地面或接地导体上，人体触及电气设备带电的任何一相所引起的触电，如图 3-85 所示；两相触电是人体的两个部位同时触及两个不同相序带电体的触电事故，如图 3-86 所示。间接接触触电是人体接触故障带电的带电体而造成的触电。如图 3-87、图 3-88 所示均属于间接接触触电。

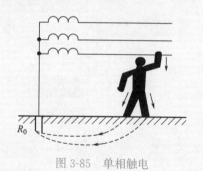

图 3-85　单相触电

图 3-86　两相触电

图 3-87　接触电压触电

图 3-88　跨步电压触电

触电事故发生后，应立即采取相关急救措施。触电急救的第一步是使触电者迅速脱离电源；第二步是正确实施现场救护。

如图3-89所示，对于低压触电，使触电者迅速脱离电源的方法可以概括为"拉、切、挑、拽、垫"。"拉"即就近拉闸断电；"切"即用带有绝缘柄的电工钳、镐、斧等利器切断电源线；"挑"即用干燥的木棒、竹竿等挑开搭落在触电者身上的导线；"拽"即救护人戴手套或在手上包缠干燥的衣物等绝缘物品拖拽触电者，使之脱离电源；如果触电者由于痉挛手指紧握导线或导线缠绕在身上，可先采用"垫"的方法，即用干燥的木板或橡胶绝缘垫等塞进触电者身下，使其与大地绝缘，以切断触电通路。

图3-89 脱离电源方法

触电者脱离电源后，现场救护的一般流程如图3-90所示。

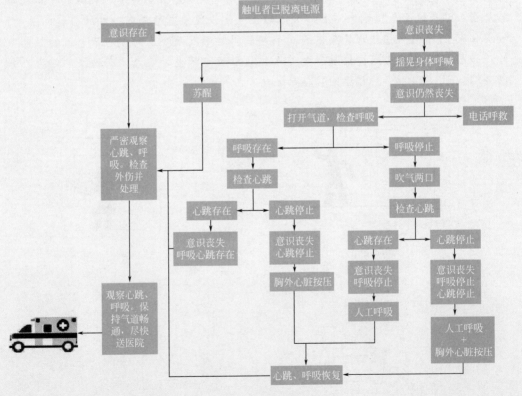

图3-90 现场救护流程

人工呼吸的一般操作方法如下：

（1）摆放复苏的体位，清除口腔及鼻腔的异物，保持呼吸道通畅。

（2）开放气道，用一只手掌外侧压住患者的前额，另一只手提起患者的下颌。

（3）捏紧患者的鼻翼，吸一口气，随后口对口进行气体吹入，同时观察伤者的胸廓是否抬起，以确定吹气是否有效和适度。

（4）吹气停止后，施救者头稍偏转，并立即放松捏紧伤者鼻孔的手，让气体从伤者的肺部自然排出，同时注意胸部复原的情况，倾听呼气的声音，观察有无呼吸道梗阻。

（5）坚持不懈，如此反复进行，每分钟吹气 10～12 次，即每 5～6s 吹一次（吹气持续时间为 1s）。

胸外按压一般操作方法如下：

（1）将伤者置于仰卧位，平放于木板或地面上。

（2）抢救者跪于患者一侧，选择两乳头连线的中点作为按压点，一只手掌根部紧放在按压部位，另一只手掌放在此手背上，两手平行重叠且手指交叉互握抬起，使手指脱离胸壁。

（3）按压时应使双臂绷直，双肩中点垂直于按压部位，利用上半身体重和肩、臂部肌肉力量垂直向下按压，按压时候手掌不能离开伤者的胸壁。

（4）按压频率约为 100 次/分，每按压 30 次，口对口人工呼吸 2 次，如此反复进行，直至伤者呼吸、心跳恢复或有医务人员赶到现场。

（5）按压时应注意用力不能过猛，以防肋骨骨折或其他内脏损伤。

任务 3.5 基坑工程施工安全控制

任务引入

基坑工程具有很强的区域性和个性，不同地区的工程地质和水文条件差异大，基坑设计、施工需要因地制宜；基坑工程还具有较强的时空效应和环境效应，基坑的深度和平面形状对基坑支护体系的稳定性和变形有较大影响，基坑开挖会引起周边地下水位的变化和应力场的改变，导致周围地基土体的变形，对周围建（构）筑物和地下管线产生影响，严重的将危及其正常使用或安全；基坑支护体系一般为临时结构，安全储备相对较小，具有较大的风险性。因此，基坑施工前应编制专项施工方案和应急预案，施工过程中应加强监测，一旦出现险情，立即启动应急响应，避免出现管涌、流沙、边坡失稳坍塌、周边环境破坏等安全事故。

3.5.1 基坑施工安全技术措施

为进行建（构）筑物地下部分的施工由地面向下开挖出的空间称为建筑基坑。基坑工程是为保护基坑施工、地下结构的安全和周边环境不受损害而采取的支护、基坑土体加固、地下水控制、开挖等工程的总称。

1. 基坑工程专项施工方案

根据《危险性较大的分部分项工程安全管理规定》，下列基坑工程在施工前需要单独编制专项施工方案：

(1) 开挖深度超过3m（含3m）的基坑（槽）的土方开挖、支护、降水工程。

(2) 开挖深度虽未超过3m，但地质条件、周边环境和地下管线复杂，或影响毗邻建、构筑物安全的基坑（槽）的土方开挖、支护、降水工程。

基坑工程专项施工方案应按规定进行审核、审批。对于开挖深度超过5m（含5m）的基坑（槽）的土方开挖、支护、降水工程，还应组织专家进行论证。当基坑周边环境或施工条件发生变化时，方案应重新进行审核、审批。

基坑工程专项施工方案的主要内容见本任务之知识链接。

2. 基坑支护

基坑支护是为保护地下主体结构施工和基坑周边环境的安全，对基坑采用的临时性支挡、加固、保护与地下水控制的措施。

基坑支护的设计使用期限不应小于1年，基坑支护需要保证基坑周边建（构）筑物、地下管线、道路的安全和正常使用以及主体地下结构的施工空间。

基坑支护结构选型时，应综合考虑下列因素：

(1) 基坑深度。

(2) 土的性状及地下水条件。

(3) 基坑周边环境对基坑变形的承受能力及支护结构失效的后果。

(4) 主体地下结构和基础形式及其施工方法、基坑平面尺寸及形状。

(5) 支护结构施工工艺的可行性。

(6) 施工场地条件及施工季节。

(7) 经济指标、环保性能和施工工期。

基坑支护结构应按表3-14选型。

各类支护结构的适用条件 表3-14

结构类型		适用条件		
		安全等级	基坑深度、环境条件、土类和地下水条件	
支挡式结构	锚拉式结构	一级 二级 三级	适用于较深的基坑	1. 排桩适用于可采用降水或截水帷幕的基坑； 2. 地下连续墙宜同时用作主体地下结构外墙，可同时用于截水； 3. 锚杆不宜用在软土层和高水位的碎石土、砂土层中； 4. 当临近基坑有建筑物地下室、地下构筑物等，锚杆的有效锚固长度不足时，不应采用锚杆； 5. 当锚杆施工会造成基坑周边建（构）筑物的损害或违反城市地下空间规划等规定时，不应采用锚杆
	支撑式结构		适用于较深的基坑	
	悬臂式结构		适用于较浅的基坑	
	双排桩		当锚拉式、支撑式和悬臂式结构不适用时，可考虑双排桩	
	支护结构与主体结构结合的逆作法		适用于基坑周边环境条件很复杂的深基坑	

续表

结构类型		适用条件		
		安全等级	基坑深度、环境条件、土类和地下水条件	
土钉墙	单一土钉墙	二级 三级	适用于地下水位以上或降水的非软土基坑,且基坑深度不宜大于12m	当基坑潜在滑动面内有建筑物、重要地下管线时,不宜采用土钉墙
	预应力锚杆复合土钉墙		适用于地下水位以上或降水的非软土基坑,且基坑深度不宜大于15m	
	水泥土桩复合土钉墙		用于非软土基坑时,基坑深度不宜大于12m;用于淤泥质土基坑时,基坑深度不宜大于6m;不宜用于高水位的碎石土、砂土层	
	微型桩复合土钉墙		适用于地下水位以上或降水的基坑,用于非软土基坑时,基坑深度不宜大于12m;用于淤泥质土基坑时,基坑深度不宜大于6m	
重力式水泥土墙		二级 三级	适用于淤泥质土、淤泥基坑,且基坑深度不宜大于7m	
放坡		三级	1. 施工场地满足放坡条件; 2. 放坡与上述支护结构形式结合	

当基坑不同部位的周边环境条件、土层性状、基坑深度等不同时,可在不同部位分别采用不同的支护结构形式;支护结构也可采用上、下部以不同结构类型组合的形式。采用两种或两种以上支护结构形式时,其结合处应考虑相邻支护结构的相互影响,且应有可靠的过渡连接措施。

3. 基坑降排水

地下水控制应根据工程地质和水文地质条件、基坑周边环境要求及支护结构形式选用截水、降水、集水明排方法或其组合。

当降水会对基坑周边建(构)筑物、地下管线、道路等造成危害或对环境造成长期不利影响时,应采用截水方法控制地下水。采用悬挂式帷幕时,应同时采用坑内降水,并宜根据水文地质条件结合坑外回灌措施。

当坑底以下有水头高于坑底的承压水时,各类支护结构均应按规范规定进行承压水作用下的坑底突涌稳定性验算。当不满足突涌稳定性要求时,应对该承压水含水层采取截水、减压措施。

(1)截水

基坑截水可选用水泥土搅拌桩帷幕、高压旋喷或摆喷注浆帷幕、搅拌-喷射注浆帷幕、地下连续墙或咬合式排桩。支护结构采用排桩时,可采用高压喷射注浆与排桩相互咬合的组合帷幕。

(2)基坑降水

基坑降水可采用管井、真空井点、喷射井点等方法。各降水井井位应沿基坑周边以一定间距形成闭合状,对宽度较小的狭长形基坑,降水井也可在基坑一侧布置。

基坑内的设计降水水位应低于基坑底面 0.5m。当主体结构的电梯井、集水井等部位使基坑局部加深时，应按其深度考虑设计降水水位或对其另行采取局部地下水控制措施。

（3）集水明排

对基底表面汇水、基坑周边地表汇水及降水井抽出的地下水，可采用明沟排水；对坑底以下的渗出的地下水，可采用盲沟排水；当地下室底板与支护结构间不能设置明沟时，基坑坡脚处也可采用盲沟排水；对降水井抽出的地下水，也可采用管道排水。

明沟和盲沟坡度不宜小于 0.3%。采用明沟排水时，沟底应采取防渗措施。采用盲沟排出坑底渗出的地下水时，其构造、填充料及其密实度应满足主体结构的要求。

沿排水沟宜每隔 30～50m 设置一口集水井；集水井的净截面尺寸应根据排水流量确定。集水井应采取防渗措施。采用盲沟时，集水井宜采用钢筋笼外填碎石滤料的构造形式。

基坑坡面渗水宜采用渗水部位插入导水管排出。导水管的间距、直径及长度应根据渗水量及渗水土层的特性确定。

采用管道排水时，排水管道的直径应根据排水量确定。排水管的坡度不宜小于 0.5%。排水管道材料可选用钢管、PVC 管。排水管道上宜设置清淤孔，清淤孔的间距不宜大于 10m。

基坑排水与市政管网连接前应设置沉淀池。明沟、集水井、沉淀池使用时应排水畅通并应随时清理淤积物。

4. 基坑开挖

基坑开挖前，应根据该工程基础结构形式、基坑支护形式、基坑深度、地质条件、气候条件、周边环境、施工方法、施工周期和地面荷载等相关资料，确定基坑开挖安全专项施工方案。开挖前还应对围护结构和降水效果进行检查，满足设计要求后方可开挖。

（1）放坡开挖

放坡开挖施工工艺简单，当施工场地满足放坡条件，且经验算能保证边坡稳定性时，基坑开挖可优先选择放坡开挖方式。放坡开挖常用的方法有人工开挖、小型机械开挖和大型机械开挖。基坑开挖时应符合下列要求：

1）根据土层的物理力学性质确定基坑边坡坡度，并于不同土层处做成折线形或留置台阶。

2）不宜在已开挖的基坑边坡的影响范围内进行动力打入或静力压入的施工活动，如必须打桩，应对边坡削坡和减载，打桩采用重锤低击、间隔跳打。

3）不宜在基坑边坡堆加过重荷载，若需在坡顶堆载或行驶车辆时，必须对边坡稳定进行核算，控制堆载指标。

4）土方出土宜从已开挖部分向未开挖方向后退，不宜沿已开挖边坡顶部出土，应采用由上至下的开挖顺序，不得先切除坡脚。

5）注意地表水的合理排放，防止地表水流入基坑或渗入边坡，放坡开挖基坑的坡顶和坡脚应设置截水明沟、集水井。

6）采用井点等排水措施，降低地下水位；单级放坡基坑的降水井宜设置在坡顶，多级放坡基坑的降水井宜设置在坡顶、放坡平台；降水对周边环境有影响时，应设置隔水帷幕；基坑边坡位于淤泥、暗浜、暗塘等较软弱的土层时，应进行土体加固，将水位降低至坑底以下 500mm，以利挖方进行；降水工作应持续到基础（包括地下水位以下回填土）施工完成。

7）基坑开挖过程中，随挖随刷边坡，不得挖反坡；开挖宽度较大的基坑，当在局部地段无法放坡，或下部土方受到基坑尺寸限制不能放较大坡度时，应在下部坡脚采取加固措施，如采用短桩与横隔板支撑或砌砖、毛石或用编织袋、草袋装土堆砌临时矮挡土墙，保护坡脚。

8）放坡开挖的基坑，边坡表面可采用钢丝网水泥砂浆或现浇钢筋混凝土覆盖，现浇混凝土可采用钢板网喷射混凝土，护坡面层的厚度不应小于 50mm、混凝土强度等级不宜低于 C20，配筋应根据计算确定，混凝土面层应采用短土钉固定；护坡面层宜扩展至坡顶和坡脚一定的距离，坡顶可与施工道路相连，坡脚可与垫层相连；护坡坡面应设置泄水孔，间距应根据设计确定。当无设计要求时，可采用 1.5～3.0m；当进行分级放坡开挖时，在上一级基坑坡面处理完成之前，严禁下一级基坑坡面土方开挖。

9）相邻基坑开挖时，应遵循先深后浅或同时进行的施工程序。挖土应自上而下水平分段分层进行，边挖边检查坑底宽度及坡度，不够时及时修整，至设计标高，再统一进行一次修坡清底，检查坑底宽度和标高。

10）注意现场观测，发现边坡失稳先兆立即停工，并采取有效措施，提高施工边坡的稳定性，待符合安全度要求时方可继续施工。

基坑边坡坡度是直接影响基坑稳定的重要因素。当基坑边坡土体中的剪应力大于土体的抗剪强度时，边坡就会失稳坍塌。其次施工不当也会造成边坡失稳，具体表现为：没有按照设计坡度进行边坡开挖；基坑坡顶堆载过大；基坑降排水措施不力，地下水未降至基底以下，而地面雨水、基坑周围地下给水排水管线漏水渗流至基坑边坡的土层中，使土体湿化，土体自重加大，增加土体中的剪应力；基坑开挖后暴露时间过长，经风化而使土体变松散；基坑开挖过程中，未及时刷坡，甚至挖反坡，使土体失去稳定性等。基坑边坡失稳的防治措施如下：

1）边坡修坡。改变边坡外形，将边坡修缓或修成台阶形，如图 3-91 所示。这种方法的目的是减少基坑边坡的下滑重量，结合在坡顶卸载（包括卸土）效果更明显。放坡开挖的基坑边坡坡度应根据土层性质、开挖深度确定，各级边坡坡度不宜大于 1：1.5，淤泥质土层中不宜大于 1：2.0；多级放坡开挖的基坑，坡间放坡平台宽度不宜小于 3.0m，且不应小于 1.5m。

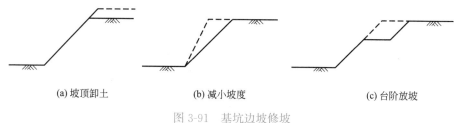

(a) 坡顶卸土   (b) 减小坡度   (c) 台阶放坡

图 3-91 基坑边坡修坡

2）设置边坡护面。设置基坑边坡混凝土护面的目的是控制地表水经裂缝渗入边坡内部，从而减少因为水的因素导致土体软化和孔隙水压力上升的可能性。护坡面层宜扩展至坡顶和坡脚一定的距离，坡顶可与施工道路相连，坡脚可与垫层相连。为增加边坡护坡面的抗裂强度，内部可以配置一定的构造钢筋，如图 3-92 所示。

3）边坡坡脚抗滑加固。当基坑开挖深度大，而边坡又因场地限制不能继续放缓时，可以通过对边坡抗滑范围的土层进行加固，如图 3-93 所示。具体方法包括设置抗滑桩、旋喷法、分层注浆法、深层搅拌桩等。采用该法必须注意加固区应穿过滑动面并在滑动面两侧保持一定范围。

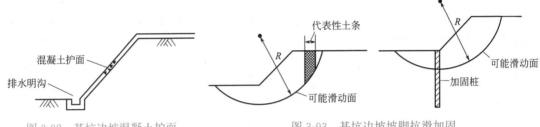

图 3-92 基坑边坡混凝土护面 　　　图 3-93 基坑边坡坡脚抗滑加固

（2）基坑支护开挖

当基坑开挖深度较大，基坑周边有重要的建筑物或地下管线时，通常不能采用放坡开挖，这就需要设置支护结构（包括围护墙、支撑系统、围檩、防渗帷幕等），进行基坑支护开挖施工。基坑支护开挖应符合下列要求：

1）土方开挖前，应查明基坑周边影响范围内建（构）筑物、上下水、电缆、燃气、排水及热力等地下管线情况。在电力管线、通信管线、燃气管线 2m 范围内及上下水管线 1m 范围内挖土时，应采取安全防护措施，并应设专人监护，防止盲目开挖造成对建（构）筑物和管线的破坏。

2）基坑开挖应按设计和施工方案的要求，分层、分段、均衡开挖；基坑支护结构必须在达到设计要求的强度后，方可开挖下层土方，严禁提前开挖和超挖。对采用预应力锚杆的支护结构，应在施加预加力后，方可开挖下层土方；对土钉墙，应在土钉、喷射混凝土面层的养护时间大于 2d 后，方可开挖下层土方；开挖至锚杆、土钉施工作业面时，开挖面与锚杆、土钉的高差不宜大于 500mm。

3）基坑开挖应采取措施防止碰撞支护结构、工程桩或扰动基底原状土层。开挖时，挖土机械不得碰撞或损害锚杆、腰梁、土钉墙墙面、内支撑及其连接件等构件，不得损害已施工的基础桩；挖至坑底时，应避免扰动基底持力土层的原状结构。

4）在软土地基上开挖基坑，应防止挖土机械作业时的下陷。当在软土场地上挖土机械不能正常行走和作业时，应对挖土机械行走路线用铺设渣土或砂石等方法进行硬化。开挖坡度和深度应保证软土边坡的稳定，防止塌陷。

5）在靠近建筑物旁挖掘基槽或深坑，其深度超过原有建筑物基础深度时，应分段进行，每段不得超过 2m。

6）场地内有孔洞时，土方开挖前应将其填实；场地内的孔洞除指原地下存在的窨井等之外，还包括人工挖孔桩、钻孔灌注桩等施工后在场地内形成的孔洞等。

7）当基坑采用降水时，地下水位以下的土方应在降水后开挖，一般应降至开挖面以下 500mm；基坑边坡的顶部应设排水措施，基坑底四周宜设排水沟和集水井，并及时排除积水。

8）基坑内土方机械、施工人员的安全距离应符合规定要求：人工开挖时，两个人的横向操作间距应保持 2～3m，纵向间距不小于 3m，并应自上而下逐层挖掘，严禁掏挖；挖土时要随时注意土壁变动的情况，如发现有裂纹或部分塌落现象，要及时进行支撑或改缓放坡，并注意支撑的稳固和边坡的变化；机械开挖时，机械作业范围内不得有其他作业，当机械开挖到基坑底部 200～300mm 以上时采用人工清底，如有超挖不得夯填，应保持原状，通知勘察及设计单位现场处理；当靠近支护桩部位，机械开挖不到之处，用人工配合将松土清至机械作业半径范围内，再用机械掏取运走；基坑挖至坑底时应及时清理基地并浇筑垫层。

9）当开挖揭露的实际土层性状或地下水情况与设计依据的勘察资料明显不符，或出现异常现象、不明物体时，应停止挖土，报告现场负责人，待查明原因并采取相应处理措施后方可继续施工；挖土时应随时注意检查基坑坑壁的变化，一旦发现有裂缝或部分塌方，必须采取果断措施，撤离人员，排除隐患，确保安全。

10）土方开挖过程中，应定期对基坑及周边环境进行巡视，随时检查基坑位移（土体裂缝）、倾斜、土体及周边道路沉陷或隆起、地下水涌出、管线开裂、不明气体冒出和基坑防护栏杆的安全性等。支护结构或基坑周边环境出现报警情况或其他险情时，应立即停止开挖，并应根据危险产生的原因和可能进一步发展的破坏形式，采取控制或加固措施。危险消除后，方可继续开挖。必要时，应对危险部位采取基坑回填、地面卸土、临时支撑等应急措施。当危险由地下水管道渗漏、坑体渗水造成时，尚应及时采取截断渗漏水水源、疏排渗水等措施。

11）基坑开挖应采用信息施工法，根据基坑周边环境等监测数据，及时调整开挖的施工顺序和施工方法。

💡 想一想：基坑开挖的十六字原则。

5. 基坑作业安全防护

基坑工程一般为临时性结构，安全储备相对较小，安全隐患多，因此，施工过程中应做好安全防护措施，预防和避免基坑坍塌等事故的发生，保证施工作业人员的安全。

（1）开挖深度超过 2m 的基坑周边必须安装防护栏杆。防护栏杆宜采用定型化产品，也可现场搭设。防护栏杆应由横杆及立杆组成，横杆应设 2～3 道，下杆离地高度宜为 0.3～0.6m，上杆离地高度宜为 1.2～1.5m；立杆间距不宜大于 2.0m，立杆离坡边距离宜大于 0.5m；高度不应低于 1.2m；外侧宜加挂密目式安全网和挡脚板，安全网应自上而下封闭设置，挡脚板高度不应小 180mm，挡脚板下沿离地高度不应大于 10mm；防护栏杆应安装牢固，材料应有足够的强度，上杆应能承受任何方向大于 1kN 的外力。

（2）做好道路、地面的硬化及防水措施。基坑边坡的顶部应设排水措施，防止地面水渗漏、流入基坑和冲刷基坑边坡。基坑底四周应设排水沟，防止坡脚受水浸泡，发现积水要及时排除。基坑挖至坑底时应及时清理基底并浇筑垫层。

（3）基坑支护应尽量避免在同一垂直作业面的上下层同时作业。如果必须同时作业，需要在上下层之间设置隔离防护措施。施工作业所需脚手架的搭设应符合相关安全规范要求。在脚手架上进行施工作业时，架下不得有人作业、停留及通行。

（4）基坑支护结构及边坡顶面等有坠落可能的物件时，应先行拆除或加以固定。基坑顶部坠物对坑内作业人员的安全威胁极大，施工中要引起足够的重视，对可能坠落物料要在基坑开挖前予以清除。

（5）降水井口应设置防护盖板或围栏，并应设置明显标志。

（6）施工作业区域应采光良好，当光线较弱时应设置有足够照度的光源。夜间施工容易发生安全事故，要做好照明及安全警示标志。施工现场应采用防水型灯具，夜间施工的作业面及进出道路应有足够的照明措施和安全警示标志。

（7）基坑边堆土、料具等荷载应在基坑支护设计允许范围内；施工机械与基坑边沿的安全距离应符合设计要求。坑边堆物、行走车辆应与坑边保护保持 1m 以上安全距离，堆物高度不超过 1.5m。

（8）在冰雹、大雨、大雪、风力六级及以上强风等恶劣天气之后，应及时对基坑和安全设施进行检查。

（9）雨期施工时，应在坑顶、坑底采取有效的截排水措施；排水沟、集水井应采取防渗措施。

（10）基坑周边地面宜做硬化或防渗处理；基坑周边的施工用水应有排放系统，不得渗入土体内；当坑体渗水、积水或有渗流时，应及时进行疏导、排泄、截断水源。

（11）开挖至坑底后，应及时进行混凝土垫层和主体地下结构施工；主体地下结构施工时，结构外墙与基坑侧壁之间应及时回填。

（12）施工过程中，严禁施工机械设备或重物碰撞支撑、腰梁、锚杆等基坑支护结构，亦不得在支护结构上放置或悬挂重物，防止引起支护体系局部或整体失稳，引发坠落伤人事故。

（13）基坑支撑结构的拆除方式、拆除顺序应符合专项施工方案的要求；当采用机械拆除时，施工荷载应小于支撑结构承载能力；人工拆除时，应按规定设置防护设施；当采用爆破拆除、静力破碎等拆除方式时，必须符合国家现行相关规范的要求。采用锚杆或支撑的支护结构，在未达到设计规定的拆除条件时，严禁拆除锚杆或支撑。

（14）基坑内宜设置供施工人员上下的专用梯道。梯道应设扶手栏杆，梯道的宽度不应小于 1m。梯道的搭设应符合相关安全规范要求。

3.5.2 基坑监测

基坑监测是在建筑基坑施工及使用阶段，采用仪器量测、现场巡视等手段和方法对基坑及周边环境的安全状况、变化特征及其发展趋势实施的定期或连续巡查、量测、监视以及数据采集、分析和反馈的活动。

1. 基坑监测目的

基坑开挖是一个动态过程，与之有关的稳定和环境影响也是一个动态的过程。由于地质条件、荷载条件、材料性质、施工条件等复杂因素的影响，很难单纯从理论上预测施工中遇到的问题。对基坑及周围环境的现场监测，一方面能够为工程决策、设计修改、工程施工、安全保障和工程质量管理提供第一手监测资料和依据；另一方面也有助于快速反馈施工信息，及时发现基坑施工过程中的存在的安全隐患，促使参建各方及时采取相应的安全对策。基坑监测的主要目的包括：

（1）根据施工现场监测数据与预警值的对比分析，及时发现不稳定因素，防止出现基坑支护结构失稳、土体渗透、周围建筑物破坏等安全事故，保障现场施工作业人员的生命安全和周边地区的社会稳定。

（2）根据现场监测数据反馈信息，验证设计参数、完善原设计方案，优化施工组织设计，指导基坑开挖和支护结构施工。

（3）通过监测数据分析，总结工程经验，为同类工程积累工程数据，提高基坑设计和施工水平。

2. 基坑监测方案

基坑工程施工前，应由建设方委托具备相应能力的第三方对基坑工程实施现场监测。监测单位应编制监测方案，监测方案应经建设方、设计方等认可，必要时还应与基坑周边环境涉及的有关管理单位协商一致后方可实施。监测单位应按监测方案实施监测。当基坑工程设计或施工有重大变更时，监测单位应与建设方及相关单位研究并及时调整监测方案。

监测方案应包括下列内容：

（1）工程概况。

（2）场地工程地质、水文地质条件及基坑周边环境状况。

（3）监测目的。

（4）编制依据。

（5）监测范围、对象及项目。

（6）基准点、工作基点、监测点的布设要求及测点布置图。

（7）监测方法和精度等级。

（8）监测人员配备和使用的主要仪器设备。

（9）监测期和监测频率。

（10）监测数据处理、分析与信息反馈。

（11）监测预警、异常及危险情况下的监测措施。

（12）质量管理、监测作业安全及其他管理制度。

3. 基坑监测范围

基坑工程监测范围应根据基坑设计深度、地质条件、周边环境情况以及支护结构类型、施工工法等综合确定，根据《建筑基坑工程监测技术标准》GB 50497—2019 的规定，下列基坑应实施基坑工程监测：

（1）基坑设计安全等级为一、二级的基坑。

（2）开挖深度不小于 5m 的下列基坑：

1）土质基坑；

2）极软岩基坑、破碎的软岩基坑、极破碎的岩体基坑；

3）上部为土体、下部为极软岩、破碎的软岩、极破碎的岩体构成的土岩组合基坑。

（3）开挖深度小于 5m 但现场地质情况和周围环境较复杂的基坑。

4. 基坑监测项目

监测项目应与基坑工程设计施工方案相匹配，应针对监测对象的关键部位进行重点观测。各监测项目的选择应利于形成互为补充、验证的监测体系。基坑工程现场监测应采用仪器监测与现场巡视检查相结合的方法。

（1）巡视检查

基坑工程施工和使用期内，每天均应由专人进行巡视检查。基坑巡视检查的具体内容宜包括：

1）支护结构

① 支护结构成型质量；

② 冠梁、支撑、围檩或腰梁是否有裂缝；

③ 冠梁、围檩或腰梁的连续性，有无过大变形；

④ 围檩或腰梁与围护桩的密贴性，围檩与支撑的防坠落措施；

⑤ 锚杆垫板有无松动、变形；

⑥ 立柱有无倾斜、沉陷或隆起；

⑦ 止水帷幕有无开裂、渗漏水；

⑧ 基坑有无涌土、流砂、管涌；

⑨ 面层有无开裂、脱落。

2）施工状况

① 开挖后暴露的岩土体情况与岩土勘察报告有无差异；

② 开挖分段长度、分层厚度及支撑（锚杆）设置是否与设计要求一致；

③ 基坑侧壁开挖暴露面是否及时封闭；

④ 支撑、锚杆是否施工及时；

⑤ 边坡、侧壁及周边地表的截水、排水措施是否到位，坑边或坑底有无积水；

⑥ 基坑降水、回灌设施运转是否正常；

⑦ 基坑周边地面有无超载。

3）周边环境

① 周边管线有无破损、泄漏情况；

② 围护墙后土体有无沉陷、裂缝及滑移现象；

③ 周边建筑有无新增裂缝出现；

④ 周边道路（地面）有无裂缝、沉陷；

⑤ 邻近基坑施工（堆载、开挖、降水或回灌、打桩等）变化情况；

⑥ 存在水力联系的邻近水体（湖泊、河流、水库等）的水位变化情况。

4）监测设施

① 基准点、监测点完好状况；

② 监测元件的完好及保护情况；

③ 有无影响观测工作的障碍物。

5）根据设计要求或当地经验确定的其他巡视检查内容

巡视检查宜以目测为主，可辅以锤、钎、量尺、放大镜等工器具以及摄像、摄影等设备进行。对自然条件、支护结构、施工工况、周边环境、监测设施等的巡视检查情况应做好记录，及时整理，并与仪器监测数据进行综合分析，如发现异常情况时，应及时通知建设方及其他相关单位。

（2）仪器监测

土质基坑工程、岩体基坑工程仪器监测项目应分别根据表 3-15、表 3-16 进行选择。

土质基坑工程仪器监测项目表 表 3-15

监测项目		基坑工程安全等级		
		一级	二级	三级
围护墙（边坡）顶部水平位移		应测	应测	应测
围护墙（边坡）顶部竖向位移		应测	应测	应测
深层水平位移		应测	应测	宜测
立柱竖向位移		应测	应测	宜测
围护墙内力		宜测	可测	可测
支撑轴力		应测	应测	宜测
立柱内力		可测	可测	可测
锚杆轴力		应测	宜测	可测
坑底隆起		可测	可测	可测
围护墙侧向土压力		可测	可测	可测
孔隙水压力		可测	可测	可测
地下水位		应测	应测	应测
土体分层竖向位移		可测	可测	可测
周边地表竖向位移		应测	应测	宜测
周边建筑	竖向位移	应测	应测	应测
	倾斜	应测	宜测	可测
	水平位移	宜测	可测	可测
周边建筑裂缝、地表裂缝		应测	应测	应测
周边管线	竖向位移	应测	应测	应测
	水平位移	可测	可测	可测
周边道路竖向位移		应测	宜测	可测

岩体基坑工程仪器监测项目表 表 3-16

监测项目		基坑工程安全等级		
		一级	二级	三级
坑顶水平位移		应测	应测	应测
坑顶竖向位移		应测	宜测	可测
锚杆轴力		应测	宜测	可测
地下水、渗水与降雨关系		宜测	可测	可测
周边地表竖向位移		应测	宜测	可测
周边建筑	竖向位移	应测	宜测	可测
	倾斜	宜测	可测	可测
	水平位移	宜测	可测	可测
周边建筑裂缝、地表裂缝		应测	宜测	可测

续表

监测项目		基坑工程安全等级		
		一级	二级	三级
周边管线	竖向位移	应测	宜测	可测
	水平位移	宜测	可测	可测
周边道路竖向位移		应测	宜测	可测

其他类型基坑仪器监测项目按规范要求选择。

5. 基坑监测点布置

监测点的布置应能反映监测对象的实际状态及其变化趋势，监测点应布置在监测对象受力及变形关键点和特征点上，并应满足对监测对象的监控要求；监测点的布置应不妨碍监测对象的正常工作，并且便于监测、易于保护；不同监测项目的监测点宜布置在同一监测断面上；监测标志应稳固可靠、标示清晰。

（1）基坑及支护结构

1）围护墙或基坑边坡顶部的水平和竖向位移监测点应沿基坑周边布置，基坑各侧边中部、阳角处、邻近被保护对象的部位应布置监测点。监测点水平间距不宜大于20m，每边监测点数目不宜少于3个。水平和竖向位移监测点宜为共用点，监测点宜设置在围护墙顶或基坑坡顶上。

2）围护墙或土体深层水平位移监测点宜布置在基坑周边的中部、阳角处及有代表性的部位。监测点间距宜为20～60m，每边监测点数目不应少于1个。

3）围护墙内力监测断面的平面位置布置在设计计算受力、变形较大且有代表性的部位。监测点数量和水平间距视具体情况而定。竖直方向监测点间距宜为2～4m且在设计计算弯矩极值处布置监测点，每一监测点沿垂直于围护墙方向对称放置的应力计不少于1对。

4）支撑轴力监测断面的平面位置宜设置在支撑设计计算内力较大、基坑阳角处或在整个支撑系统中起控制作用的杆件上；每层支撑的轴力监测点不少于3个，各层支撑的监测点位置宜在竖向保持一致；钢支撑的监测截面宜选择在两支点间1/3部位，并避开节点位置；每个监测点传感器的设置数量及布置应满足不同传感器测试要求。

5）立柱的竖向位移监测点宜布置在基坑中部、多根支撑交汇处、地质条件复杂处的立柱上；监测点不应少于立柱总根数的5%，逆作法施工的基坑不应少于10%，并均不应少于3根。立柱的内力监测点宜布置在受力较大的立柱上，位置宜设在坑底以上各层立柱下部的1/3部位，每个截面传感器埋设不应少于4个。

6）锚杆轴力监测断面的平面位置应选择在设计计算受力较大且有代表性的位置，基坑每侧边中部、阳角处和地质条件复杂的区段宜布置监测点。每层锚杆的内力监测点数量应为该层锚杆总数的1%～3%，且基坑每边不应少于1根。各层监测点位置在竖向上宜保持一致。每根杆体上的测试点宜设置在锚头附近和受力有代表性的位置。

7）坑底隆起监测点宜按纵向或横向剖面布置，断面宜选择在基坑的中央以及其他能反映变形特征的位置，断面数量不宜少于2个；同一断面上监测点横向间距宜为10～

30m，数量不少于 3 个；监测标志宜埋入坑底以下 20～30cm。

8）围护墙侧向土压力监测断面的平面位置应布置在受力、土质条件变化较大或其他有代表性的部位；在平面布置上，基坑每边的监测断面不宜少于 2 个，竖向布置上监测点间距宜为 2～5m，下部宜加密；当按土层分布情况布设时，每层土布设的测点不应少于 1 个，且宜布置在各层土的中部。

9）孔隙水压力监测断面宜布置在基坑受力、变形较大或有代表性的部位。竖向布置上监测点宜在水压力变化影响深度范围内按土层分布情况布设，竖向间距宜为 2～5m，数量不宜少于 3 个。

10）当采用深井降水时，基坑内地下水位监测点宜布置在基坑中央和两相邻降水井的中间部位；当采用轻型井点、喷射井点降水时，水位监测点宜布置在基坑中央和周边拐角处，监测点数量视具体情况确定。基坑外地下水位监测点应沿基坑、被保护对象的周边或两者之间布置，监测点间距宜为 20～50m，相邻建筑、重要的管线或管线密集处应布置水位监测点，如有止水帷幕，宜布置在止水帷幕的外侧约 2m 处。水位观测管的管底埋置深度应在最低设计水位或最低允许地下水位之下 3～5m，承压水水位监测管的滤管应埋置在所测的承压含水层中。在降水深度内存在 2 个及以上含水层时，宜分层布设地下水位观测孔。岩体基坑地下水监测点宜布置在出水点和可能滑面部位。回灌井点观测井应设置在回灌井点与被保护对象之间。

（2）基坑周边环境

基坑边缘以外 1～3 倍的基坑开挖深度范围内需要保护的周边环境应作为监测对象，必要时尚应扩大监测范围。当基坑邻近轨道交通、高架道路、隧道、原水引水、重要管线、重要文物和设施、近现代优秀建筑等重要保护对象时，监测点的布置上应满足相关管理部门的技术要求。

1）周边建筑竖向位移监测点的布置应符合下列规定：建筑四角、沿外墙每 10～15m 处或每隔 2～3 根柱的柱基或柱子上，且每侧外墙不应少于 3 个监测点；不同地基或基础的分界处；不同结构的分界处；变形缝、抗震缝或严重开裂处的两侧；新、旧建筑或高、低建筑交接处的两侧；高耸构筑物基础轴线的对称部位，每一构筑物不应少于 4 点。

2）周边建筑水平位移监测点应布置在建筑的外墙墙角、外墙中间部位的墙上或柱上、裂缝两侧以及其他有代表性的部位，监测点间距视具体情况而定，一侧墙体的监测点不宜少于 3 点。

3）周边建筑倾斜监测点宜布置在建筑角点、变形缝两侧的承重柱或墙上；监测点应沿主体顶部、底部上下对应布设，上、下监测点应布置在同一竖直线上；当由基础的差异沉降推算建筑倾斜时，监测点的布置同建筑竖向位移监测点的布置。

4）周边建筑裂缝、地表裂缝监测点应选择有代表性的裂缝进行布置，当原有裂缝增大或出现新裂缝时，及时增设监测点。对需要观测的裂缝，每条裂缝的监测点应至少设 2 个，且宜设置在裂缝的最宽处及裂缝末端。

5）周边管线应根据管线修建年份、类型、材质、尺寸、接口形式及现状等情况，综合确定监测点布置和埋设方法，应对重要的、距离基坑近的、抗变形能力差的管线进行重点监测；监测点宜布置在管线的节点、转折点、变坡点、变径点等特征点和变形曲率较大的部位，监测点水平间距宜为 15～25m，并宜向基坑边缘以外延伸 1～3 倍的基坑开挖深度；供水、煤气、供热等压力管线宜设置直接监测点，也可利用窨井、阀门、抽气口以及检查井等管线设备作为监测点，在无法埋设直接监测点的部位，可设置间接监测点。

6）周边地表竖向位移监测断面宜设在坑边中部或其他有代表性的部位；监测断面应与坑边垂直，数量视具体情况确定；每个监测断面上的监测点数量不宜少于 5 个。

7）土体分层竖向位移监测孔应布置在靠近被保护对象且有代表性的部位，数量应视具体情况确定；在竖向布置上测点宜设置在各层土的界面上，也可等间距设置；测点深度、测点数量应视具体情况确定。

8）周边环境爆破振动监测点应根据保护对象的重要性、结构特征、距离爆源的远近等布置；对于同一类型的保护对象，监测点宜选择在距离爆源最近、结构性状最弱的保护对象上；当因地质、地形等情况，爆破对较远处保护对象可能产生更大危害时，应增加监测点；监测点宜布置在保护对象的基础以及其他具有代表性的位置。

6. 基坑监测方法

（1）监测方法的选择应根据监测对象的监控要求、现场条件、当地经验和方法适用性等因素综合确定，监测方法应合理易行。仪器监测可采用现场人工监测或自动化实时监测。

（2）变形监测网的基准点应选择在施工影响范围以外不受扰动的位置，基准点应稳定可靠；工作基点应选在相对稳定和方便使用的位置，在通视条件良好、距离较近的情况下，宜直接将基准点作为工作基点；工作基点应与基准点进行组网和联测。

（3）监测仪器、设备和元件应满足观测精度和量程的要求，且应具有良好的稳定性和可靠性；应经过校准或标定，且校核记录和标定资料齐全，并应在规定的校准有效期内使用；监测过程中应定期进行监测仪器、设备的维护保养、检测以及监测元件的检查。

（4）对同一监测项目，监测时宜采用相同的观测方法和观测路线，使用同一监测仪器和设备，固定观测人员，在基本相同的环境和条件下工作。

（5）监测项目初始值应在相关施工工序之前测定，并取至少连续观测 3 次的稳定值的平均值。

（6）基坑周边环境中的地铁、隧道等被保护对象的监测方法和监测精度尚应符合相关标准的规定以及主管部门的要求。

7. 基坑监测频率

监测频率的确定应满足能系统反映监测对象所测项目的重要变化过程而又不遗漏其变化时刻的要求。监测工作应贯穿于基坑工程和地下工程施工全过程，从基坑工程施工前开始，直至地下工程完成为止；对有特殊要求的基坑周边环境的监测应根据需要延续至变形趋于稳定后结束。

仪器监测频率应综合考虑基坑支护、基坑及地下工程的不同施工阶段以及周边环境、自然条件的变化和当地经验确定。对于应测项目，在无异常和无事故征兆的情况下，开挖后监测频率可按表 3-17 确定。

现场仪器监测频率   表 3-17

基坑设计安全等级	施工进程		监测频率
一级	开挖深度 h	$\leqslant H/3$	1次/(2~3)d
		$H/3 \sim 2H/3$	1次/(1~2)d
		$2H/3 \sim H$	(1~2)次/d
	底板浇筑后时间（d）	$\leqslant 7$	1次/d
		7~14	1次/3d
		14~28	1次/5d
		>28	1次/7d
二级	开挖深度 h	$\leqslant H/3$	1次/3d
		$H/3 \sim 2H/3$	1次/2d
		$2H/3 \sim H$	1次/d
	底板浇筑后时间（d）	$\leqslant 7$	1次/2d
		7~14	1次/3d
		14~28	1次/7d
		>28	1次/10d

注：H—基坑设计深度

当基坑设计安全等级为三级时，监测频率可视具体情况适当降低。当基坑支护结构监测值相对稳定，开挖工况无明显变化时，可适当降低对支护结构的监测频率；当基坑支护结构、地下水位监测值相对稳定时，可适当降低对周边环境的监测频率。

想一想：什么情况下需要提高监测频率？

8. 基坑监测预警

当出现可能危及工程及周边环境安全的事故征兆时，应实时跟踪监测。监测数据达到监测预警值时，应立即预警，通知有关各方及时分析原因并采取相应措施。监测预警值应满足基坑支护结构、周边环境的变形和安全控制要求，监测预警值应由基坑工程设计方确定。

当出现下列情况之一时，必须立即进行危险报警，并应通知有关各方对基坑支护结构和周边环境保护对象采取应急措施。

（1）基坑支护结构的位移值突然明显增大或基坑出现流砂、管涌、隆起、陷落等。

（2）基坑支护结构的支撑或锚杆体系出现过大变形、压屈、断裂、松弛或拔出的迹象。

（3）基坑周边建筑的结构部分出现危害结构的变形裂缝。

（4）基坑周边地面出现较严重的突发裂缝或地下空洞、地面下陷。

（5）基坑周边管线变形突然明显增长或出现裂缝、泄漏等。

（6）冻土基坑经受冻融循环时，基坑周边土体温度显著上升，发生明显的冻融变形。

（7）出现基坑工程设计方提出的其他危险报警情况，或根据当地工程经验判断，出现其他必须进行危险报警的情况。

9. 基坑监测数据处理与信息反馈

（1）监测单位应对整个项目的监测方案实施以及监测技术成果的真实性、可靠性负责，监测技术成果应有相关负责人签字，并加盖成果章。

（2）现场监测资料宜包括外业观测记录、巡视检查记录、记事项目以及视频及仪器电子数据资料等。外业观测值和记事项目应真实完整，并应在现场直接记录在观测记录表中，任何原始记录不得涂改、伪造和转抄，采用电子方式记录的数据应完整存储在可靠的介质上；监测记录应有相应的工况描述；使用正式的监测记录表格；监测记录应由相关责任人签字。

（3）取得现场监测资料后，应及时进行整理、分析。监测数据出现异常时，应分析原因，必要时应进行复测。

（4）监测项目的数据分析应结合施工工况、地质条件、环境条件以及相关监测项目监测数据的变化进行，并对其发展趋势作出预测。

（5）数据处理、成果图表及分析资料应完整、清晰。监测数据的处理与信息反馈宜利用监测数据处理与信息管理系统专业软件或平台，其功能和参数应符合规范要求，并宜具备数据采集、处理、分析、查询和管理一体化以及监测成果可视化的功能。

（6）技术成果应包括当日报表、阶段性分析报告和总结报告。技术成果提供的内容应真实、准确、完整，并宜用文字阐述与绘制变化曲线或图形相结合的形式表达，并按时报送。

🔲 知 识 链 接

危险性较大的分部分项工程专项施工方案编制指南（节选）

建办质〔2021〕48号

一、基坑工程

（一）工程概况

1. 基坑工程概况和特点：

（1）工程基本情况：基坑周长、面积、开挖深度、基坑支护设计安全等级、基坑设计使用年限等。

（2）工程地质情况：地形地貌、地层岩性、不良地质作用和地质灾害、特殊性岩土等情况。

（3）工程水文地质情况：地表水、地下水、地层渗透性与地下水补给排泄等情况。

（4）施工地的气候特征和季节性天气。

（5）主要工程量清单。

2. 周边环境条件：

（1）邻近建（构）筑物、道路及地下管线与基坑工程的位置关系。

（2）邻近建（构）筑物的工程重要性、层数、结构形式、基础形式、基础埋深、桩基础或复合地基增强体的平面布置、桩长等设计参数、建设及竣工时间、结构完好情况及使用状况。

（3）邻近道路的重要性、道路特征、使用情况。

（4）地下管线（包括供水、排水、燃气、热力、供电、通信、消防等）的重要性、规格、埋置深度、使用情况以及废弃的供、排水管线情况。

（5）环境平面图应标注与工程之间的平面关系及尺寸，条件复杂时，还应画剖面图并标注剖切线及剖面号，剖面图应标注邻近建（构）筑物的埋深、地下管线的用途、材质、管径尺寸、埋深等。

（6）临近河、湖、管渠、水坝等位置，应查阅历史资料，明确汛期水位高度，并分析对基坑可能产生的影响。

（7）相邻区域内正在施工或使用的基坑工程状况。

（8）邻近高压线铁塔、信号塔等构筑物及其对施工作业设备限高、限接距离等情况。

3. 基坑支护、地下水控制及土方开挖设计（包括基坑支护平面、剖面布置，施工降水、帷幕隔水，土方开挖方式及布置，土方开挖与加撑的关系）。

4. 施工平面布置：基坑围护结构施工及土方开挖阶段的施工总平面布置（含临水、临电、安全文明施工现场要求及危险性较大分部分项工程标识等）及说明，基坑周边使用条件。

5. 施工要求：明确质量安全目标要求，工期要求（本工程开工日期、计划竣工日期），基坑工程计划开工日期、计划完工日期。

6. 风险辨识与分级：风险因素辨识及基坑安全风险分级。

7. 参建各方责任主体单位。

（二）编制依据

1. 法律依据：基坑工程所依据的相关法律法规、规范性文件、标准、规范等。

2. 项目文件：施工合同（施工承包模式）、勘察文件、基坑设计施工图纸、现状地形及影响范围管线探测或查询资料、相关设计文件、地质灾害危险性评价报告、业主相关规定、管线图等。

3. 施工组织设计等。

（三）施工计划

1. 施工进度计划：基坑工程的施工进度安排，具体到各分项工程的进度安排。

2. 材料与设备计划等：机械设备配置，主要材料及周转材料需求计划，主要材料投入计划、力学性能要求及取样复试详细要求，试验计划。

3. 劳动力计划。

（四）施工工艺技术

1. 技术参数：支护结构施工、降水、帷幕、关键设备等工艺技术参数。

2. 工艺流程：基坑工程总的施工工艺流程和分项工程工艺流程。

3. 施工方法及操作要求：基坑工程施工前准备，地下水控制、支护施工、土方开挖等工艺流程、要点，常见问题及预防、处理措施。

4. 检查要求：基坑工程所用的材料进场质量检查、抽检，基坑施工过程中各工序检验内容及检验标准。

（五）施工保证措施

1. 组织保障措施：安全组织机构、安全保证体系及相应人员安全职责等。

2. 技术措施：安全保证措施、质量技术保证措施、文明施工保证措施、环境保护措施、季节性施工保证措施等。

3. 监测监控措施：监测组织机构，监测范围、监测项目、监测方法、监测频率、预警值及控制值、巡视检查、信息反馈，监测点布置图等。

（六）施工管理及作业人员配备和分工

1. 施工管理人员：管理人员名单及岗位职责（如项目负责人、项目技术负责人、施工员、质量员、各班组长等）。

2. 专职安全人员：专职安全生产管理人员名单及岗位职责。

3. 特种作业人员：特种作业人员持证人员名单及岗位职责。

4. 其他作业人员：其他人员名单及岗位职责。

（七）验收要求

1. 验收标准：根据施工工艺明确相关验收标准及验收条件。

2. 验收程序及人员：具体验收程序，确定验收人员组成（建设、勘察、设计、施工、监理、监测等单位相关负责人）。

3. 验收内容：基坑开挖至基底且变形相对稳定后支护结构顶部水平位移及沉降、建（构）筑物沉降、周边道路及管线沉降、锚杆（支撑）轴力控制值，坡顶（底）排水措施和基坑侧壁完整性。

（八）应急处置措施

1. 应急处置领导小组组成与职责、应急救援小组组成与职责，包括抢险、安保、后勤、医救、善后、应急救援工作流程、联系方式等。

2. 应急事件（重大隐患和事故）及其应急措施。

3. 周边建（构）筑物、道路、地下管线等产权单位各方联系方式、救援医院信息（名称、电话、救援线路）。

4. 应急物资准备。

（九）计算书及相关施工图纸

1. 施工设计计算书（如基坑为专业资质单位正式施工图设计，此附件可略）。

2. 相关施工图纸：施工总平面布置图、基坑周边环境平面图、监测点平面图、基坑土方开挖示意图、基坑施工顺序示意图、基坑马道收尾示意图等。

任务 3.6 模板工程施工安全控制

任务引入

模板工程是为混凝土成型用的模板及支架的设计、安装、拆除等一系列技术工作和完成实体的总称。模板工程对保证混凝土外观几何尺寸、外观质量起着决定性作用。

模板工程的设计与施工应从工程实际情况出发，合理选用材料、方案和构造措施；满足运输、安装和使用过程中的强度、稳定性和刚度要求；优先采用定型化、标准化的模板支架和模板构件；加强安拆和使用过程中的安全管理，防止因材料不合格、构造不合理、施工质量不良、拆除不当、支架失稳等原因造成重大伤亡事故。

3.6.1 模板体系

1. 模板体系构成

由面板、支架和连接件三部分系统组成的体系称为模板体系。其中，面板是直接接触新浇混凝土的承力板，包括拼装的板和加肋楞带板；支架是支撑面板用的楞梁、立柱、连接件、斜撑、剪刀撑和水平拉条等构件的总称；连接件是面板与楞梁的连接、面板自身的拼接、支架结构自身的连接和其中二者相互间连接所用的零配件，包括卡销、螺栓、扣件、卡具、拉杆等。模板体系应具有足够的强度、刚度和稳定性，应能可靠地承受新浇混凝土的自重、侧压力和施工过程中所产生的荷载及风荷载；构造简单，装拆方便，便于钢筋的绑扎、安装和混凝土的浇筑、养护。

2. 模板类型

模板按材料不同可分为木模板、竹模板、胶合板模板、钢模板、塑料模板、铝模板、玻璃钢模板等；按工艺不同可分为组合式模板、大模板、滑动模板、爬升模板、永久性模板以及飞模、模壳、隧道模等。

（1）木模板

木模板（图3-94）适用于墙、柱、梁、板等各种混凝土构件及异形构件，但因其具有重复使用率低、周转次数少、木材消耗量大、刚度小、可连接性差等缺点，一般不适用于超高层建筑、标准层结构形式变化小的建筑结构施工。

模板结构或构件的树种应根据各地区实际情况选择质量好的材料，不得使用有腐朽、霉变、虫蛀、折裂、枯节的木材。模板结构设计应根据受力种类或用途按要求选用相应的木材材质等级，木材材质标准应符合现行国家标准《木结构设计标准》GB 50005—2017的规定，主要承重构件应选用针叶材，重要的木制连接件应采用细密、直纹、无节和无其他缺陷的耐腐蚀的硬质阔叶材。

（2）胶合板模板

胶合板模板（图3-95）主要有木胶合板和竹胶合板。其特点是质量轻，面积大，加工容易，周转次数多，模板强度较高，刚度好，表面平整度高。胶合板模板应用广泛，主要适用于高层建筑中的水平模板、剪力墙板等。

图 3-94 木模板

图 3-95 胶合板

胶合模板板材表面应平整光滑，具有防水、耐磨、耐酸碱的保护膜，并应有保温性能好、易脱模和可两面使用等特点；板材厚度不应小于12mm，并应符合现行国家标准《混凝土模板用胶合板》GB/T 17656—2018 的规定；各层板的原材含水率不应大于15%，且同一胶合模板各层原材间的含水率差别不应大于5%；胶合模板应采用耐水胶，其胶合强度不应低于木材或竹材顺纹抗剪和横纹抗拉的强度，并应符合环境保护的要求；进场的胶合模板除应具有出厂质量合格证外，还应保证外观及尺寸合格。

（3）定型组合钢模板

定型组合钢模板由钢模板和连接体组成，可在现场直接组装，也可预拼装成大块模板或构件模板后吊运安装，其主要优点是强度高、组装灵活、拆装方便、通用性强、周转率高。

如图 3-96 所示，定型组合钢模板主要包括平面模板（P）、阴角模板（E）、阳角模板（Y）和连接角模（J）。平面模板主要用于基础、墙体、梁、板、柱等各种结构的平面部位；阴角模板主要用于混凝土构件阴角，如内墙角、水池内角及梁板交接处阴角等；阳角模板主要用于混凝土构件阳角；连接角模主要用于平模板作垂直连接构成阳角；角模板的规格尺寸应与平面模板配套。

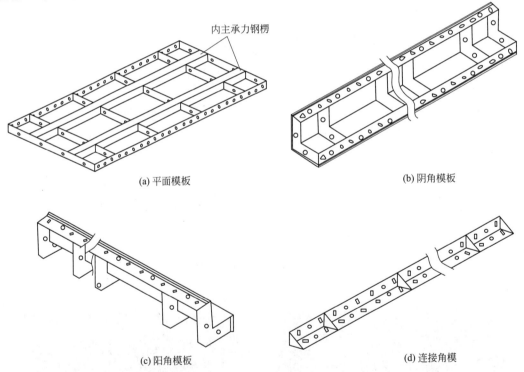

图 3-96　定型组合钢模板

（4）大模板

大模板是一种大尺寸的工具式模板，其模板面积大，主要用于竖向混凝土构件的浇筑，优点是整体安装和拆除、施工速度快、机械化程度高，整体刚度大、混凝土成型质量高，缺点是自重大、耗钢材较多。

如图 3-97 所示，大模板一般是由面板系统、支撑系统、操作平台系统和对拉螺栓等组成，利用辅助设备按模位整装整拆的整体式或拼装式模板。整体式大模板是直接按模位尺寸需要加工的大模板；拼装式大模板是以符合建筑模数的标准模板为主、非标准模板为辅，组拼出模位尺寸需要的大模板。

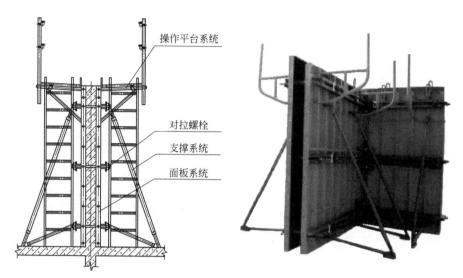

图 3-97　大模板结构示意图

大模板应能满足现浇混凝土墙体成型和表面质量效果的要求。大模板材料应符合设计要求和国家现行相关标准的有关规定，且应具有相应的材质证明；板块规格尺寸宜标准化，并应符合建筑模数的要求；各系统之间的连接应安全可靠；模板板面应涂刷隔离剂，其余部位金属表面应除锈并涂刷防锈漆，构件活动部位应涂油润滑；大模板加工完成后，应按配板设计的编号在背面进行标识。大模板在运输、存放、使用和装拆过程中均不应产生塑性变形。当大模板竖向放置时，应能在风荷载作用下保持自身稳定。

大模板的面板拼接不应有漏浆缺陷，接缝处理应满足混凝土外观质量要求；当面板采用焊接拼接时，面板材料应具有良好的可焊性；当面板采用插接拼接时，面板应有插接企口；肋与面板应贴合紧密；肋的间距应满足混凝土浇筑时面板局部变形不超出设计限定范围的要求；主肋与背楞连接后应无相对运动。

支模及混凝土浇筑时，大模板的支撑体系应安全可靠；应设置可调整面板垂直度及前后位置的调节装置，面板垂直度调节范围应满足安装垂直度和调整自稳角的要求，前后位置调节范围不应小于 50mm；支撑杆应支在主肋或背楞上；承力座应支撑在刚性结构上，且应与支撑结构可靠固定；支撑的数量应与背楞刚度相适应，混凝土浇筑成型质量应符合设计要求。

大模板顶部应设操作平台，平台宽度不宜大于 900mm；平台外围应设置高出平台板上表面不小于 180mm 的踢脚板；平台外围应设栏杆，栏杆上顶面高度不应小于 1200mm 且中间应有横杆，栏杆任意点上作用 1kN 任意方向力时不应有塑性变形；平台脚手板应符合现行行业标准《建筑施工扣件式钢管脚手架安全技术规范》JGJ 130—2011 的规定；模板上宜设置上下平台的爬梯；操作平台系统与面板系统间的连接应可靠，且应便于检查与维护。

对拉螺栓应采用性能不低于 Q235B 的钢材制作，规格尺寸应由计算确定，且不应小于 M28；清水混凝土施工用大模板对拉螺栓孔的位置布置应符合装饰设计要求。钢吊环应设置在肋上；当正常吊装时，吊环及肋不应产生塑性变形；吊环数量及布置应满足吊环、模板承载能力及模板起吊平衡要求。

（5）铝模板

铝模板（图 3-98）是由铝合金材料制作而成的模板，全称为建筑用铝合金模板，是继竹木模板、钢模板之后出现的新一代模板系统。铝模板包括平面模板和转角模板等，按模数设计，由专用设备挤压成型，可按照不同结构尺寸自由组合。

图 3-98　铝合金模板

铝合金模板体系主要由铝合金模板、早拆装置、支撑及配件组成，模板体系采用销钉销片将墙、柱、梁、板、梯等模板连接成一个整体，使用螺杆结合背楞、柱箍和斜撑加固，采用可调钢支撑或铝支撑作为支撑体系，支撑顶部设早拆装置，其基本构成如图 3-99 所示。

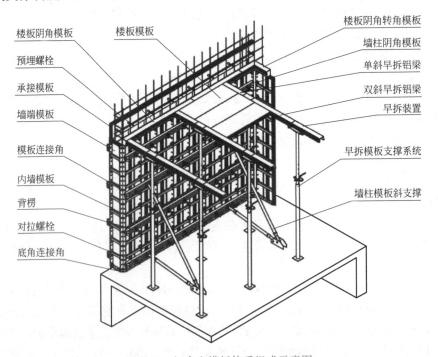

图 3-99　铝合金模板体系组成示意图

铝合金模板的重量轻，稳定性好，承载力高；构配件均可重复使用，回收价值高，绿色环保；组装方便，支撑采用早拆技术，周转次数多，施工进度快，施工效率高；板面拼缝少，精度高，拆模后混凝土表面成型质量好；应用范围广，尤其适用于无结构变化大的设计变更、存在多层标准层的或对实体质量要求高、达到清水混凝土墙效果的高层房屋建筑主体结构，或者多栋相同标准层的单体分批开发、模板能够周转使用的小高层建筑主体结构施工。但铝合金模板一次性投入较大，现场改动性差，施工图深化设计要求高。

（6）滑动模板

滑动模板施工时模板一次组装完成，从下而上采用液压或其他提升装置沿现浇混凝土表面边浇筑混凝土边进行同步滑动提升和连续作业，直到现浇结构的作业部分或全部完成。其特点是施工过程具有较好的连续性、节约模板、施工速度快、结构整体性能好、操作条件方便和工业化程度较高，主要适用于高耸构筑物和建筑物，如筒仓、冷却塔、烟囱、核心筒结构竖向墙体等的施工。

滑模装置系统包括模板系统、操作平台系统、提升系统、施工精度控制系统以及水电配套系统等。其中，模板系统包括模板、围圈、提升架、滑轨及倾斜度调节装置等，模板固定于围圈上，用以保证构件截面尺寸及结构的几何形状，模板直接与新浇筑混凝土接触且随着提升架上滑，承受新浇筑混凝土的侧压力和模板滑动时的摩阻力；操作平台系统包括操作平台、料台、吊架、安全设施、随升垂直运输设施的支承结构等，主要用于完成钢筋绑扎、混凝土浇灌、堆放施工机具和材料，也是拔杆、井架等随升垂直运输装置及料台的支承结构，其构造形式与所施工结构相适应，直接或通过围圈支承于提升架上；提升系统包括液压控制台、油路、千斤顶、支承杆或电动提升机、手动提升器等。

滑模施工应根据工程结构特点及滑模工艺的要求，进行结构深化设计和施工方案编制。滑模工程深化设计应提出对工程设计的修改意见，划分滑模作业区段，确定不宜滑模施工部位的处理方法等。

（7）爬升模板

爬升模板是以建筑物的钢筋混凝土墙体为支承主体，依靠自升式爬升支架使大模板完成提升、下降、就位、校正和固定等工作的模板系统。

爬模装置主要包括模板系统、架体与操作平台系统、液压爬升系统及电气控制系统。

1）模板系统，包括组拼式大钢模板或铝合金模板、铝框塑料板模板、组合式带肋塑料模板或钢框（铝框、木梁）胶合板模板、阴角模、阳角模、钢背楞、对拉螺栓、模板卡具等。

2）架体与操作平台系统，包括上架体、可调斜撑、上操作平台、下架体、架体挂钩、架体防倾调节支腿、下操作平台、吊平台、水平连系梁、脚手板、贴墙翻板、上人孔翻板、栏杆、护栏网等。

3）液压爬升系统，包括导轨、挂钩连接座、锥形承载接头、承载螺栓、爬升油缸、液压控制台、防坠爬升器、各种油管、阀门及油管接头等。

4）电气控制系统，包括电源控制箱、电气控制台、智能控制及声光报警装置、视频监控装置等。

爬模装置通过承载体附着在混凝土结构上，当新浇筑的混凝土脱模后，以液压油缸为动力，以导轨为爬升轨道，将爬模装置向上爬升一层，反复循环作业，主要适用于框筒结构、核心筒体结构形式，自下而上变化不大的高层建筑施工。

（8）飞模

飞模主要由平台板、支撑系统（包括梁、支架、支撑、支腿等）和其他配件（如升降和行走机构等）组成，如图3-100所示。飞模是一种大型工具式模板，由于可借助起重机械，从已浇好的楼板下吊运飞出，转移到上层重复使用，因其外形如桌，故又称桌模或台模。飞模按支承方式分为有支腿飞模和无支腿飞模两类，施工现场常用的是有支腿飞模，主要适用于大进深、大柱网、大开间的钢筋混凝土楼盖施工，尤其适用于现浇板柱结构（无梁楼盖）的施工。

图 3-100　飞模

💡 想一想：你知道什么是永久性模板吗？永久性模板有哪些类型？其特点是什么？

3.6.2　模板安装的安全技术措施

1. 安装前的安全技术准备工作

模板安装前必须做好下列安全技术准备工作：

（1）应审查模板结构设计与施工说明书中的荷载、计算方法、节点构造和安全措施，设计审批手续应齐全。

（2）应进行全面的安全技术交底，操作班组应熟悉设计与施工说明书，并应做好模板安装作业的分工准备。采用爬模、飞模、隧道模等特殊模板施工时，所有参加作业人员必须经过专门技术培训，考核合格后方可上岗。

（3）应对模板和配件进行挑选、检测，不合格者应剔除，并应运至工地指定地点堆放。

（4）备齐操作所需的一切安全防护设施和器具。

2. 模板构造与安装的一般要求

（1）从事模板作业的人员，应经安全技术培训。从事高处作业人员，应定期体检，不符合要求的不得从事高处作业。作业时应佩戴安全帽、系安全带、穿防滑鞋。

（2）模板及配件进场应有出厂合格证或当年的检验报告，安装前应对所用部件进行认真检查，不符合要求者不得使用。

（3）模板安装应按设计与施工说明书顺序拼装。木杆、钢管、门架等支架立柱不得混用。竖向模板和支架立柱支承部分安装在基土上时，应加设垫板，垫板应有足够强度和支承面积，且应中心承载。基土应坚实，并应有排水措施。对湿陷性黄土应有防水措施；对特别重要的结构工程可采用混凝土、打桩等措施防止支架柱下沉。对冻胀性土应有防冻融措施。

（4）模板及其支架在安装过程中，必须设置有效防倾覆的临时固定设施。

（5）现浇钢筋混凝土梁、板，当跨度大于4m时，模板应起拱；当设计无具体要求时，起拱高度宜为全跨长度的1‰～3‰。

（6）现浇多层或高层房屋和构筑物，安装上层模板及其支架时，下层楼板应具有承受上层施工荷载的承载能力，否则应加设支撑支架；上层支架立柱应对准下层支架立柱，并应在立柱底铺设垫板；当采用悬臂吊模板、桁架支模方法时，其支撑结构的承载能力和刚度必须符合设计构造要求。

（7）安装模板应保证工程结构和构件各部分形状、尺寸和相互位置的正确，防止漏浆，构造应符合模板设计要求。模板应具有足够的承载能力、刚度和稳定性，应能可靠承受新浇混凝土自重和侧压力以及施工过程中所产生的荷载。

（8）拼装高度为2m以上的竖向模板，不得站在下层模板上拼装上层模板。安装过程中应设置临时固定设施。

（9）当承重焊接钢筋骨架和模板一起安装时，梁的侧模、底模必须固定在承重焊接钢筋骨架的节点上；安装钢筋模板组合体时，吊索应按模板设计的吊点位置绑扎。

（10）当支架立柱呈一定角度倾斜，或其支架立柱的顶表面倾斜时，应采取可靠措施确保支点稳定，支撑底脚必须有防滑移的可靠措施。

（11）对梁和板安装二次支撑前，其上不得有施工荷载，支撑的位置必须正确。安装后所传给支撑或连接件的荷载不应超过其允许值。

（12）施工时，在已安装好的模板上的实际荷载不得超过设计值。已承受荷载的支架和附件，不得随意拆除或移动。

（13）当模板安装高度超过3m时，必须搭设脚手架，除操作人员外，脚手架下不得站其他人。

（14）安装模板时，安装所需各种配件应置于工具箱或工具袋内，严禁散放在模板或脚手板上；安装所用工具应系挂在作业人员身上或置于所佩戴的工具袋中，不得掉落。

（15）作业时，模板和配件不得随意堆放，模板应放平放稳，严防滑落。脚手架或操作平台上临时堆放的模板不宜超过3层，连接件应放在箱盒或工具袋中，不得散放在脚手板上。

（16）模板安装时，上下应有人接应，随装随运，严禁抛掷。

（17）多人共同操作或扛抬组合钢模板时，必须密切配合、协调一致、互相呼应。

（18）在高处安装模板时，周围应设安全网或搭脚手架，并应加设防护栏杆。在临街面及交通要道地区，尚应设警示牌，派专人看管。

（19）支模过程中如遇中途停歇，应将已就位模板或支架连接稳固，不得浮搁或悬空。

（20）模板施工中应设专人负责安全检查，发现问题应报告有关人员处理。当遇险情时，应立即停工和采取应急措施；待修复或排除险情后，方可继续施工。

（21）吊运模板时，必须符合下列规定：作业前应检查绳索、卡具、模板上的吊环，必须完整有效，在升降过程中应设专人指挥，统一信号，密切配合；吊运大块或整体模板时，竖向吊运不应少于 2 个吊点，水平吊运不应少于 4 个吊点；吊运必须使用卡环连接，并应稳起稳落，待模板就位连接牢固后，方可摘除卡环；吊运散装模板时，必须码放整齐，待捆绑牢固后方可起吊；严禁起重机在架空输电线路下面工作。

（22）在大风地区或大风季节施工时，模板应有抗风的临时加固措施。

（23）寒冷地区冬期施工用钢模板时，不宜采用电热法加热混凝土，否则应采取防触电措施。施工用的临时照明和动力线应采用绝缘导线和绝缘电缆，且不得直接固定在钢模板上。当钢模板高度超过 15m 时，应安设避雷设施，避雷设施的接地电阻不得大于 4Ω。

（24）当遇大雨、大雾、沙尘、大雪或 6 级以上大风等恶劣天气时，应停止露天高处作业。5 级及以上风力时，应停止高空吊运作业。雨、雪停止后，应及时清除模板和地面上的积水及冰雪。

3. 普通模板构造与安装

（1）地面以下支模应先检查土壁的稳定情况，当有裂纹及塌方危险迹象时，应采取安全防范措施后，方可下人作业。当深度超过 2m 时，操作人员应设梯上下。距基坑（槽）上口边缘 1m 内不得堆放模板。向基坑（槽）内运料应使用起重机、溜槽或绳索；运下的模板严禁立放在基坑（槽）土壁上。

（2）现场拼装柱模时，应适时地安设临时支撑进行固定，斜撑与地面的倾角宜为 60°，严禁将大片模板系在柱子钢筋上。待柱模就位组拼经对角线校正无误后，应立即自下而上安装柱箍。柱模校正后，应采用斜撑或水平撑进行四周支撑，以确保整体稳定。

（3）墙模板采用散拼定型模板支模时，应自下而上进行，必须在下一层模板全部紧固后，方可进行上一层安装。当下层不能独立安设支撑件时，应采取临时固定措施。当采用预拼装的大块墙模板进行支模安装时，严禁同时起吊两块模板，并应边就位、边校正、边连接，固定后方可摘钩。墙模板内外支撑必须坚固、可靠，应确保模板的整体稳定。

（4）安装独立梁模板时应设安全操作平台，并严禁操作人员站在独立梁底模或柱模支架上操作及上下通行。底模与横楞应拉结好，横楞与支架、立柱应连接牢固。安装梁侧模时，应边安装边与底模连接，当侧模高度多于两块时，应采取临时固定措施。起拱应在侧模内外楞连固前进行。

（5）楼板或平台板模板应符合下列规定：当预组合模板采用桁架支模时，桁架与支点的连接应固定牢靠，桁架支承应采用平直通长的型钢或木方；当预组合模板块较大时，应加钢楞后方可吊运。当组合模板为错缝拼配时，板下横楞应均匀布置，并应在模板端穿插销；单块模板就位安装，必须待支架搭设稳固、板下横楞与支架连接牢固后进行。

（6）安装圈梁、阳台、雨篷及挑檐等模板时，其支撑应独立设置，不得支搭在施工脚手架上。安装悬挑结构模板时，应搭设脚手架或悬挑工作台，并应设置防护栏杆和安全网。作业处的下方不得有人通行或停留。

4. 爬升模板构造与安装

（1）进入施工现场的爬升模板系统中的大模板、爬升支架、爬升设备、脚手架及附件等，应按施工组织设计及有关图纸验收，合格后方可使用。

（2）爬升模板安装时，应统一指挥，设置警戒区与通信设施，做好原始记录。

（3）检查爬升设备的位置、牢固程度、吊钩及连接杆件等，确认无误后，拆除相邻大模板及脚手架间的连接杆件，使各个爬升模板单元彻底分开。爬升时，应调整好大模板或支架的重心，保持垂直，开始爬升。作业人员应站在固定件上，不得站在爬升件上爬升，爬升过程中应防止晃动与扭转。每个单元的爬升不宜中途交接班，不得隔夜再继续爬升。每个单元爬升完毕应及时固定。大模板爬升时，新浇混凝土的强度不应低于 $1.2N/mm^2$。支架爬升时的附墙架穿墙螺栓受力处的新浇混凝土强度应达到 $10N/mm^2$ 以上。爬升设备每次使用前均应检查，液压设备应由专人操作。

（4）作业人员应背工具袋，以便存放工具和拆下的零件，防止物件跌落，且严禁高空向下抛物。

（5）每次爬升组合安装好的爬升模板、金属件应涂刷防锈漆，板面应涂刷隔离剂。

（6）爬模的外附脚手架或悬挂脚手架应满铺脚手板，脚手架外侧应设防护栏杆和安全网。爬架底部亦应满铺脚手板和设置安全网。

（7）每步脚手架间应设置爬梯，作业人员应由爬梯上下，进入爬架应在爬架内上下，严禁攀爬模板、脚手架和爬架外侧。

（8）脚手架上不应堆放材料，脚手架上的垃圾应及时清除。如需临时堆放少量材料或机具，必须及时取走，且不得超过设计荷载的规定。

（9）所有螺栓孔均应安装螺栓，螺栓应采用 $50\sim60N\cdot m$ 的扭矩紧固。

5. 飞模构造与安装

（1）飞模的制作组装必须按设计图进行。运到施工现场后，应按设计要求检查合格后方可使用安装。安装前应进行一次试压和试吊，检验确认各部件无隐患。

（2）飞模起吊时，应在吊离地面 0.5m 后停下，待飞模完全平衡后再起吊。吊装应使用安全卡环，不得使用吊钩。

（3）飞模就位后，应立即在外侧设置防护栏，其高度不得小于 1.2m，外侧应另加设安全网，同时应设置楼层护栏。并应准确、牢固地搭设出模操作平台。

（4）当飞模在不同楼层转运时，上下层的信号人员应分工明确、统一指挥、统一信号。

（5）当飞模转运采用地滚轮推出时，前滚轮应高出后滚轮 $10\sim20mm$，并应将飞模重心标画在旁侧，严禁外侧吊点在未挂钩前将飞模向外倾斜。

（6）飞模外推时，必须用多根安全绳，一端牢固拴在飞模两侧，另一端围绕在飞模两侧建筑物的可靠部位上，并应设专人掌握；缓慢推出飞模，并松放安全绳，飞模外端吊点的钢丝绳应逐渐收紧，待内外端吊钩挂牢后再转运起吊。

（7）在飞模上操作的挂钩作业人员应穿防滑鞋，且应系好安全带，并应挂在上层的预埋铁环上。

（8）吊运时，飞模上不得站人和存放自有物料，操作电动平衡吊具的作业人员应站在楼面上，并不得斜拉歪吊。

（9）飞模出模时，下层应设安全网，且飞模每运转一次后应检查各部件的损坏情况，同时应对所有的连接螺栓重新进行紧固。

3.6.3 模板拆除的安全技术措施

1. 模板拆除的一般要求

（1）模板拆除措施应经技术主管部门或负责人批准。各类模板拆除的顺序和方法，应根据模板设计要求进行，如果设计无具体要求，可采取先支的后拆、后支的先拆，先拆非承重模板、后拆承重模板的顺序，并应从上而下进行拆除。

（2）模板的拆除工作应设专人指挥。作业区应设围栏，其内不得有其他工种作业，并应设专人负责监护。拆模前应检查所使用的工具有效和可靠，扳手等工具必须装入工具袋或系挂在身上，并应检查拆模场所范围内的安全措施。

（3）现浇混凝土结构模板及支架拆除时的混凝土强度，应符合设计要求。当设计无具体要求时，底模及支架应在与结构同条件养护的混凝土立方体试块抗压强度符合表 3-18 中的规定时，方可拆除；当混凝土强度能保证其表面及棱角不受损伤时，即可拆除侧模；一般墙体大模板在常温条件下，混凝土强度达到 $1N/mm^2$ 即可拆除。

底模及支架拆除时的混凝土强度要求   表 3-18

构件类型	构件跨度(m)	达到设计混凝土强度等级值的百分率(%)
板	≤2	≥50
	>2，≤8	≥75
	>8	≥100
梁、拱、壳	≤8	≥75
	>8	≥100
悬臂结构		≥100

（4）多个楼层间连续支模的底层支架拆除时间，应根据连续支模的楼层间荷载分配和混凝土强度的增长情况确定。

（5）快拆支架体系的支架立杆间距不应大于 2m。拆模时应保留立杆并顶托支承楼板，拆模时的混凝土强度应符合规范及设计要求。

（6）大体积混凝土的拆模时间除应满足混凝土强度要求外，还应使混凝土内外温差降低到 25℃以下时方可拆模。否则应采取有效措施防止产生温度裂缝。

（7）后张预应力混凝土结构构件，侧模宜在预应力筋张拉前拆除，底模及支架不应在结构构件建立预应力前拆除。

（8）当混凝土未达到规定强度或已达到设计规定强度，需提前拆模或承受部分超设计荷载时，必须经过计算和技术主管确认其强度能足够承受此荷载后，方可拆除。

（9）在拆模过程中，如发现实际结构混凝土强度并未达到要求，有影响结构安全的质量问题时，应暂停拆模，经妥当处理使实际强度达到要求后，方可继续拆除。

（10）已拆除模板及其支架的混凝土结构，应在混凝土强度达到设计要求后，才允许承受全部设计的使用荷载。

（11）高处拆除模板时，应符合有关高处作业的规定。严禁使用大锤和撬棍，操作层上临时拆下的模板堆放不能超过 3 层。

（12）拆除有洞口模板时，应采取防止操作人员坠落的措施。洞口模板拆除后，应按规定及时进行防护。

（13）多人同时操作时，应明确分工、统一信号或行动，应具有足够的操作面，人员应站在安全处。

（14）拆模如遇中途停歇，应将已拆松动、悬空、浮吊的模板或支架进行临时支撑牢固或相互连接稳固。对活动部件必须一次拆除。

（15）在提前拆除互相搭连并涉及其他后拆模板的支撑时，应补设临时支撑。拆模时，应逐块拆卸，不得成片撬落或拉倒。

（16）拆下的模板及支架杆件不得抛掷，应分散堆放在指定地点，并应及时清运。

（17）模板拆除后应将其表面清理干净，对变形和损伤部位应进行修复。

（18）使用后的木模板应拔除铁钉，分类进库，堆放整齐。若为露天堆放，顶面应遮防雨篷布。

（19）使用后的钢模、钢构件应及时将粘结物清理洁净，清理时严禁采用铁锤敲击的方法。经过维修、刷油、整理合格的钢模板及配件，如需运往其他施工现场或入库，必须分类装入集装箱内，杆应成捆、配件应成箱，清点数量，入库或接收单位验收。装车时，应轻搬轻放，不得相互碰撞。卸车时，严禁成捆从车上推下和拆散抛掷。

2. 普通模板拆除

（1）条形基础、杯形基础、独立基础或设备基础模板拆除前应先检查基坑（槽）土壁的安全状况，发现有松软、龟裂等不安全因素时，应在采取安全防范措施后，方可进行作业；模板和支撑杆件等应随拆随运，不得在离基坑（槽）上口边缘 1m 以内堆放。

（2）柱模拆除应分别采用分散拆和分片拆两种方法。分散拆除的顺序：拆除拉杆或斜撑→自上而下拆除柱箍或横楞→拆除竖楞→自上而下拆除配件及模板→运走分类堆放→清理、拔钉、钢模维修、刷防锈油或隔离剂→入库备用。分片拆除的顺序：拆除全部支撑系统→自上而下拆除柱箍及横楞→拆掉柱角 U 形卡→分两片或四片拆除模板→原地清理、刷防锈油或隔离剂→分片运至新支模地点备用。

（3）墙模分散拆除顺序：拆除斜撑或斜拉杆→自上而下拆除外楞及对拉螺栓→分层自上而下拆除木楞或钢楞及零配件和模板→运走分类堆放→拔钉清理或清理检修后刷防锈油或隔离剂→入库备用。预组拼大块墙模拆除顺序应为：拆除全部支撑系统→拆卸大块墙模接缝处的连接型钢及零配件→拧去固定埋设件的螺栓及大部分对拉螺栓→挂上吊装绳扣并略拉紧吊绳后，拧下剩余对拉螺栓→用方木均匀敲击大块墙模立楞及钢模板，使其脱离墙体→用撬棍轻轻外撬大块墙模板使全部脱离→指挥起吊、运走、清理、刷防锈油或隔离剂备用。拆除每一大块墙模的最后两个对拉螺栓后，作业人员应撤离大模板下侧，以后的操作均应在上部进行。个别大块模板拆除后产生局部变形者应及时整修好。大块模板起吊时，速度要慢，应保持垂直，严禁模板碰撞墙体。

（4）梁、板模板应先拆梁侧模，再拆板底模，最后拆除梁底模，并应分段分片进行，严禁成片撬落或成片拉拆。拆除时，作业人员应站在安全的地方进行操作，严禁站在已拆或松动的模板上进行拆除作业。拆除模板时，严禁用铁棍或铁锤乱砸，已拆下的模板应妥善传递或用绳钩放至地面。严禁作业人员站在悬臂结构边缘敲拆下面的底模。待分片、分段的模板全部拆除后，方允许将模板、支架、零配件等按指定地点运出堆放，并进行拔钉、清理、整修、刷防锈油或隔离剂，入库备用。

3. 爬升模板拆除

（1）拆除爬模应有拆除方案，且应由技术负责人签署意见，应向有关人员进行安全技术交底后，方可实施拆除。

（2）拆除时应先清除脚手架上的垃圾杂物，并应设置警戒区由专人监护。

（3）拆除时应设专人指挥，严禁交叉作业。拆除顺序应为：悬挂脚手架和模板→爬升设备→爬升支架。

（4）已拆除的物件应及时清理、整修和保养，并运至指定地点备用。

（5）遇 5 级以上大风应停止拆除作业。

4. 飞模拆除

（1）脱模时，梁、板混凝土强度等级不得小于设计强度的 75%。

（2）飞模的拆除顺序、行走路线和运到下一个支模地点的位置，均应按飞模设计的有关规定进行。

（3）拆除时应先用千斤顶顶住下部水平连接管，再拆去木楔或砖墩（或拔出钢套管连接螺栓，提起钢套管）。推入可任意转向的四轮台车，松千斤顶使飞模落在台车上，随后推运至主楼板外侧搭设的平台上，用塔式起重机吊至上层重复使用。若不需重复使用时，应按普通模板的方法拆除。

（4）模板拆除必须有专人统一指挥，飞模尾部应绑安全绳，安全绳的另一端应套在坚固的建筑结构上，且在推运时应徐徐放松。

（5）飞模推出后，楼层外边缘应立即绑好护身栏。

任务 3.7 拆除工程施工安全控制

任务引入

随着我国城镇现代化建设的持续推进，旧建筑物或构筑物的拆除改造工程日益增多。拆除工程多为露天作业，作业条件差，潜在危险因素多，安全事故易发。因此，建筑物或构筑物拆除前应科学策划，选择安全、经济、高效、绿色的拆除方案，施工过程加强规范化管理，落实安全文明施工措施、保障从业人员和人民群众的生命、财产安全，减少拆除施工对周围居民和环境的影响。

3.7.1 拆除施工方法选择

拆除工程是指对已经建成或部分建成的建筑物或构筑物等进行拆除的工程。拆除工程施工的主要特点如下：

（1）拆除作业工期短、流动性大，作业人员管控难度大。

（2）拆除作业多为露天作业，作业条件差，潜在危险因素多。

（3）拆除作业对周围环境影响大，易造成环境污染。

需要特别注意的是，部分建筑物或构筑物由于年代久远或保存不当，原设计文件等资料缺失，拆除方案制定困难，易产生判断错误；部分建筑物或构筑物由于加层改建，改变了原承载系统的受力状态，在拆除中往往会因为拆除某一构件造成原建筑物或构筑物的力学平衡体系受到破坏而造成部分构件倾覆，从而导致伤亡事故。因此，拆除施工应加强安全管理，依据实际情况，合理选择人工拆除、机械拆除、爆破拆除或静力破碎等拆除方法。

1. 人工拆除

如图 3-101 所示，人工拆除是指施工人员使用小型机具或手持工具，将拟拆除物拆解、破碎、清除的作业。人工拆除适用于辅助作业或因环境、结构等原因不允许采用爆破、机械拆除的情况；人工拆除易于保留部分建筑物，但施工人员必须亲临拆除点操作，劳动强度大，受天气影响大，拆除速度慢；人工拆除通常需要进行高空作业，危险性大，易发生高处坠落等安全事故。

2. 机械拆除

如图 3-102 所示，机械拆除是采用机械设备，将拟拆除物拆解、破碎、清除的作业。机械拆除无需人员直接接触作业点，安全性较高。机械施工速度快，可以缩短工期，但作业时扬尘较大，必须采用湿式作业法。需要部分保留的建筑物也不可直接拆除，必须人工分离后方可拆除。

图 3-101　人工拆除

图 3-102　机械拆除

3. 爆破拆除

如图 3-103 所示，爆破拆除是使用民用爆炸物品，将拟拆除物解体、破碎、清除的作业。爆破拆除适用于各类高层建筑物及各类基础和地下构筑物的拆除。尽管目前机械拆除能力很强，但很多高层建筑物的拆除仍以爆破拆除为主。

4. 静力破碎拆除

如图 3-104 所示，静力破碎拆除是利用静力破碎剂水化反应的膨胀力，将拟拆除物胀裂、破碎、清除的作业。静力破碎拆除是在需要拆除的构件上打孔，装入胀裂剂，待胀裂剂发挥作用后将混凝土胀开，再使用风镐或人工剔凿的方法剥离胀裂的混凝土。静力破碎拆除操作简单，使用安全，可以减少对周围结构的扰动，降低施工噪声，但它的成本较高、威力较小、施工周期较长，且静力破碎剂是弱碱性混合物，具有一定腐蚀性，对人体会产生一定的危害作用。

图 3-103　爆破拆除

图 3-104　静力破碎拆除

3.7.2　拆除施工安全技术措施

1. 拆除前的准备工作

（1）经依法批准建设的房屋建筑需要拆除的，建设单位必须报请城乡规划主管部门批准，未经规划主管部门批准的不得擅自拆除。建设单位必须依法选择具备相应资质的施工企业进行房屋建筑工程拆除，并办理房屋建筑拆除工程施工备案手续。

（2）拆除工程施工前，建设单位应与施工单位签订安全生产管理协议，明确相关各方的权利、责任和义务，为拆除工程施工创造安全的作业环境，保障施工现场作业安全。

（3）拆除工程施工前，应掌握有关图纸和资料。有关图纸和资料是拆除工程设计、施工的必要依据，包括拟拆除物、施工现场及毗邻区域内供水、排水、供电、供气、供热、通信、广播电视等管线图纸及资料，气象和水文观测资料，毗邻建筑物、构筑物和地下工程的有关资料。拆除工程施工前，建设单位和施工单位应依据图纸和资料进行全面复核，掌握实际状况。对影响施工的管线、设施和树木等进行迁移工作。需保留的管线、设施和树木应采取相应的防护措施。

（4）建设单位必须向施工企业提供施工现场地上地下管线资料和相邻建（构）筑物、地下工程有关资料，并做好可能影响拆除工程安全的各种管线的切断、迁移或者保护工作。

（5）拆除工程施工前，施工单位应检查建（构）筑物内各类管线情况，确认全部切断后方可施工。当拆除工程对周围相邻建筑安全可能产生危险时，必须采取相应保护措施，对建筑内的人员进行撤离安置。

（6）拆除工程施工前，施工单位应根据工程特点编制施工组织设计或安全专项施工方案，拆除方案应明确拆除的对象及其结构特点、拆除方法、安全措施、拆除物的回收利用方法等，且应经企业技术负责人和总监理工程师签字批准后方可实施。对危险性较大的拆除工程专项施工方案，应按相关规定组织专家论证。对于爆破拆除工程还应遵守现行国家标准《爆破安全规程》GB 6722—2014 的相关规定。

（7）拆除工程施工前，还应根据工程特点、危险源辨识情况，编制应急预案、制定应急措施。

（8）项目负责人对拆除工程的安全生产负全面领导责任。项目部应按规定配备专职安全生产管理人员，检查落实各项安全技术措施。

（9）从事拆除的作业人员必须经安全培训考试合格后方可上岗。拆除工程施工前，施工单位必须对施工作业人员进行书面安全技术交底，并向作业人员提供安全防护用具。

（10）施工作业前，应对拆除施工所使用的机械设备和防护用具进行进场验收和检查，合格后方可作业。

（11）建筑物拆除应按规定进行公示。拆除工程相关信息的公示是保证拆除工程作业安全的手段，拆除前张贴告示通知拆除工程附近的单位及路过的人群，提醒相关人员注意安全。大型拆除工程可通过电台等告知人们注意安全。

2. 拆除施工安全管理基本要求

（1）施工单位必须依据拆除工程安全施工组织设计或安全专项施工方案，在拆除施工现场划定危险区域，并设置警戒线和相关的安全标志，应派专人监管。

（2）拆除工程施工应先切断电源、水源和气源，再拆除设备管线设施及主体结构；主体结构拆除宜先拆除非承重结构及附属设施，再拆除承重结构。对局部拆除影响结构安全的，应先加固后再拆除。

（3）拆除施工现场应进行封闭施工，按规定进行现场围护，在醒目位置悬挂安全警示标志，禁止非施工人员进入施工区域。

（4）拆除地下物，应采取保证基坑边坡及周边建筑物、构筑物的安全与稳定的措施。

（5）有限空间拆除施工必须制定应急处置措施，配备有毒有害气体检测仪器，遵循"先通风、再检测、后作业"的原则；对生产、使用、储存危险品的拟拆除物，拆除施工前应先进行残留物的检测和处理，合格后方可进行施工；对管道或容器进行切割作业前，应检查并确认管道或容器内无可燃气体或爆炸性粉尘等残留物。

（6）拆除工程施工必须建立消防管理制度，落实防火安全责任制，并根据施工现场作业环境，制定相应的消防安全措施。当拆除作业遇有易燃易爆材料时，应采取有效的防火防爆措施。

（7）拆卸的各种构件及物料应及时清理、分类存放，并应处于安全稳定状态。

（8）拆除工程使用的脚手架、安全网，必须由专业人员按专项施工方案搭设，经验收合格后方可使用。拆除工程施工作业人员应按规定配备相应的劳动防护用品，并应正确使用。

（9）施工作业中，应根据作业环境变化及时调整安全防护措施，随时检查作业机具状况及物料堆放情况；施工作业后，应对场地的安全状况及环境保护措施进行检查。

（10）拆除工程作业中，发现不明物体应停止施工，并应采取相应的应急措施，保护现场，及时向有关部门报告。

（11）拆除工程施工中，应对拟拆除物的稳定状态进行监测；当发现事故隐患时，必须停止作业。

（12）当拆除工程施工过程中发生事故时，应及时启动生产安全事故应急预案，抢救伤员、保护现场，并应向有关部门报告。

（13）当遇大雨、大雪、大雾或 6 级及以上风力等影响施工安全的恶劣天气时，严禁进行露天拆除作业。

（14）拆除工程施工不得立体交叉作业。

（15）拆除工程完成后，应将现场清理干净。场地裸露易产生扬尘、造成水土流失及土壤污染等环境污染问题，因此，裸露的场地应采取覆盖、硬化或绿化等防扬尘的措施。对临时占用的场地应及时腾退并恢复原貌。

（16）在实现安全生产的前提下，施工单位应根据文明施工、绿色施工方案规范施工现场场容场貌、采取环境保护措施，最大限度地节约资源并减少对环境的负面影响，实现"四节一环保"。

（17）拆除工程施工应建立安全技术档案，主要内容包括：拆除工程施工合同及安全生产管理协议；拆除工程施工组织设计、安全专项施工方案和生产安全事故应急预案；安全技术交底及记录；脚手架及安全防护设施检查验收记录；劳务分包合同及安全生产管理协议；机械租赁合同及安全生产管理协议；安全教育和培训记录等。

3. 人工拆除安全技术措施

（1）人工拆除施工应从上至下逐层拆除，并应分段进行，不得垂直交叉作业。当框架结构采用人工拆除施工时，应按楼板、次梁、主梁、结构柱的顺序依次进行。

（2）当人工拆除建筑墙体时，严禁采用底部掏掘或推倒的方法；当拆除梁或悬挑构件时，应采取有效的控制下落措施；当采用牵引方式拆除结构柱时，应沿结构柱底部剔凿出钢筋，定向牵引后，保留牵引方向同侧的钢筋，切断结构柱其他钢筋后再进行后续作业；当拆除建筑的栏杆、楼梯、楼板等构件时，应与建筑结构整体拆除进度相配合，不得先行拆除；建筑的承重梁柱，应在其所承载的全部构件拆除后，再进行拆除。

（3）人工拆除前应制定安全防护和降尘措施。拆除管道及容器时，应查清残留物性质并采取相应安全措施，方可进行拆除施工。

（4）当进行人工拆除作业时，水平构件上严禁人员聚集或集中堆放物料，作业人员应在稳定的结构、脚手架或作业平台上操作。对人工拆除施工作业面的孔洞，应采取防护措施。

（5）拆除现场使用的小型机具，如电镐、液压锯、冲击钻、液压钳等，严禁超负荷或带故障运转。

4. 机械拆除安全技术措施

（1）机械拆除宜选用低能耗、低排放、低噪声的机械，并应合理确定机械作业位置和拆除顺序，采取保护机械和人员安全的措施。

（2）对拆除施工使用的机械设备，应符合施工组织设计要求，严禁超载作业或任意扩大使用范围。供机械设备停放、作业的场地应具有足够的承载力。

（3）当采用机械拆除建筑时，应从上至下逐层拆除，并应分段进行；应先拆除非承重结构，再拆除承重结构。

（4）当采用机械拆除建筑时，机械设备前端工作装置的作业高度应超过拟拆除物的高度。

（5）大型拆除机械严禁在无保护措施的地下管线的地面上作业，严禁在距地下管线两侧 1m 范围内使用机械开挖。

（6）拆除机械需要在待拆楼面作业时，应由建筑物或构筑物设计单位对结构承载能力进行验算，经审核同意后方可施工；拆除机械不得在架空预制楼板上作业。

（7）对拆除作业中较大尺寸的构件或沉重物料，应采用起重机具及时吊运。

（8）当拆除作业采用双机同时起吊同一构件时，每台起重机载荷不得超过允许载荷的 80%，且应对第一吊次进行试吊作业，施工中两台起重机应同步作业。

（9）当拆除屋架等大型构件时，必须采用吊索具将构件锁定牢固，待起重机吊稳后，方可进行切割作业。吊运过程中，应采用辅助措施使被吊物处于稳定状态。

（10）当机械拆除需人工拆除配合时，人员与机械不得在同一作业面上同时作业。

（11）机械拆除过程应控制废水、废弃物、粉尘的产生和排放；拆除、破碎构件、翻渣、垃圾清运时，应采用洒水或喷淋措施，控制粉尘飞扬。

（12）机械拆除作业时，现场作业时应有专人警戒、指挥，确保未拆除部分结构的完整和稳定；机械操作人员以外的其他人员不能进入机械作业范围。

5. 爆破拆除安全技术措施

（1）爆破拆除工程应根据周围环境作业条件、拆除对象、建筑类别、爆破规模进行分级管理，并按照现行国家标准《爆破安全规程》GB 6722—2014 的规定采取相应的安全技术措施。

（2）在爆破拆除前，应进行试爆，并根据试爆结果，对拆除方案进行完善。

（3）从事爆破拆除工程的施工单位，必须持有工程所在地法定部位核发的爆破物品使用许可证，承担相应等级的爆破拆除工程。从事爆破拆除施工的作业人员应参加培训考核，取得相应级别和作业范围的爆破作业人员许可证后方可持证上岗。

（4）爆破器材必须向工程所在地法定部门申请爆炸物品购买许可证，到指定的供应点购买，爆破器材严禁赠送、转让、转卖和转借；运输爆破器材时，必须领取爆炸物品运输许可证，派专职押运人员押送，按规定路线运输；爆破器材临时保管地点，必须经当地法定部门审批，严禁同室保管与爆破器材无关的物品。

（5）爆破拆除设计前，应对爆破对象进行勘测，对爆区影响范围内地上、地下建筑物、构筑物、管线等进行核实确认。

（6）爆破拆除的预拆除施工，不得影响建筑结构的安全和稳定。预拆除作业应在装药前全部完成，严禁预拆除与装药交叉作业。

（7）当采用爆破拆除时，爆破震动、空气冲击波、个别飞散物等有害效应的安全允许标准，应按现行国家标准《爆破安全规程》GB 6722—2014 执行。

（8）对高大建筑物、构筑物的爆破拆除设计，应控制倒塌的触落地震动及爆破后坐、滚动、触地飞溅、前冲等危害，并应采取相应的安全技术措施。

（9）装药前应对每一个炮孔的位置、间距、排距和深度等进行验收；对验收不合格的炮孔，应按设计要求进行施工纠正或由爆破技术负责人进行设计修改。

（10）当爆破拆除施工时，应按设计要求进行防护和覆盖，起爆前应由现场负责人检查验收；防护材料应有一定的重量和抗冲击能力，应透气、易于悬挂并便于连接固定。

（11）爆破拆除可采用电力起爆网路、导爆管起爆网路或电子雷管起爆网路。电力起爆网路的电阻和起爆电源功率应满足设计要求；导爆管起爆网路应采用复式交叉闭合网路；当爆区附近有高压输电线和电信发射台等装置时，不宜采用电力起爆网路。装药前，应对爆破器材进行性能检测。试验爆破和起爆网路模拟试验应在安全场所进行。

（12）对烟囱、水塔等高大建（构）筑物进行爆破拆除时，应在倒塌范围内采取铺设缓冲垫层或开挖减振沟等触地防震措施。在城镇或人员密集区域，爆破拆除宜采用对环境影响小的静力爆破。

（13）爆破拆除时防尘和飞石控制应符合下列规定：钻机成孔时，应设置粉尘收集装置，或采取钻杆带水作业等降尘措施；爆破拆除时，可采用在爆点位置设置水袋的方法或多孔微量爆破方法；爆破完成后，宜采用高压水枪进行水雾消尘；对重点防护的范围，应在其附近架设防护排架，并挂金属网防护。

（14）爆破拆除应设置安全警戒，安全警戒的范围应符合设计要求。爆破后应对盲炮、爆堆、爆破拆除效果以及对周围环境的影响等进行检查，发现问题应及时处理。盲炮处理必须指派有经验的爆破员实施；盲炮处理后，将残余的爆破器材收集并及时销毁；爆破作业人员必须跟踪爆破体的二次破碎及渣土清理作业的全过程，及时处理可能出现的盲炮及残留的爆破器材。

6. 静力破碎拆除安全技术措施

（1）对建筑物、构筑物的整体拆除或承重构件拆除，均不得采用静力破碎的方法拆除。进行建筑基础或局部块体拆除时，宜采用静力破碎的方法。

（2）采用具有腐蚀性的静力破碎剂作业时，灌浆人员必须佩戴防护手套和防护眼镜。

（3）在相邻的两孔之间，严禁钻孔与注入破碎剂同步进行施工；孔内注入破碎剂后，药剂反应快，易产生喷孔，作业人员应保持安全距离，严禁在注孔区域行走或停留。

（4）静力破碎剂遇水后会发生化学反应，导致材料膨胀、失效，因此静力破碎剂需单独保存，严禁与其他材料混放，且应存放在干燥场所，不得受潮。

（5）当静力破碎作业发生喷孔严重、孔堵塞、灌注破碎剂受阻等异常情况时，必须立即停止作业，查清原因，并应采取相应安全措施后，方可继续施工。

7. 拆除物的综合利用

（1）建筑拆除物处理应符合充分利用、就近消纳的原则。建筑物拆除前应设置建筑拆除物的临时消纳处置场地，拆除施工完成后应对临时处置场地进行清理。

（2）建筑拆除物分类和处理应符合现行国家标准《工程施工废弃物再生利用技术规范》GB/T 50743—2012 的规定；对于无法再生利用的剩余废弃物应做无害化处理。

（3）不得将建筑拆除物混入生活垃圾，不得将危险废弃物混入建筑拆除物。

（4）拆除的门窗、管材、电线、设备等材料应回收利用。

（5）拆除的钢筋和型材应经分拣后再生利用。

任务 3.8 装配式建筑施工安全控制

任务引入

　　装配式建筑代表新一轮建筑业科技革命和产业变革方向，既是传统建筑业转型与建造方式的重大变革，也是推进供给侧结构性改革的重要举措，更是新型城镇化建设的有力支撑。在国家和行业政策驱动和市场引领下，装配式建筑呈现良好发展态势。与传统建筑相比，装配式建筑优势明显，能最大限度提高工程质量减少安全隐患、节约人力资源、提高工作效率、缩短建设工期，且更加节能环保，契合"双碳"目标。装配式建筑施工现场的安全管控重点是大型预制构件的吊运、安装作业以及高处作业等。

3.8.1 预制构件的运输与现场存放

1. 预制构件的运输安全

　　预制构件在供货前，应根据运输构件、装卸现场、运输道路等情况，制定运输方案。施工方与运输方应签署安全生产协议，落实双方的安全生产责任。

　　构件运输应由构件生产厂家按照施工现场构件需求计划进行，装车作业必须规范，装车前应清查构件、验算构件强度、设计制作运输支架；装载构件时，应采取保证车体平衡的措施，构件摆放合理、不偏载；对构件边角部或链索接触处的混凝土，宜采用垫衬加以保护；要有防止构件移动、倾倒、变形损坏的固定措施。装车后进行检查合格方可上路。

　　运输车辆应满足构件尺寸和载重要求，有可靠的稳定构件措施，保证构件运输途中的安全，防止构件损坏。预制构件在运输过程中应做好安全和成品防护，对于超高、超宽、形状特殊的大型预制构件的运输和存放应制定专门的质量安全保证措施。

　　构件运输时应采取如下防护措施：

　　（1）设置柔性垫片避免预制构件边角部位或链索接触处的混凝土损伤。

　　（2）用塑料薄膜包裹垫块避免预制构件外观污染。

　　（3）竖向薄壁构件设置临时防护支架。

　　（4）装箱运输时，箱内四周采用木材或柔性垫片填实，支撑牢固。

　　如图 3-105 所示，构件运输应根据构件特点采用不同的方式，托架、靠放架、插放架应进行专门设计，并进行强度、稳定性和刚度验算。

　　（1）内外墙板宜采用立式运输，外饰面层应朝外，梁、板、楼梯、阳台板等宜采用水平运输。

　　（2）采用靠放架立式运输时，构件与地面倾斜角度宜大于80°，构件应对称靠放，每侧不应大于2层，构件层间上部采用木垫块隔离。

　　（3）采用插放架直立运输时，应采取防止构件倾倒措施，构件之间应设置隔离垫块。

　　（4）水平运输时，预制梁、柱构件叠放不宜超过3层，板类构件叠放不宜超过6层。

叠合板运输　　　　　　　　　楼梯运输

阳台板运输　　　　　　　　　墙板运输

图 3-105　预制构件的运输

构件运输过程中应遵守交通法规，严禁违章超高、超载行驶，夜间行驶应有反光标志。施工部门须派专人监视大型预制构件的运输全过程，随时注意检查装载物的偏移情况，如发现装载的构件有异常，应立即通知驾驶员停车进行整理加固。

2. 进场验收

装配式建筑施工过程中，预制构件的质量好坏直接影响构件吊装与拼接过程的施工安全，因此，预制构件在出厂前、进场后均应进行严格的质量检查与验收（图 3-106）。

图 3-106　预制构件的质量检查与验收

施工现场应建立预制构件到货验收和报废管理制度，使用质量合格、符合设计要求的预制构件。预制构件的进场验收主要包括以下内容：

（1）构件产品质量证明文件。

（2）预埋在构件内的吊点承力件的承载力证明文件。

（3）预制构件上喷涂的产品标识应清晰、耐久，标识内容包括生产厂标志、制作日期、品种、编码、检验状态等。

（4）吊点、施工设施和设备附着点、临时支撑点的位置、数量应符合设计要求。

3. 场内运输、卸车

施工现场应根据构件运输车辆设置合理的回转半径和道路坡度，现场运输道路应满足承载力要求，并应有排水措施，当运输道路或构件堆场位于地下室顶板时，应对顶板进行结构受力复核，必要时采取加固措施。

进入施工现场内行驶的机动车辆，应按照专项施工方案中指定的线路和规定的速度进行安全行驶，严禁违章行驶、乱停乱放；司乘人员应做好自身的安全防护，遵守现场安全文明施工管理规定（图 3-107）。

图 3-107 场内运输、卸车

专项施工方案中应明确构件卸车作业安全要求，卸车时应设专人指挥，操作人员应位于安全位置。为保证车体平衡，防止构件移动、倾倒、变形，应根据预制构件品种、规格、数量，采取对称卸料、临时支撑等措施。构件卸车挂吊钩、就位摘取吊钩时应设置专用登高工具及其他防护措施，严禁沿构件攀爬。

卸车作业前，应复核所使用机械的工作性能，起重机械和索具设备应处于安全操作状态，并应核实现场环境、天气、道路状况等因素满足吊运作业要求。

卸车作业区域四周应设置警戒标志，严禁非操作人员入内。夜间卸车作业时，应保证足够的照明。

4. 预制构件现场存放

预制构件应设置专用堆场（图 3-108），并满足施工现场总平面布置要求，堆场选址应综合考虑垂直运输设备起吊半径、施工便道布置及卸货车辆停靠位置等因素，便于运输和吊装，避免交叉作业。

构件堆放区应设置隔离围栏，预制构件应按品种、规格型号、吊装顺序分类分区堆放，相邻堆垛之间应有足够的作业空间和安全操作距离，通道宽度符合要求，有明显的安全通道线或围栏，通道两边不应有突出或锐边物品。

预制构件存放应符合下列规定：

（1）存放场地应平整、坚实，并应有排水措施。

（2）存放库区宜实行分区管理和信息化台账管理。

（3）应按照产品品种、规格型号、检验状态分类存放，产品标识应明确、耐久，预埋吊件应朝上，标识应向外。

图 3-108　预制构件的存放

（4）应合理设置垫块支点位置，确保预制构件存放稳定，支点宜与起吊点位置一致。

（5）与清水混凝土面接触的垫块应采取防污染措施。

（6）预制构件多层叠放时，每层构件间的垫块应上下对齐；预制楼板、叠合板、阳台板和空调板等构件宜平放，叠放层数不宜超过 6 层；长期存放时，应采取措施控制预应力构件起拱值和叠合板翘曲变形。

（7）预制柱、梁等细长构件宜平放且用两条垫木支撑。

（8）预制内外墙板、挂板宜采用专用支架直立存放，支架应有足够的强度和刚度，薄弱构件、构件薄弱部分和门窗洞口应采取防止变形、开裂的临时加固措施。

预制构件成品保护应符合下列规定：

（1）预制构件成品外露保温板应采取防止开裂措施，外漏钢筋应采取防弯折措施，外露预埋件和连接件等外漏金属件应按不同环境类别进行防护或防腐、防锈。

（2）宜采取保证吊装前预埋螺栓孔清洁的措施。

（3）钢筋连接套筒、预埋孔洞应采取防止堵塞的临时封堵措施。

（4）露骨料粗糙面冲洗完成后应对灌浆套筒的灌浆孔和出浆孔进行透光检查，并清理灌浆套筒内的杂物。

（5）冬季生产和存放的预制构件的非贯穿孔洞应采取措施防止雨雪水进入发生冻胀损坏。

3.8.2　预制构件的现场安装

1. 构件吊装

构件安装施工前，应复核吊装设备的吊装能力，保证吊装设备及吊具处于安全操作状态，并核实现场环境、天气、道路状况等是否满足吊装施工要求。

吊装作业应实施区域封闭管理，设置警戒线和警戒标识，并安排专人警戒，对无法实施隔离封闭的，应采取专项防护措施。

构件吊装作业（图 3-109）应符合下列规定：

图 3-109　预制构件的吊装

（1）吊装作业前，应根据当天的作业内容进行班前安全技术交底。

（2）预制构件应按照专项施工方案中的吊装顺序预先编号，吊装时严格按编号顺序起吊。

（3）吊点数量、位置应经计算确定，应保证吊具连接可靠，应采取保证起重设备的主钩位置、吊具及构件中线在竖直方向上重合的措施。

（4）吊索水平夹角不宜小于 60°，且不应小于 45°。

（5）每班作业前应进行检查和试吊，检查吊具与起重设备，确认机械性能良好。预制构件起吊后，应先将预制构件提升 300mm 左右后，停稳构件，检查钢丝绳、吊具和预制构件状态，确认吊具安全且构件平稳后，方可缓慢提升构件。

（6）起重吊装作业严格执行"十不吊"原则，信号工、司索工、起重机械司机应熟知吊装作业安全操作规程，规范作业，保持通信畅通。

（7）预制构件在吊装过程中，宜于构件两端绑扎缆风绳，并应由操作人员控制构件的平衡和稳定，不得偏斜、摇摆和扭转。高空应通过缆风绳改变预制构件方向，严禁高空直接用手扶预制构件。

（8）吊运时，构件下方严禁站人，应待预制构件降落至距地面 1m 以内方准作业人员靠近，就位固定后方可脱钩。

（9）吊装作业时，应采用慢起、稳升、缓放的操作方式，吊运过程，应保持稳定，不得斜拉、斜吊，吊装的构件应及时安装就位，严禁吊装构件长时间悬停在空中。严禁在重叠的竖向构件上起吊上层的构件。

（10）吊装作业时，非作业人员严禁进入吊装警戒区，在起吊的预制构件坠落半径范围内严禁人员停留或通过。

（11）预制构件摘钩作业前应将安全绳固定于牢靠位置，并由相关人员对现场进行吊装完工确认后，方可摘钩。

（12）吊装大型构件、薄壁构件或形状复杂的构件时，应使用分配梁或分配桁架类吊具，并应采取避免构件变形和损伤的临时加固措施。

（13）夜间不宜进行吊装作业，遇到雨、雪、大雾天气或五级以上大风天气等恶劣天气，不得进行吊装作业。

2. 构件就位和固定

预制构件吊装就位后，应及时校准并采取临时固定措施。临时固定措施、临时支撑系统应具有足够的强度、刚度和整体稳固性，应按《混凝土结构工程施工规范》GB 50666—2011 的有关规定进行验算。

预制构件与吊具的分离应在校准定位及临时支撑安装完成后进行。作业人员应位于可靠的立足点上。在柱、结构墙板等竖向构件就位安装时，应采用专用工具将竖向构件的标高调整到位，作业人员不应将手伸入拼装缝内。

竖向预制构件安装采用临时支撑（图 3-110）时，应符合以下规定：

（1）预制构件的临时支撑不宜少于 2 道。

（2）对预制柱、墙板构件的上部斜支撑，其支撑点距离板底的距离不宜小于构件高度的 2/3，且不应小于构件高度的 1/2；斜支撑应与构件可靠连接。

（3）构件安装就位后，可通过临时支撑构件对构件的位置和垂直度进行微调。

图 3-110　预制构件临时支撑

水平预制构件安装采用临时支撑时，应符合以下规定：

（1）首层支撑架体的地基应平整坚实，宜采取硬化措施。

（2）临时支撑的间距及其与墙、柱、梁边的净距应经设计计算确定，竖向连续支撑层数不宜少于 2 层且上下层支撑宜对准。

（3）叠合板预制底板下部支架宜选用定型独立钢支柱，竖向支撑间距应经计算确定。

3. 构件连接

当预制柱、预制墙或预制梁等构件安装就位后，应及时进行构件连接。装配式混凝土结构连接包括预制构件与现浇混凝土的连接、预制构件之间的连接，连接方式有后浇混凝土连接、套筒灌浆连接（图 3-111）、浆锚搭接以及叠合连接等。

采用钢筋套筒灌浆连接，钢筋浆锚搭接连接的预制构件应符合下列规定：

（1）现浇混凝土中伸出的钢筋应采用专用模具进行定位，并应采取可靠的固定措施控制连接钢筋的中心位置及外露长度满足设计要求。

（2）构件安装前应检查预制构件上套筒、预留孔的规格、位置、数量和深度，当套筒、预留孔内有杂物时，应清理干净。

（3）应检查被连接钢筋的规格、数量、位置和长度，当连接钢筋倾斜时，应进行校

图 3-111 套筒灌浆连接

直;连接钢筋偏离套筒或孔洞中心线不宜超过 3mm。连接钢筋中心位置存在严重偏差影响预制构件安装时,应会同设计单位制定专项处理方案,严禁随意切割、强行调整定位钢筋。

(4)采用钢筋套筒连接的竖向构件吊装就位后,应及时进行灌浆连接;楼层中设置较多现浇竖向构件时,可采用多层安装后灌浆施工工艺;结构构件未灌浆楼层不应超过两层。

构件连接过程应加强质量与安全监控,构件连接部位后浇混凝土及灌浆料的强度达到设计要求后,方可拆除临时支撑系统。

3.8.3 安全文明施工要求

1. 高处作业安全防护

(1)高处作业主要包括临边与洞口作业、攀登与悬空作业、交叉作业等。装配式建筑施工高处作业应执行《建筑施工高处作业安全技术规范》JGJ 80—2016 等的相关规定。在装配式混凝土建筑专项施工方案及作业指导书中应明确高处作业的安全技术措施及所需材料和工具。

(2)安全防护设施宜采用定型化、工具化设施。高处作业施工前,应按类别对安全防护设施进行检查、验收,验收合格后方可进行作业,并应作验收记录。验收可分层或分阶段进行。

(3)高处作业施工前,应对作业人员进行安全技术交底,并应做好记录。项目部应为高处作业人员配备符合要求的高处作业安全防护用品,作业人员并应按规定正确佩戴和使用(图 3-112)。

(4)高处作业所用的物料应堆放平稳,不得妨碍通行和装卸。工具应随手放入工具袋,传递物料时不得抛掷;拆卸下的物料及余料、废料应及时清运,不得随意放置或向下丢弃。

(5)高处作业平台临边应设置不低于 1.2m 的防护栏杆,并应采用密目式安全网或工具式栏板封闭。预制构件安装进行攀登作业时,攀登作业设施和用具应牢固可靠;坠落高度大于等于 2m 时,应有可靠防护措施。

(6)临边进行预制构件就位时,作业人员应站在预制构件的内侧。预制构件离安装面

图 3-112　高处作业人员安全防护

大于1m时，宜使用牵缆绳辅助就位。

（7）在雨雪、雾天进行高处作业时，应采取防滑、防冻和防雷措施，并应及时清除作业面上的积水。雨雪天气后，应对安全防护设施进行检查，发现有松动、变形、损坏或脱落等现象时，应立即修理完善，维修合格后方可使用。

2. 外防护设施搭拆作业

（1）装配式结构施工外防护架宜选用工具式外防护架（图 3-113），防护架体形式不得随意更改，施工过程中的安全防护系统的实际荷载不得超过设计限值。

图 3-113　装配式结构施工外防护架

（2）外防护架施工前，应根据工程结构、施工环境等特点编制施工方案，并经总承包单位技术负责人审批、项目总监理工程师审核后实施。外防护架施工方案应包括特殊部位的处理措施，安装、升降、拆除程序及安全措施，使用过程的安全措施等。

（3）外防护设施附墙点或受力点宜设置在现浇部位，当设置在预制构件上时，应由设计单位对该预制构件的安全性进行复核，并出具相应核算书。在预制构件生产时，应进行相应附墙点孔洞的预留，预留位置应准确，避开构件灌浆孔位、管线及带有减重块的非承重墙体区域等位置，不宜在施工现场开孔。

（4）外防护设施应与主体结构可靠连接，应设有防倾覆、防坠落等安全装置。外挂式防护架应采用穿墙螺杆、螺母、钢板垫片与预制墙体进行紧固连接，每一接触面处不得少于2道穿墙螺杆；架体与结构、两片外挂架之间应有间隙，采用硬质材料进行封闭。

（5）防护设施的安装和拆除应由专业人员操作，经检验检测和验收合格后方可使用。在外防护架搭设、提升、拆卸过程中，吊升区域下方应设置警戒隔离区域，安排专人监护，严禁无关人员随意进入。

（6）使用塔式起重机进行提升时，未挂好吊钩前，严禁松动架体与建筑结构的连接螺栓；螺栓未松动时，严禁起吊架体；螺栓紧固前，不得脱钩。架体提升前，应清理架体上的物料，提升过程中，严禁人员停留在架体上。

（7）当临街通道、场内通道、出入建筑物通道、施工电梯及物料提升机地面进料口作业通道处于坠落半径内或处于起重机起重臂回转范围内时，应设置防护棚或防护通道。

（8）阳台、楼梯间、电梯井、卸料台、楼层临边防护及平面洞口等的防护应符合《建筑施工高处作业安全技术规范》JGJ 80—2016 的有关要求。

3. 安全管理基本要求

（1）装配式建筑施工宜采用 BIM 信息化技术、物联网技术等手段对施工全过程及关键工艺进行信息化模拟和安全管控。

（2）各参建单位应建立和健全安全生产责任体系，明确各职能部门和管理人员安全生产责任，建立相应的安全生产管理制度和项目安全管理网络。建设单位应组织协调设计、施工、预制构件生产、监理等项目参建单位对涉及施工安全的关键工况进行检查复核；设计单位在结构设计时，宜考虑构件预制、安装阶段安全生产的需要；施工单位应在装配式混凝土建筑工程施工前组织工程技术人员编制专项施工方案，按照安全生产相关规定制定和落实项目施工安全技术措施；监理单位应结合专项施工方案，编制监理实施细则，动态调整施工安全监理方案，强化对施工现场的安全生产措施和条件的监控。

（3）采用新技术、新材料、新设备和新工艺的装配式建筑专用的施工操作平台、高处临边作业的防护设施等，应在相关设计文件中，明确保障施工作业人员安全和预防安全事故的管理和技术措施，需要组织专家论证的，应按相关规定进行论证。

（4）安装施工前，施工单位应根据工程特点和施工计划安排施工作业人员和配备劳动防护用品。定期对进场的安装和吊装工人、设备操作人员、灌浆工等进行安全教育培训。项目经理、专职安全员和特种作业人员应持证上岗。

（5）临时支撑的搭设和拆除、构件吊装、外防护架的安装、升降和拆除等施工作业，应单独进行安全技术交底。

（6）起重设备使用应按行政主管部门要求办理建筑起重机械安装或拆卸备案登记、安装告知登记、使用登记及拆卸告知登记等手续。现场的垂直运输设备，应按照"一机一档"原则，建立设备出厂、现场安拆、安装验收、使用检查和维修保养等资料。

（7）现场配置的吊运起重机械的规格和数量应满足预制构件进场、卸车、堆放、吊装等作业的要求。施工作业使用的专用吊具、锁具、定型工具式支撑、支架等，应进行安全验算，使用中进行检查，确保其安全状态。

（8）施工单位应建立安全检查制度，组织现场安全检查，对事故隐患应及时定人、定时间、定措施进行整改。雨季等特殊季节施工过程中，应经常检查起重设备、道路、构件堆场、临时用电等安全技术措施是否落实。

（9）临时用电工程应经编制、审核、批准部门和使用单位共同验收，合格后方可投入使用。施工现场供用电设施和电动机具应符合国家现行有关标准的规定，线路绝缘应良好；灌浆等设备临时电源线应临时架立，不得随意放置地面。

4. 文明施工与环境保护

（1）施工现场应实行封闭管理，采用硬质围挡，鼓励采用装配式围挡。市区主要路段围挡高度不应低于 2.5m，一般路段围挡高度不应低于 1.8m。工地大门口应设置门卫值班室，配置一定数量的安全帽，严格执行外来人员进场登记制度。

（2）施工现场应根据工程施工特点对重大危险源进行分析并予以公示，并制定专项应急预案、定期组织演练。根据施工现场安全标志布置图，在构件运输出入口及主要施工区域等危险部位设置安全警示标志牌。

（3）施工现场应建立消防安全管理机构，制定消防管理制度，定期开展消防专项检查和消防应急演练。临时消防设施应与工程施工进度同步设置。

（4）堆放场地严禁烟火，动火作业严格履行动火审批手续。构件之间连接材料、接缝密封材料、外墙装饰和保温材料应满足消防要求。装配式建筑密封胶配套的清洗液和底涂液均属于易燃易爆物品，并具有一定的毒性，应分类专库储存，库房内应通风良好，并应设置严禁明火标志。

（5）场地平面布置应满足各类预制构件运输、卸车、堆放、吊装的安全要求。场地内起重设备位置的选定，应结合场内道路、存放场地、构件安装位置、起重量和装拆方便等多方面因素综合考虑。

（6）构件堆放场地应设置围挡及警示标志；场地、道路应平整坚实、排水畅通，并应进行承载力验算；施工现场道路的路基承载力、回转半径和宽度等应满足预制构件运输的要求。

（7）施工过程中可能接触粉尘、有毒有害气体等的操作人员应采取有效的安全防护措施，防止职业病危害因素的影响。

（8）施工现场应采取有效的环保措施，严格控制粉尘、噪声、污水和垃圾等污染源，减少对环境的污染。在工程施工期间，对环境的影响应满足国家、行业和当地有关法律法规的要求。防治污染的设施，应与主体工程同时设计、同时施工、同时投入生产和使用。

（9）施工过程中，应采取建筑垃圾减量化措施。对施工过程中产生的建筑垃圾进行分类、统计和处理；产生的不可循环使用的建筑垃圾，应集中收集，并及时清运至有关部门指定地点；可循环使用的建筑垃圾，应加强回收利用，并做好记录。

（10）宜选用环保型隔离剂，涂刷隔离剂时应防止洒漏；密封胶、涂料和胶粘剂等化学物质应按规定进行存放、使用和回收，严禁随意处置；混凝土外加剂、养护剂的使用应满足环境保护的要求。

（11）严禁在施工现场焚烧任何杂物以及其他会产生有毒、有害烟尘和气体的物质；严禁将有毒有害废弃物作土方回填。

（12）施工过程中，对施工设备和机具维修、运行、存储时的漏油，应采取有效的隔离措施，不得直接污染土壤。漏油应统一收集并进行无害化处理。

（13）起重设备、吊索、吊具等保养中的废油脂应集中回收处理；操作工人使用后的废旧油手套、棉纱等应集中回收处理。

（14）施工现场应加强对废水、污水的管理，现场应设置污水池和排水沟。废水、废弃涂料、胶料应统一处理，严禁未经处理直接排入下水管道。应采取沉淀、隔油等措施处理施工过程中产生的污水，不得直接排放。

（15）施工过程中，应采取防尘、降尘措施。施工现场的主要道路宜进行硬化处理或采取其他扬尘控制措施。可能造成扬尘的露天堆放材料，宜采取扬尘控制措施。预制构件运输过程中，应保持车辆整洁，防止对场内道路的污染，并减少扬尘。

（16）施工过程中，应对材料搬运、施工设备和机具作业等采取可靠的降低噪声措施，施工作业在施工场界的噪声级应符合现行国家标准《建筑施工场界环境噪声排放标准》GB 12523—2011 的有关规定。

（17）夜间施工应采取光污染控制措施。可能产生强光的施工作业，应采取防护和遮挡措施。采用低角度灯光照明，防止光污染对周边居民的影响。

知识链接

装配式建筑——见证中国速度、彰显中国力量

2020 年年初，新型冠状病毒疫情突如其来，我国的疫情防控，行动速度之快、规模之大，世所罕见。2020 年 2 月，仅用十天建成的火神山和雷神山两大医院，成为"中国速度"的代表，更是"中国实力"的象征。让世界震撼的"史诗级工程"背后是工业化装配式建筑建造技术和综合国力，是国家行动、是政府作为，更是 14 亿同胞的守望相助，是中国精神的迸发、中国力量的凝聚。

让我们一起来回顾一下火神山、雷神山装配式医院的建造过程。

1 月 23 日，武汉市决定参照北京小汤山医院模式建设火神山医院。中国建筑第三工程局有限公司牵头，迅速搭建组织体系，现场成立了武汉市城乡建设局、中建三局、分包单位三级指挥作战系统，制定"小时制"作战地图，倒排工期，将每一步施工计划精确到小时乃至分钟，大量运用装配式建造、BIM 建模、智慧建造等前沿技术，根据现场情况实时纠偏，使数百家分包、上千道工序、上万名建设者统一协调、密切配合，确保规划设计、方案编制、现场施工、资源保障无缝衔接、同步推进。

1 月 24 日，项目入场挖机 95 台，推土机 33 台，压路机 5 台，自卸车 160 台，160 名管理人员和 240 名工人集结完毕，并组建起 2000 人的后备梯队。很快，寒风凛冽的知音湖畔，变成了热火朝天的施工现场，轮班作业，24 小时施工。管理人员从 160 人增加到 1500 余人，作业人员从 240 人到 1.2 万多人，大型机械设备、车辆从 300 台到近千台，快速推进局面迅速形成。除夕夜，火神山医院施工现场灯火通明，各种机械开足马力，仅用一天时间，大部分土地平整工作完成。

1 月 25 日，大年初一，火神山医院正式开工建设，场地整平、碎石回填全部完成，管沟开挖、HDPE 膜铺贴持续进行，北区开始板房基础混凝土浇筑并同时进行流水作业，第一批箱式板房开始搭设。水电暖通、机电设备等材料全面到位，同步开始作业。国家电网变压器、线杆等设备设施和 10 支施工队伍约 200 人到位，中国电信、联通、移动等负责建设的火神山医院 5G 基站挂站开通。与此同时，武汉市决定再建

一所雷神山医院，开启"双线作战"模式。

1月26日，火神山医院完成建筑总平面，第一间样板房建成；1月27日，首批箱式板房开始吊装搭建；1月28日，混凝土浇筑全面展开，同步铺设地下管网，火神山医院效果图正式发布；1月29日，300多个箱式板房骨架安装已经完成，约400个场外板房完成拼装；1月30日，调蓄水池高密度聚乙烯膜铺设全面完成，污水处理间设备吊装同步展开，集装箱板房进场、改装、吊装快速推进；1月31日，九成集装箱的拼装均已完成，活动板房骨架安装3000m²；1月31日23点49分，火神山医院全部通电；2月1日，火神山医院项目场地基础施工全部完成，全面展开医疗配套设备安装；2月2日上午，武汉火神山医院举行军地交接仪式，火神山医院正式交付人民军队医务工作者。随后，雷神山医院于2月6日顺利开展验收工作。

施工现场就是战场，平凡而又伟大的建设者们像战士一样，负重前行、日夜坚守，为生命而战、与死神赛跑！仅仅10天时间，在24小时数以千万的"云监工"的在线督战下，万众瞩目的火神山医院、雷神山医院拔地而起！一帧帧忙碌的画面（图3-114），一个个奋战的身影，一条条振奋人心的消息，让我们的心热血沸腾，这就是中国气魄、中国力量、中国精神、中国效率！众志成城、无坚不摧！

图3-114　火雷神山建设监控画面

速度的背后，是中国建造技术的创新，是中国综合国力的彰显。火神山和雷神山医院的建设采用了行业最前沿的装配式建筑技术，最大限度地采用拼装式工业化成品，大幅减少现场作业的工作量，节约了大量时间。同时，在外部拼接过后进行整体吊装，将现场施工和整体吊装穿插进行，实现了效率最大化。以集装箱这样的预制件或"模块化结构"建造的火神山、雷神山医院，安全且高效。医院建设期间，全国各地各个行业都调动了起来，从物资到技术，从硬件到软件，真正感受到了中国综合国力的增强，这也是我们能够创造"火神山速度""雷神山速度"的最强劲底气之所在。千万中华儿女，平凡而伟大，坚毅而有信仰，胸怀赤子之心，逆行守护，向全世界展现中国速度、诠释中国力量！

职业能力训练

一、职业技能知识点考核

1. 单项选择题

（1）边长超过（　　）的水平洞口，四周设防护栏杆，洞口下张设安全平网。

A. 50cm　　　　　B. 100cm　　　　　C. 150cm　　　　　D. 200cm

（2）遇有（　　）以上强风、浓雾等恶劣天气，不得进行露天攀登与悬空高处作业。

A. 五级　　　　　B. 六级　　　　　C. 七级　　　　　D. 八级

（3）电梯井口必须设置防护栏杆或固定栅门，电梯井内应每隔两层并最多隔（　　）设一道安全网。

A. 5m　　　　　B. 8m　　　　　C. 10m　　　　　D. 12m

（4）支设高度在（　　）以上的柱模板，四周应设斜撑，并应设置操作平台。

A. 2m　　　　　B. 3m　　　　　C. 5m　　　　　D. 10m

（5）脚手架搭设要求必须配合施工进度，一次搭设高度不应超过相邻连墙件以上（　　），每搭完一步脚手架后应校正步距、纵距、横距及立杆的垂直度。

A. 一步　　　　　B. 两步　　　　　C. 三步　　　　　D. 四步

（6）一字形、开口型脚手架的两端必须设置连墙件，连墙件的垂直距离不应大于建筑物的层高，且不应大于（　　）。

A. 2m　　　　　B. 3m　　　　　C. 4m　　　　　D. 5m

（7）脚手架扣件螺栓的拧紧扭力矩应为（　　）。

A. 20～40N·m　　B. 30～60N·m　　C. 40～65N·m　　D. 40～75N·m

（8）型钢悬挑梁宜采用双轴对称截面的型钢，悬挑长度按设计确定，固定段长度不应小于悬挑段长度的（　　）倍。

A. 1.0　　　　　B. 1.25　　　　　C. 1.5　　　　　D. 2.0

（9）脚手架剪刀撑必须沿高度连续设置，脚手架高度在24m以下时，各组剪刀撑间距不大于（　　），高度超过24m时，剪刀撑必须沿长度方向和高度方向连续设置。

A. 6m　　　　　B. 9m　　　　　C. 15m　　　　　D. 20m

（10）附着式升降脚手架停用超过（　　）个月或遇6级及以上大风后复工时，应进行检查，确认合格后方可使用。

A. 1　　　　　B. 2　　　　　C. 3　　　　　D. 6

（11）当承插型盘扣式支撑架搭设高度大于16m时，顶层步距内应每跨布置（　　）。

A. 剪刀撑　　　B. 横向斜撑　　　C. 连墙件　　　D. 竖向斜杆

（12）冲压钢板脚手板的钢板厚度不宜小于（　　），板面冲孔内切圆直径应小于（　　）。

A. 1.5mm，2.5mm

C. 2.0mm，25mm

B. 1.5mm，25mm

D. 2.0mm，50mm

（13）（　　）是指沿垂直于门架平面方向排列的相邻两榀门架之间的距离，其值为相邻两榀门架立杆中心距离。

A. 门架步距　　　　B. 门架跨距　　　　C. 门架列距　　　　D. 门架横距

(14) 下列有关高处作业吊篮的描述中，不正确的是（　　）。

A. 悬挂机构前支架严禁支撑在女儿墙上、女儿墙外或建筑物外挑檐边缘

B. 吊篮运行时安全钢丝绳应张紧悬垂

C. 吊篮内的作业人员不应超过 3 人

D. 作业人员专用的挂设安全带的安全绳应固定在建筑物可靠位置上，不得与吊篮上的任何部位连接

(15) 移动电焊机时，应（　　）。

A. 断开负荷开关　　B. 切断电源　　　　C. 降低电压　　　　D. 调整电流

(16) 振捣器操作人员应掌握一般安全用电知识，作业时应穿（　　），戴（　　）。

A. 胶鞋，帆布手套　　　　　　　　B. 防滑鞋，线手套

C. 绝缘鞋，绝缘手套　　　　　　　D. 绝缘鞋，防护目镜

(17) 强夯机械的夯锤起吊后，地面操作人员应迅速撤离至安全距离以外，非强夯施工人员不得进入夯点（　　）范围内。

A. 5m　　　　　　　B. 10m　　　　　　C. 30m　　　　　　D. 50m

(18) 多塔作业时，低位塔式起重机的起重端部与另一台塔式起重机的塔身之间的距离不得小于（　　）。

A. 1.0m　　　　　　B. 2.0m　　　　　　C. 3.0m　　　　　　D. 5.0m

(19) 塔式起重机检查评定项目中不属于保证项目的是（　　）。

A. 载荷限制装置　　　　　　　　　B. 行程限位装置

C. 多塔作业　　　　　　　　　　　D. 基础与轨道

(20) 下列有关物料提升机使用的叙述中，正确的是（　　）。

A. 只准运送物料，严禁载人上下

B. 一般情况下不准载人上下，遇有紧急情况可载人上下

C. 安全管理人员检查时可乘坐吊篮上下

D. 维修人员可以乘坐吊篮上下

(21)（　　）是用来防止塔式起重机变幅小车超过最大或最小幅度的两个极限位置的安全装置。

A. 起重量限制器　　B. 超高限制器　　　C. 行程限制器　　　D. 幅度限制器

(22)（　　）是施工升降机的安全保护装置，它可以限制吊笼的运行速度、防止吊笼坠落。

A. 缓冲弹簧　　　　B. 防坠安全器　　　C. 限位开关　　　　D. 安全防脱钩

(23) 施工现场专用的、电源中性点直接接地的 220/380V 三相四线制用电工程中，必须采用的接地保护形式是（　　）。

A. TN　　　　　　　B. TN-S　　　　　　C. TN-C　　　　　　D. TT

(24) 施工现场用电工程中，PE 线上每处重复接地的接地电阻值不应大于（　　）。

A. 4Ω　　　　　　　B. 10Ω　　　　　　C. 30Ω　　　　　　D. 100Ω

(25) 在建工程（含脚手架）的周边与 10kV 外电架空线路边线之间的最小安全操作距离应是（　　）。

A. 4m   B. 6m   C. 8m   D. 10m

（26）开关箱中漏电保护器的额定漏电动作电流不应（　　），额定漏电动作时间不应大于 0.1s。

A. >10mA   B. <10mA   C. >30mA   D. <30mA

（27）架空电缆应沿电杆、支架或墙壁敷设，并采用绝缘子固定，沿墙壁敷设时最大弧垂距地不得小于（　　）。

A. 1m   B. 2m   C. 3m   D. 4m

（28）木工机械距闸箱水平距离不得大于（　　），以便发生故障时，迅速切断电源。

A. 2m   B. 3m   C. 4m   D. 5m

（29）配电箱的金属箱门与金属箱体必须采用（　　）做电气连接。

A. 编织软铜线   B. 绝缘铜导线   C. 裸导体   D. 母线

（30）聚光灯、碘钨灯等高热灯具与易燃物距离不宜小于（　　），且不得直接照射易燃物。达不到规定安全距离时，应采取隔热措施。

A. 100mm   B. 200mm   C. 300mm   D. 500mm

（31）下列选项中，关于行灯使用的基本要求错误的是（　　）。

A. 电源电压一般为 220V

B. 灯体与手柄应坚固、绝缘良好并耐热耐潮湿

C. 灯头与灯体结合牢固，灯头无开关

D. 灯泡外部有金属保护网

（32）易燃仓库内严禁使用（　　）照明灯具。

A. 碘钨灯   B. 25 瓦白炽灯   C. 荧光灯   D. 防爆灯

（33）土方机械作业前，必须查明施工场地内明、暗铺设的各类管线等设施，并应采用明显记号标识。严禁在离地下管线、承压管道（　　）距离以内进行大型机械作业。

A. 0.8m   B. 1.0m   C. 1.2m   D. 1.5m

（34）下列关于基坑降排水的说法中，正确的是（　　）。

A. 为方便施工，降水井井位应沿基坑一侧布置

B. 基坑内的设计降水水位应与基坑底面平齐

C. 基坑排水沟坡度不宜小于 0.3%，沿排水沟宜每隔 10m 设置一口集水井

D. 基坑排水与市政管网连接前应设置沉淀池

（35）下列关于基坑安全防护的说法中，错误的是（　　）。

A. 开挖深度超过 2m 的基坑周边必须安装防护栏杆

B. 防护栏杆应安装牢固，与基坑边的距离不宜大于 0.5m

C. 防护栏杆高度不应低于 1.2m

D. 降水井口应设置防护盖板或围栏，并应设置明显标志

（36）下列关于基坑支护的说法中，错误的是（　　）。

A. 基坑支护的设计使用期限不应小于 1 年

B. 为保证施工安全，基坑支护结构不允许产生变形

C. 支护结构必须经过设计计算确定，应有足够的稳定性

D. 支护结构的变形达到预警值时，应立即采取有效控制措施

（37）下列关于基坑开挖的说法中，正确的是（　　）。

A. 采用预应力锚杆的支护结构应在施加预加力前开挖下层土方

B. 土方开挖时不允许逆坡挖土，特殊情况下可以进行掏挖

C. 基坑开挖深度超过附近原有建筑物基础深度时应分段进行，每段不超过 5m

D. 机械开挖时，机械作业范围内不得有其他作业

（38）下列关于基坑边荷载的说法中，错误的是（　　）。

A. 坑边堆物、行走车辆应与坑边保持 1m 以上安全距离

B. 基坑周边堆物高度不应超过 1.5m

C. 基坑周边 1m 范围内可以临时堆放模板、钢管等周转材料

D. 基坑边堆土、料具等荷载应在基坑支护设计允许范围内

（39）跨度为 8m、混凝土设计强度等级为 C40 的钢筋混凝土梁板结构，混凝土强度至少达到（　　）时，才能拆除底模。

A. $25N/mm^2$ 　　　B. $30N/mm^2$ 　　　C. $35N/mm^2$ 　　　D. $40N/mm^2$

（40）模板工程安装高度超过（　　），必须搭设脚手架，除操作人员外，脚手架下不得站其他人。

A. 2m 　　　　　B. 3m 　　　　　C. 5m 　　　　　D. 8m

（41）当钢模板高度超过 15m 时，应安设避雷设施，避雷设施的接地电阻不得大于（　　）。

A. 3Ω 　　　　　B. 4Ω 　　　　　C. 5Ω 　　　　　D. 6Ω

（42）当拆除 4～8m 跨度的梁下立柱时，应（　　）。拆除时，严禁采用连梁底模板向旁侧一片拉倒的拆除方法。

A. 先从跨中开始，对称地分别向两端拆除

B. 从一端开始向另一端顺序拆除

C. 先从跨中开始，先拆一半再拆另一半

D. 以上几种方法都可以

（43）当层间高度大于 5m，采用多层立柱支模时，上下层支柱应在同一竖向中线上，且不得超过（　　）层。

A. 4 　　　　　　B. 3 　　　　　　C. 2 　　　　　　D. 1

（44）下列关于静力破碎拆除的说法中，不正确的是（　　）。

A. 建筑物整体拆除或承重构件拆除宜采用静力破碎法

B. 相邻两孔之间严禁钻孔与注入破碎剂同步进行施工

C. 孔内注入破碎剂后，严禁在注孔区域行走或停留

D. 静力破碎剂严禁与其他材料混放

（45）下列关于有限空间拆除施工必须满足的条件中，说法错误的是（　　）。

A. 配备有毒有害气体检测仪器，遵循"先检测、再通风、后作业"的原则

B. 有限空间拆除施工必须制定应急处置措施

C. 切割管道或容器前，应检查确认内部无可燃气体或爆炸性粉尘等残留物

D. 拆除储存危险品的建筑物，应先进行残留物的检测和处理

（46）预制构件起吊后，应将预制构件提升（　　）左右后，停稳构件，检查钢丝绳、

吊具和预制构件状态。

    A. 100mm   B. 300mm   C. 500mm   D. 1000mm

（47）竖向预制构件安装采用临时支撑时，预制构件的临时支撑不宜少于（   ）道。

    A. 1   B. 2   C. 3   D. 4

（48）吊机吊装区域内，非作业人员严禁进入，吊运构件时，构件下方严禁站人，应待预制构件降落至离地面（   ）以内方准作业人员靠近，就位固定后方可脱钩。

    A. 500mm   B. 800mm   C. 1000mm   D. 2000mm

（49）下列关于预制构件现场布置原则的说法中，错误的是（   ）。

    A. 中小型构件应靠近起重机械布置，重型构件宜布置在中小型构件外侧

    B. 构件应尽可能布置在起重机械半径范围内，避免二次搬运

    C. 构件布置地点应保证尽量减少吊装时机械的变幅和移动

    D. 构件叠层堆放时应满足吊装顺序要求，先吊装构件在上，后吊装构件在下

（50）下列关于预制构件运输要求的说法中，正确的是（   ）。

    A. 外墙板宜采用立式运输，外饰面层应朝内

    B. 梁、板、楼梯、阳台等构件宜采用水平运输

    C. 水平运输的预制梁叠放不宜超过 6 层

    D. 采用靠放架立式运输时，构件与地面倾斜角度不宜大于 80°

2. 多项选择题

（1）根据《建筑施工安全检查标准》JGJ 59—2011 的规定，碗扣式钢管脚手架安全检查的保证项目包括（   ）。

    A. 施工方案   B. 架体防护   C. 架体稳定   D. 架体基础

    E. 交底与验收

（2）下列有关脚手架架体拆除的说法中，错误的是（   ）。

    A. 先拆除后搭设的部分，后拆除先搭设的部分

    B. 架体拆除必须自上而下逐层进行，严禁上下层同时拆除作业

    C. 梁下架体的拆除，宜从跨中开始，对称地向两端拆除

    D. 悬臂构件下架体的拆除，宜从固定端向悬臂端拆除

    E. 预应力混凝土构件的架体拆除应在预应力施加完成前进行

（3）脚手架搭设前，所有的材料及构配件都要进行检查，并应符合（   ）的规定。

    A. 新旧扣件均已进行防锈处理

    B. 旧钢管表面锈蚀深度应小于 0.2mm

    C. 旧扣件出现滑丝的必须更换

    D. 新钢管应有产品质量合格证、质量检验报告，且质量符合规范要求

    E. 新扣件应有生产许可证、法定单位的测试报告和产品质量合格证，当对扣件质量有怀疑时，应抽样检测

（4）下列情况中，施工现场需要编制临时用电施工组织设计的是（   ）。

    A. 用电设备 5 台及以上   B. 用电设备总容量 50kW 及以上

    C. 用电设备 10 台   D. 用电设备总容量为 30kW

    E. 用电设备总容量为 100kW

(5) 采用 TN-S 系统时，PE 线的重复接地设置部位可为（　　）。

A. 总配电箱（配电柜）处　　　　B. 各分路分配电箱处

C. 总漏电保护器的进出线端　　　D. 大型施工机械设备开关箱处

E. 各分路最远端用电设备开关箱处

(6) 关于配电室的位置要求，下列说法正确的是（　　）。

A. 靠近电源

B. 远离负荷中心

C. 周边道路畅通

D. 周围环境灰尘少、潮气少、振动小、无腐蚀介质、无易燃易爆物

E. 避开污染源的上风侧和易积水场所的正上方

(7) 施工现场电缆线路可以（　　）敷设。

A. 沿地面　　　　B. 埋地　　　　C. 沿围墙　　　　D. 沿电杆或支架

E. 沿脚手架

(8) 模板工程施工坍塌事故的主要原因有（　　）。

A. 楼板拆模时，混凝土未达到设计强度

B. 在楼板上堆放物过多，使楼板超过允许的荷载

C. 现浇混凝土模板，没有经过计算，支撑系统强度不足

D. 在浇筑混凝土过程中，局部荷载过大，造成整体失稳坍塌

E. 施工现场管理制度不完善，管理混乱

(9) 下列模板工程及支撑体系，需要编制安全专项施工方案并进行专家论证的有（　　）。

A. 搭设高度 8m　　　　　　　　B. 搭设跨度 15m

C. 施工总荷载 15kN/m^2　　　　D. 集中线荷载 15kN/m

E. 滑模、爬模、飞模等工具式模板

(10) 下列关于模板拆除时的做法正确的是（　　）。

A. 拆除有洞口模板时，应采取防止操作人员坠落的措施

B. 拆模时对活动的模板部件应分多次拆除

C. 拆模一般按先支的后拆、后支的先拆、先拆非承重模板、后拆承重模板的顺序进行

D. 高处拆除模板时，应符合有关高处作业的规定，严禁使用大锤和撬棍，操作层上临时拆下的模板堆放不能超过 3 层

E. 后张预应力混凝土结构的侧模和底模均应在施加预应力后拆除

3. 判断题

(1) 操作平台应与建筑物进行刚性连接或加设防倾措施，不得与脚手架连接。（　　）

(2) 二级高处作业高度为 5～15m，其坠落半径为 5m。（　　）

(3) 攀登作业时，作业人员应面向梯子，同一梯子上最多只能有两人同时作业。（　　）

(4) 连墙件中的连墙杆应呈水平设置，当不能水平设置时，应向墙体一端下斜连接。（　　）

（5）严禁将模板支撑架、缆风绳、混凝土输送泵管、卸料平台及大型设备的附着件等固定在双排脚手架上。（　　　）

（6）脚手架使用期间，严禁擅自拆除架体主节点处的纵向水平杆、横向水平杆，纵向扫地杆、横向扫地杆和连墙件。（　　　）

（7）斜撑杆、剪刀撑等加固件应随架体同步搭设，特殊情况下可以滞后安装。（　　　）

（8）碗扣节点组装时，应通过限位销将下碗扣锁紧水平杆。（　　　）

（9）高处作业吊篮的工作钢丝绳直径应不小于安全钢丝绳直径。（　　　）

（10）作业脚手架的作业层边缘与建筑物间隙大于150mm时，应采取防护措施。（　　　）

（11）搅拌机作业中，当料斗升起时，严禁任何人在料斗下停留或通过。（　　　）

（12）施工升降机运行到最上层或最下层时，可采用限位装置控制施工升降机停止运行。（　　　）

（13）塔式起重机司机应按指挥信号进行操作，但对特殊情况的紧急停车信号，不论何人发出，都应立即执行。（　　　）

（14）多塔作业时，高位塔式起重机的最低位置的部件与低位塔式起重机处于最高位置的部件之间的垂直距离不得小于1m。（　　　）

（15）在特殊情况下可以使用绿/黄双色线作为用电负荷线。（　　　）

（16）用电设备的开关箱中设置了漏电保护器后，其外露可导电部分可不需要连接PE线。（　　　）

（17）开关箱与用电设备之间，可实行"一闸多机"和一台漏电保护器同时保护几台设备的做法。（　　　）

（18）在建工程内的电缆线路采用埋地引入，必要时也可穿越脚手架引入。（　　　）

（19）需要三相四线制配电的电缆线路，可以采用四芯电缆外加一根绝缘导线替代。（　　　）

（20）移动开关箱可以由总配电箱直接配电。（　　　）

二、能力训练项目

1.根据工程项目背景资料，选择基坑工程、模板工程、脚手架工程、拆除工程、装配式混凝土结构工程、起重吊装及起重机械安装拆卸工程、临时用电工程或高处作业：

（1）列一份危险源辨识清单；

（2）编制一份专项施工方案；

（3）填写一份安全技术交底记录；

（4）模拟组织一次班前安全讲评。

2.根据国家、行业和地区现行安全技术标准、规范、安全规程以及施工企业、施工项目相关文件资料，制定施工现场各主要工种安全技术操作规程。

3.模拟演示安全帽、安全带等劳动防护用品的正确佩戴与使用。

三、交流讨论

"创新是引领发展的第一动力"，试搜集目前建筑施工现场采用的新技术、新工艺、新材料及新设备，并探讨如何通过技术创新和管理创新，加快实施"科技兴安"战略，提升行业、企业本质安全水平。

项目 4　施工现场安全检查

1. 知识目标
(1) 掌握施工现场危险源辨识和风险评价方法。
(2) 掌握事故隐患排查治理的基本要求。
(3) 熟悉施工现场安全检查的内容、形式及方法。
(4) 掌握安全检查评定方法。
2. 能力目标
(1) 能辨识和评价施工现场危险源，并进行风险分级管控。
(2) 能排查施工现场安全隐患，并落实整改措施。
(3) 能组织施工现场安全检查评定。
3. 素质目标
(1) 养成关注细节、一丝不苟的安全行为习惯。
(2) 增强安全意识、忧患意识、风险意识。
(3) 培养见微知著的观察和分析判断能力。
(4) 树立风险可控、隐患可治、事故能防的安全理念。

📌 引言

防微杜渐·消祸未萌

有形之类，大必起于小；行久之物，族必起于少。故曰："天下之难事必作于易，天下之大事必作于细。"是以欲制物者于其细也。故曰："图难于其易也，为大于其细也。"千丈之堤，以蝼蚁之穴溃；百尺之室，以突隙之烟焚。故曰："白圭之行堤也塞其穴，丈人之慎火也涂其隙，是以白圭无水难，丈人无火患。"此皆慎易以避难，敬细以远大者也。

——《韩非子·喻老》

事故的发生看似偶然，实际上是一系列因素互为因果，连续发生的必然结果。任何重大事故都有端倪可察，都会经历一个由萌芽、发展到发生的从量变到质变的过程。一处看似微不足道的小漏洞、一次无意识的习惯性违章，背后隐藏的却是巨大的安全隐患，如果未及时发现、不予以重视、不及时整治，随着时间的推移，一旦条件成熟，触发因素出现，必然会导致安全事故。

"祸患常积于忽微"，隐患治理不能因小而不为，安全生产工作必须从大局着眼、从细节入手，见微知著、防微杜渐，把握事故发展规律、加强隐患排查治理、把事故苗头消灭在萌芽状态。

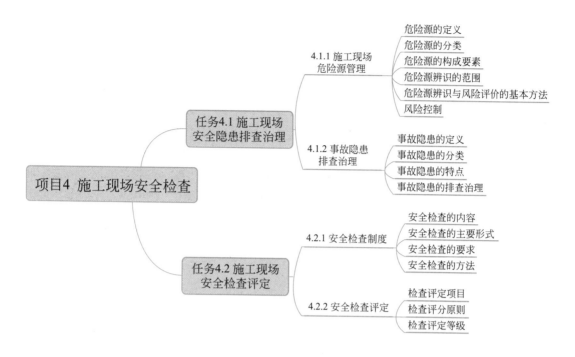

任务 4.1　施工现场安全隐患排查治理

任务引入

　　危险源是导致事故的根源，隐患是导致事故发生的直接原因。加强危险源管理是安全生产工作的出发点和落脚点，施工企业应该围绕危险源，建立危险源辨识评价和监管制度、事故隐患排查治理制度，提高对重大危险源的监管能力，把风险控制在隐患形成之前、把隐患消灭在事故发生之前。通过构建风险分级管控和隐患排查治理"双重预防机制"，有效防范重特大事故的发生，保证安全生产目标的实现。

4.1.1　施工现场危险源管理

1. 危险源的定义

　　危险源是指可能导致人员伤害或疾病、物质财产损失、工作环境破坏的情况或这些情况组合的根源或状态。危险源是安全管理的主要对象。《职业健康安全管理体系　要求及使用指南》GB/T 45001—2020 中对危险源的定义是"可能导致伤害和健康损害的来源"。

2. 危险源的分类

　　根据危险源在事故发生发展过程中的作用，一般把危险源划分为两大类，即第一类危险源和第二类危险源。

（1）第一类危险源

能量和危险物质的存在是危害产生的最根本原因，通常把系统中存在的、可能发生意外释放的能量，包括生产过程中各种能源、能量载体或危险物质称作第一类危险源。第一类危险源是事故发生的物理本质，一般情况下，系统具有的能量越大，存在的危险物质越多，则其潜在的危险性和危害性也就越大。

（2）第二类危险源

造成约束、限制能量或危险物质的措施失效或者被破坏的各种不安全因素称为第二类危险源。第二类危险源主要表现为设备故障或缺陷、人为失误和管理缺陷等。

一起伤亡事故的发生往往是两类危险源共同作用的结果。第一类危险源是事故发生的前提，第二类危险源的出现是第一类危险源导致事故的必要条件。在事故的发生和发展过程中，两类危险源相互依存、相辅相成，第一类危险源是事故发生的能量主体，决定事故发生的严重程度；第二类危险源出现的难易，决定事故发生的可能性大小。

💡 想一想：你知道如何界定重大危险源吗？

3. 危险源的构成要素

危险源由潜在危险性、存在条件和触发因素三个基本要素构成。

（1）潜在危险性。潜在危险性是指一旦触发事故，可能带来的危害程度或损失大小，或者说危险源可能释放的能量强度或危险物质量的大小。

（2）存在条件。存在条件是指危险源所处的物理、化学状态和约束条件状态。例如，物质的压力、温度、化学稳定性，盛装压力容器的坚固性，周围环境障碍物等情况。

（3）触发因素。触发因素虽然不属于危险源的固有属性，但它是危险源转化为事故的外因，而且每一类型的危险源都有相应的敏感触发因素。如易燃易爆物质，热能是其敏感的触发因素，又如压力容器，压力升高是其敏感触发因素。因此，一定的危险源总是与相应的触发因素相关联。在触发因素的作用下，危险源转化为危险状态，继而转化为事故。

4. 危险源辨识的范围

危险源是引发事故的源头。危险源辨识是识别危险源的存在并确定其特性的过程，通过危险源辨识可以发现作业中潜在的危害因素，判定风险级别，确定预防与控制对策，有效规避风险。危险源辨识应做到系统、全面、多角度、不漏项，坚持"横向到边、纵向到底"的原则，重点放在能量主体、危险物质及其控制和影响因素上。

危险源辨识的具体范围应包括：

（1）常规活动：正常的工作、作业活动。

（2）非常规活动：如临时性的施工作业、机械检修和维护等活动。

（3）所有进入工作场所的人员的活动：包括员工、合同方人员和访问者等。

（4）工作场所的所有设施：包括现场各类建（构）筑物、自有或租赁的设备设施等。

💡 想一想：对危险源进行辨识时应考虑的三种状态、三种时态分别是什么？

5. 危险源辨识与风险评价的基本方法

风险评估或风险评价是对危险源导致的风险进行分析、评价、分级，对现有控制措施的充分性加以考虑以及对风险是否可以接受予以确定的全过程。

危险源辨识与风险评价的方法有直观经验分析法和系统安全分析法两大类。直观经验分析法适用于有可供参考先例、有以往经验可以借鉴的系统，具体包括对照、经验法和类比法两种；系统安全分析法常用于复杂系统、没有事故经验的新开发系统，常用的系统安全分析法包括安全检查表法、预危险性分析法、作业条件危险性分析法、风险矩阵分析法、事件树分析法、故障树分析法、工作危害分析法和事故后果模拟分析法等。每一种分析方法都有各自的适用范围和局限性，实际使用时可以综合运用多种方法。

（1）直观经验分析法

直观经验分析方法适用于有可供参考先例、有以往经验可以借鉴的系统，分对照、经验法和类比方法两种。对照、经验法是对照有关标准、法规、检查表或依靠分析人员的观察分析能力，借助于经验和判断能力直观地评价对象危险性和危害性的方法。该方法的优点是简便、易行，缺点是受辨识人员知识、经验和占有资料的限制，可能出现遗漏。为弥补个人判断的不足，常采取专家会议的方式来相互启发、交换意见、集思广益，使危险、危害因素的辨识更加细致、全面和具体。类比方法是利用相同或相似工程系统或作业条件的经验和劳动安全卫生的统计资料来类推、分析评价对象的危险有害因素。

（2）安全检查表法

安全检查表（SCL）是为发现系统中的不安全因素而事先拟好的问题清单。依据相关的标准、规范，对工程、系统中已知的危险类别、设计缺陷以及一般工艺设备、操作、管理有关的潜在危险有害因素进行判别检查，适用于对设备设施、建（构）筑物、安全间距、作业环境等存在的风险进行分析。

安全检查表的编制依据包括：有关法规、标准、规范及规定；国内外事故案例和企业以往事故情况；系统分析确定的危险部位及防范措施；分析人员的经验和可靠的参考资料；有关研究成果，同行业或类似行业检查表等。

安全检查表种类较多，使用方便，应用广泛。无论何种形式的安全检查表，首先要求内容必须全面，以免遗漏潜在危险，其次要求重点突出、简明扼要，以防检查点太多而分散检查人员注意力、掩盖主要危险，重要的检查条款可以作出标记，以便认真查对。

安全检查表具有如下优点：

1）安全检查表法简明便捷，能够事先编制，有充分的时间组织有经验的人员来编写，可保证检查项目系统、全面，不至于遗漏任何可能导致危险的关键因素，从而保证安全检查的质量。

2）安全检查表法可以根据已有的法律法规、规范标准、安全技术规程等，检查执行情况，得出准确的评价。

3）安全检查表采用提问的方式，有问有答，给人的印象深刻，能起到安全教育的作用。表内还可注明改进措施的要求，隔一段时间后重新检查改进情况。

4）编制安全检查表的过程本身就是一个系统安全分析的过程，可使检查人员对系统的认识更深刻，更便于发现危险因素。

（3）工作危害分析法

工作危害分析法（JHA）通过对工作过程的逐步分析，找出具有危险的工作步骤，进行控制和预防，是辨识危害因素及其风险的方法之一。适合于对作业活动中存在的风险进行分析，包括作业活动划分、选定、危险源辨识等步骤。

首先根据工作过程所涉及的典型作业活动，填入表 4-1 所示的作业活动清单。

作业活动清单　　　　　　　　　　　　　　　　　　　　　　　　　　　　　　　表 4-1

（记录受控号）单位：　　　　　　　　　　　　　　　　　　　　　　　　　　　　No：

序号	作业活动名称	作业活动内容	岗位/地点	活动频率	备注

填表人：　　　　　填表日期：　　　　　　　　　审核人：　　　　　　　审核日期：

然后将作业活动清单中的每项活动分解为若干个相连的工作步骤；辨识每一步骤的危险源及潜在事件；分析造成的后果；识别现有控制措施，从工程技术措施、管理措施、培训教育、个体防护、应急处置等方面评估现有控制措施的有效性；根据风险判定准则评估风险，判定等级。最后可将分析结果填入表 4-2 所示的评价记录中。

工作危害分析评价记录　　　　　　　　　　　　　　　　　　　　　　　　　　　表 4-2

（记录受控号）单位或风险点：　　　　　　岗位：　　　　作业活动：　　　　No：

序号	作业步骤	危险源或潜在事件（人、物、作业环境、管理）	可能发生的事故类型及后果	现有控制措施					风险评价				风险分级	管控层级	建议改进（新增）措施					备注
				工程技术	管理措施	培训教育	个体防护	应急处置	可能性	严重性	频次	风险值	评价级别			工程技术	管理措施	培训措施	个体防护	应急处置	

分析人：　　　日期：　　　　审核人：　　　日期：　　　　审定人：　　　日期：

（4）预先危险性分析法

预先危险性分析（PHA）也称初始危险分析，是在每项工程、活动之前（如设计、施工、生产之前），对系统存在的危险因素类型、来源、出现条件、导致事故的后果以及有关防范措施等进行概略分析的方法。

通过预先危险性分析，大体识别与系统有关的一切主要危险、危害；鉴别产生危害的原因；假设危害确实出现，估计和鉴别对人体及系统的影响；将已经识别的危险、危害分级，并提出消除或控制危险性的措施。

预先危险性分析的一般步骤包括：确定系统、调查收集资料、系统功能分解、分析识别危险性、评价风险等级、制定防范措施以及实施措施等。分析结果一般采用表格的形式，表格的形式和内容可根据实际情况确定。

（5）作业条件危险性分析法

作业条件危险性分析法（LEC）是用来评价人们在具有潜在危险环境中作业活动时的危险程度的一种半定量评价方法。一般需要有关人员组成小组，依据个人经验、相关专业知识，经充分讨论，确定 L（Likelihood）、E（Exposure）、C（Consequence）的数值，然后根据三个指标的乘积，得出风险值 D（Danger），最后依 D 值大小确定危险程度和风险等级。

作业条件危险性分析法简单易行，但该法主要是根据经验来确定三个影响因素的分数值以及划定危险程度等级，因此具有一定的局限性。且该法是基于作业活动的一种局部评价方法，不能普遍适用。在实际应用时，可根据具体情况对该评价方法作适当修正。

$$D = L \times E \times C$$

式中　L——事故或危险事件发生的可能性；

　　　E——人员暴露于危险环境中的频繁程度；

　　　C——发生事故可能造成的损失后果；

　　　D——危险源带来的风险值；数值越大，说明该作业活动危险性大、风险大。

当用概率来表示事故发生的可能性大小（L）时，绝对不可能发生的事故概率为 0，而必然发生的事故概率为 1。然而从系统安全角度考虑，绝对不发生事故是不可能的，所以人为地将发生事故可能性极小的分数定为 0.1，而必然要发生的事故的分数定为 10，介于这两种情况之间的情况指定为若干中间值，见表 4-3。

事故发生的可能性（L）分值表 表 4-3

分数值	事故发生的可能性	分数值	事故发生的可能性
10	完全可以预料	0.5	很不可能，可以设想
6	相当可能	0.2	极不可能
3	可能但不经常	0.1	实际不可能
1	可能性小，完全意外		

当确定暴露于危险环境的频繁程度（E）时，人员出现在危险环境中的时间越多，则危险性越大，规定连续出现危险环境的情况定为 10，而罕见地出现在危险环境中定为 0.5，介于两者之间的各种情况规定若干个中间值，见表 4-4。

暴露于危险环境的频繁程度（E）分值表 表 4-4

分数值	频繁程度	分数值	频繁程度
10	连续暴露	2	每月一次暴露
6	每天工作时间内暴露	1	每年几次暴露
3	每周一次或偶然暴露	0.5	非常罕见地暴露

关于发生事故产生的后果（C），由于事故造成的人身伤害与财产损失变化范围很大，因此规定其分数值为 1～100，把需要救护的轻微损伤或较小财产损失的分数规定为 1，把造成多人死亡或重大财产损失的可能性分数规定为 100，其他情况的数值均为 1～100 之间，见表 4-5。

发生事故产生的后果（C）分值表 表 4-5

分数值	后果	分数值	后果
100	大灾难，许多人死亡	7	重伤
40	灾难，数人死亡	3	轻伤
15	非常严重，一人死亡	1	引人关注，不利于基本的安全卫生要求

风险值 D 求出之后，关键是如何确定风险级别的界限值，而这个界限值并不是长期固定不变的，不同时期应根据其具体情况来确定风险级别的界限值，以符合持续改进的思想。表 4-6 可作为企业确定风险级别界限值及其相应风险控制策划的参考。

危险程度及风险等级的划分标准　　　　　　　　　　　　　　　　表 4-6

风险值	危险程度	风险级别	风险颜色
>320	极其危险,不能继续作业	一级(重大风险)	红
160~320	高度危险,需要立即整改	二级(较大风险)	橙
70~160	显著危险,需要整改	三级(一般风险)	黄
20~70	可能危险,需要注意	四级(低风险)	蓝
<20	稍有危险,可以接受		

（6）事故树分析法

事故树分析（FTA）又称故障树分析，是一种逻辑演绎的分析工具。事故树分析是从要分析的特定事故或故障（顶事件）开始，自上而下，一层层地寻找顶事件的直接原因和间接原因事件，直到基本原因事件，并用逻辑图把这些事件之间的逻辑关系表达出来。

事故树的形状像一棵倒置的树，其中的事件一般都是故障事件。在事故树的每个分支中，上层事件是下一层事件的结果，下层事件是引起上一层事件的原因。事件间的逻辑关系用逻辑门表示。位于事故树最上部的事件叫作顶上事件，一般为造成严重后果的故障事件或事故，是事故树分析、研究的对象。位于事故树各分支末端的事件叫作基本事件，它们是造成顶事件发生的最初始的原因。在系统安全分析中，事故树的基本事件主要是物的故障及人的失误。位于事故树顶事件与基本事件之间的诸事件被称为中间事件，它们是造成顶事件发生的原因，又是基本事件造成的结果。

事故树分析的一般流程如图 4-1 所示。

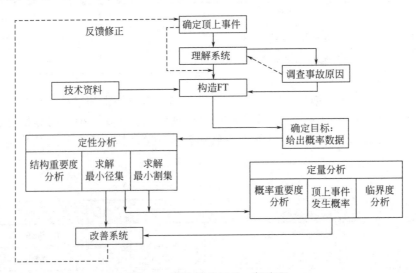

图 4-1　事故树分析的一般流程

1）准备阶段

确定并熟悉所要分析的系统。合理地处理好所要分析系统与外界环境及其边界条件，确定所要分析系统的范围，明确影响系统安全的主要因素，调查系统发生的事故。

2）编制事故树

确定事故树的顶上事件，顶上事件是不希望发生的事件、易于发生且后果严重的事件；调查与顶上事件有关的所有原因事件；编制事故树。

3）事故树定性分析

依据事故树列出逻辑表达式，求得构成事故的最小割集和防止事故发生的最小径集，确定出各基本事件的结构重要度排序。

4）事故树定量分析

依据各基本事件的发生概率，求解顶上事件的发生概率；在求出顶上事件概率的基础上，求解各基本事件的概率重要度及临界重要度。

5）制定安全对策

依据上述分析结果及安全投入的可能，寻求降低事故概率的最佳方案，以便达到预定概率目标的要求。

（7）事件树分析法

事件树分析法（ETA）是安全系统工程中常用的一种归纳推理分析方法，起源于决策树分析。它在给定一个初始事件的情况下，分析此初始事件可能导致的各种事件序列的结果，从而定性与定量的评价系统的特性，为确定安全对策提供可靠依据。

由于事件序列以水平树形图形表示，故称为事件树分析法。

一起事故的发生，是许多原因事件相继发生的结果，其中，一些事件的发生是以另一些事件首先发生为条件的，而一些事件的出现又会引起另一些事件的出现。在事件发生的顺序上，存在着因果的逻辑关系。如图 4-2 所示，事件树分析法是一种时序逻辑分析判断法，它以一个初始事件为起点，按照事故的发展顺序，分阶段一步一步地进行分析，每一事件可能的后续事件只能取完全对立的两种状态（成功或失败、正常或故障、安全或危险等）之一的原则，逐步向结果方面发展，直到达到系统故障或事故为止。所分析的情况用树枝状图表示，故叫事件树。它既可以定性地了解整个事件的动态变化过程，又可以定量计算出各阶段的概率，最终了解事故发展过程中各种状态的发生概率。

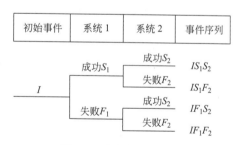

图 4-2 事件树归纳推理过程示意图

事件树分析的一般程序如下：

1）确定初始事件

事件树分析法是一种系统地研究作为危险源的初始事件如何与后续事件形成时序逻辑关系而最终导致事故的方法，因此正确选择初始事件十分重要。初始事件一般是指事故在未发生时，其发展过程中的危害事件或危险事件，如设备设施损坏、能量外逸或失控、人为失误或工艺异常等。

2）判定安全功能

系统中包含许多安全功能，在初始事件发生时起到消除或减轻其影响以维持系统的安全运行的作用。常见的安全功能措施包括：系统自动响应对初始事件采取控制措施，针对初始事件发出报警信号，启动减振、压力泄放系统等以减轻事故危害，对初始事件的屏蔽或防护措施等。

3）绘制事件树

从初始事件开始，按事件发展过程自左向右绘制事件树，用树枝代表事件发展途径。首先考察初始事件一旦发生时最先起作用的安全功能，把可以发挥功能的状态画在上面的分枝，不能发挥功能的状态画在下面的分枝。然后依次考察各种安全功能的两种可能状态，把发挥功能的状态（成功状态）画在上面的分枝，把不能发挥功能的状态（失败状态）画在下面的分枝，直到到达系统故障或事故为止。

4）简化事件树

在绘制事件树的过程中，可能会遇到一些与初始事件或与事故无关的安全功能，或者其功能关系相互矛盾、不协调的情况，需要在正确辨别后从树枝中去掉，最终形成简化的事件树。

5）事件树的定性分析

找出事故连锁。事件树的各分枝代表初始事件一旦发生其可能的发展途径。其中，最终导致事故的途径即为事故连锁。一般地，导致系统事故的途径有很多，即有许多事故连锁。事故连锁中包含的初始事件和安全功能故障的后续事件之间具有"逻辑与"的关系，显然，事故连锁越多，系统越危险；事故连锁中事件树越少，系统越危险。

找出预防事故的途径。事件树中最终达到安全的途径指导我们如何采取措施预防事故。在达到安全的途径中，发挥安全功能的事件构成事件树的成功连锁。如果能保证这些安全功能发挥作用，则可以防止事故。一般情况下，事件树中包含的成功连锁可能有多个，即可以通过若干途径来防止事故发生。显然，成功连锁越多，系统越安全，成功连锁中事件树越少，系统越安全。由于事件树反映了事件之间的时间顺序，所以应该尽可能地从最先发挥功能的安全功能着手。

6）事件树的定量分析

事件树定量分析是指根据每一事件的发生概率，计算各种途径的事故发生概率，比较各个途径概率值的大小，作出事故发生可能性序列，确定最易发生事故的途径。一般情况下，当各事件之间相互统计独立时，其定量分析比较简单。当事件之间相互统计不独立时（如共同原因故障，顺序运行等），则定量分析变得非常复杂。

事件树定量分析中，事故发生概率等于导致事故的各发展途径的概率和，而各发展途径的概率等于自初始事件开始的各事件发生概率的乘积。定量分析要有事件概率数据作为计算的依据，而且事件过程的状态又是多种多样的，一般都因缺少概率数据而不能实现定量分析。

7）事故预防

事件树分析把事故的发生发展过程表述得清楚而有条理，为设计事故预防方案，制定事故预防措施提供了有力的依据。

从事件树上可以看出，最后的事故是一系列危害和危险的发展结果，如果中断这种发展过程就可以避免事故发生。因此，在事故发展过程的各阶段，应采取各种可能措施，控制事件的可能性状态，减少危害状态出现概率，增大安全状态出现概率，把事件发展过程引向安全的发展途径。

采取在事件不同发展阶段阻截事件向危险状态转化的措施，最好在事件发展前期过程实现，从而产生阻截多种事故发生的效果。但有时因为技术经济等原因无法控制，这时就要在事件发展后期过程采取控制措施。

6. 风险控制

风险管理的基本过程包括危险源识别、风险分析、风险评价和风险控制，如图 4-3 所示，整个过程是一个动态的、循环的、系统的过程。

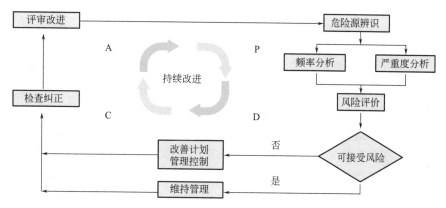

图 4-3 风险管理的基本流程

根据风险评价的结果，对于不可接受风险，必须采取相应的控制对策。风险控制对策主要包括安全技术对策、安全教育对策和安全管理对策三方面。安全技术对策着重解决物的不安全状态问题，安全教育对策和安全管理对策主要着眼于人的不安全行为问题。在确定具体控制措施或考虑变更现有控制措施时，应按如下顺序考虑降低风险：消除，替代，工程控制措施，标志，警告和（或）管理控制措施；个体防护装备。图 4-4 为某项目确定的风险控制优先次序示意图。

图 4-4 某项目风险控制优先次序示意图

💡 想一想：建筑施工现场如何做好重大危险源的管理？

4.1.2 事故隐患排查治理

1. 事故隐患的定义

事故隐患是指生产经营单位违反安全生产法律、法规、规章、标准、规程和安全生产管理制度的规定，或者因其他因素在生产经营活动中存在可能导致事故发生的物的危险状态、人的不安全行为和管理上的缺陷。

2. 事故隐患的分类

事故隐患按照危害程度和整改难度，分为一般事故隐患和重大事故隐患。

事故隐患

（1）一般事故隐患

一般事故隐患是指危害程度和整改难度较小，发现后能够立即整改排除的隐患。

（2）重大事故隐患

重大事故隐患是指危害和整改难度较大，应当全部或者局部停产停业，并经过一定时间整改治理方能排除的隐患，或者因外部因素影响致使生产经营单位自身难以排除的隐患。

重大事故隐患的判定，可根据《房屋市政工程生产安全重大事故隐患判定标准》（建质规〔2022〕2号）执行。

💡 查一查：房屋市政工程生产安全重大事故隐患的判定标准是什么？建筑施工现场常见的重大事故隐患有哪些？

3. 事故隐患的特点

（1）隐蔽性

隐患是隐藏的祸患，它具有隐蔽、藏匿、潜伏的特点，是不可预见的灾祸，是埋藏在生产过程中的隐形炸弹。在一定的时间、一定的范围、一定的条件下，事故隐患显现出好似静止、不变的状态，往往使人一时看不清楚，意识不到，感觉不出它的存在。在企业生产过程中，常常遇到认为不该发生事故的生产区域、设备设施、工艺过程等，却发生了事故，这与安全管理人员不能正确认识隐患的隐蔽、藏匿、潜伏特点有关。所谓"祸患常积于忽微"，隐患无处不在，如果不能及时发现和治理，迟早要演变成事故。

（2）危险性

隐患都潜在某种威胁，一种或几种隐患耦合叠加就可能引发事故，导致灾难性后果。在安全生产方面，哪怕是一个烟头、一处小的破损、一次微小的失误，都有可能发生危险。

（3）突发性

任何事情都存在量变到质变、渐变到突变的过程，隐患也不例外。"千里之堤，溃于蚁穴"，小患不治终酿大祸。

（4）因果性

隐患是事故发生的先兆，而事故则是隐患存在和发展的必然结果。加强隐患的排查与治理，切断因果连锁关系，才能保证生产过程的安全。

（5）连续性

实践中常常遇到一种隐患掩盖另一种隐患，一种隐患与其他隐患相联系而存在的现象。这种连带的、持续的、发生在生产过程的隐患，对安全生产构成的威胁很大，一旦处理不当就会导致连锁反应，出现祸不单行的局面。

（6）重复性

事故隐患治理过一次或若干次后，并不等于隐患从此销声匿迹，永不发生了，也不会因为发生一两次事故，就不再重复发生类似隐患和重演历史的悲剧。只要企业的生产方式、生产条件、生产工具、生产环境等因素未改变，同一隐患就会重复发生。

（7）意外性

有些隐患超出人们的认识范围，或在短期内很难为劳动者所辨认，这类隐患引发的事故，带有很大的偶然性、意外性，往往是我们在日常安全管理中始料不及的。

（8）时效性

隐患排查和治理应注意讲究时效，一旦发现隐患，无论大小，立即采取措施予以消除。如果不能把隐患消灭在萌芽时期，拖得越久，付出的代价必然越大。

（9）特殊性

隐患具有普遍性，同时又具有特殊性。由于人、机、料、法、环的本质安全水平不同，其隐患属性、特征是不尽相同的。在不同行业、企业和岗位，其表现形式和变化过程，也是千差万别。即使是同一种隐患，在使用相同的设备、相同的工具从事相同性质的作业时，其隐患也会有差异。

（10）季节性

某些隐患随着季节的变化而变化，带有明显的季节性特点。结合具体生产过程，充分把握季节特点，适时地、有针对性地做好隐患的季节性防治工作，对于企业的安全生产也是十分重要的。

4. 事故隐患的排查治理

（1）事故隐患排查治理工作应当坚持人民至上、生命至上，坚持全面排查、科学治理、政府监督、社会参与的原则，实行属地监管与分级监管相结合、以属地监管为主的监督管理体制。

（2）生产经营单位是事故隐患排查、治理和防控的责任主体；生产经营单位应当加强对生产过程的实时监控和日常排查，并承担以下责任：建立健全事故隐患排查治理制度，明确事故隐患排查治理的责任、内容、周期、监控、治理措施和资金保障等事项；对从业人员进行事故隐患排查治理技能教育和培训，如实告知从业人员作业场所和工作岗位存在的危险因素、防范措施以及事故应急措施；对照风险管控清单，对风险点和风险管控措施落实情况进行排查；依据有关标准对排查出的事故隐患进行判定，并采取相应的技术和管理措施及时予以消除；将事故隐患排查治理情况通过职工大会、职工代表大会或者信息公示栏等方式向从业人员报告、通报。

（3）从业人员对所在工作岗位事故隐患排查治理承担直接责任，应知悉本岗位可能存在的事故隐患；在上岗作业前进行安全确认；正确佩戴和使用劳动防护用品；严格遵守岗位操作规程，杜绝违章作业；及时排查、消除并报告事故隐患。从业人员发现事故隐患的，应当立即报告现场负责人或者本单位负责人，接到报告的人员应当及时予以处理；发现直接危及人身安全的紧急情况时，从业人员有权停止作业或者采取可能的应急措施后撤离作业场所。

（4）生产经营单位应当根据本单位生产经营特点，定期排查事故隐患排查治理制度的制定和落实情况；安全生产教育和培训情况；特种作业人员持证上岗情况；生产装置和安全设施、设备运行状况以及日常维护、保养、检验、检测情况；有较大危险因素的场所和危险作业的安全管理情况；劳动防护用品的配备和佩戴使用情况；重大危险源管控情况；应急救援预案制定、演练和应急救援物资配备情况等。

（5）生产经营单位对发现的事故隐患，应当及时采取技术、管理措施予以消除。对于重大事故隐患，由主要负责人组织制定并实施事故隐患治理方案。重大事故隐患治理方案应当包括以下内容：治理的目标和任务、采取的方法和措施、经费和物资的落实、负责治理的机构和人员、治理的时限和要求、安全措施和应急预案等。

（6）生产经营单位在事故隐患治理过程中，应当采取相应的安全防范措施，防止事故发生。事故隐患排除前或者排除过程中无法保证安全的，应当从危险区域内撤出作业人员，并疏散可能危及的其他人员，设置警戒标志，暂时停产停业或者停止使用，必要时安排人员值守；对暂时难以停产或者停止使用的相关生产储存装置、设施、设备，应当加强维护和保养，防止事故发生。

（7）对于因自然灾害可能引发的事故隐患，应当按照有关法律、法规、规章、标准的要求进行排查治理，采取可靠的预防措施。生产经营单位在接到有关自然灾害预报时，应当及时发出预警通知；发生自然灾害可能危及生产经营单位和人员安全的情况时，应当采取停止作业、撤离人员、加强监测等安全措施，并及时向所在地人民政府及其有关部门报告。

（8）当事故隐患无法及时消除并涉及相邻地区、单位，或者可能危及公共安全时，或因其他单位的原因造成或者可能造成事故隐患的，应当及时向所在地人民政府及负有安全生产监督管理职责的部门报告。必要时，生产经营单位应当立即通知相邻地区和有关单位，并在现场设置安全警示标志。

（9）生产经营单位应当建立事故隐患排查治理台账，如实记录事故隐患排查人员、时间、具体部位或者场所、具体情形、报送情况和监控措施。重大事故隐患还应当建立专门的信息档案，保存事故隐患治理过程中形成的风险评估情况、治理方案、复查验收报告以及报送情况等各种记录和文件。

> ❖ 知 识 链 接
>
> ## 安全生产"双重预防机制"
>
> 1. 双重预防机制实施背景
>
> 2015 年 12 月，中央政治局常委会上指出："对易发重特大事故的行业领域采取风险分级管控、隐患排查治理双重预防性工作机制，推动安全生产关口前移"。
>
> 2016 年 1 月，国务院全国安全生产电视电话会议明确要求，要在高危行业领域推行风险分级管控和隐患排查治理双重预防性工作机制。
>
> 中共中央、国务院 2016 年 12 月 9 日印发的《关于推进安全生产领域改革发展的

意见》《国务院安委会办公室关于印发标本兼治遏制重特大事故工作指南的通知》（安委办〔2016〕3号）、《国务院安委会办公室关于实施遏制重特大事故工作指南构建双重预防机制的意见》（安委办〔2016〕11号）等文件中均对企业"构建双重预防机制"提出了明确要求。

2. 新安法对双重预防机制的相关规定

（1）生产经营单位必须遵守本法和其他有关安全生产的法律、法规，加强安全生产管理，建立健全全员安全生产责任制和安全生产规章制度，加大对安全生产资金、物资、技术、人员的投入保障力度，改善安全生产条件，加强安全生产标准化、信息化建设，构建安全风险分级管控和隐患排查治理双重预防机制，健全风险防范化解机制，提高安全生产水平，确保安全生产。

（2）生产经营单位的主要负责人对本单位安全生产工作的职责包括组织建立并落实安全风险分级管控和隐患排查治理双重预防工作机制，督促、检查本单位的安全生产工作，及时消除生产安全事故隐患。

（3）生产经营单位应当建立安全风险分级管控制度，按照安全风险分级采取相应的管控措施。生产经营单位应当建立健全并落实生产安全事故隐患排查治理制度，采取技术、管理措施，及时发现并消除事故隐患。事故隐患排查治理情况应当如实记录，并通过职工大会或者职工代表大会、信息公示栏等方式向从业人员通报。其中，重大事故隐患排查治理情况应当及时向负有安全生产监督管理职责的部门和职工大会或者职工代表大会报告。县级以上地方各级人民政府负有安全生产监督管理职责的部门应当将重大事故隐患纳入相关信息系统，建立健全重大事故隐患治理督办制度，督促生产经营单位消除重大事故隐患。

3. 双重预防机制的基本工作思路

如图4-5所示，双重预防机制构筑了防范生产安全事故的两道防火墙。第一道是管风险，以安全风险辨识和管控为基础，从源头上系统辨识风险、分级管控风险，努力把各类风险控制在可接受范围内，杜绝和减少事故隐患；第二道是治隐患，以隐患排查和治理为手段，认真排查风险管控过程中出现的缺失、漏洞和风险控制失效环节，坚决把隐患消灭在事故发生之前。

可以说，安全风险管控到位就不会形成事故隐患，隐患一经发现及时治理就不可能酿成事故，要通过双重预防的工作机制，切实把每一类风险都控制在可接受范围内，把每一个隐患都治理在形成之初，把每一起事故都消灭在萌芽状态。

风险分级管控和隐患排查治理两者是相辅相成、相互促进的关系。安全风险分级管控是隐患排查治理的前提和基础，通过强化安全风险分级管控，从源头上消除、降低或控制相关风险，进而降低事故发生的可能性和后果的严重性。隐患排查治理是安全风险分级管控的强化与深入，通过隐患排查治理工作，查找风险管控措施的失效、缺陷或不足，采取措施予以整改，同时，分析、验证各类危险有害因素辨识评估的完整性和准确性，进而完善风险分级管控措施，减少或杜绝事故发生的可能性。安全风险分级管控和隐患排查治理共同构建起预防事故发生的双重预防机制，构成两道保护屏障，有效遏制重特大事故的发生。

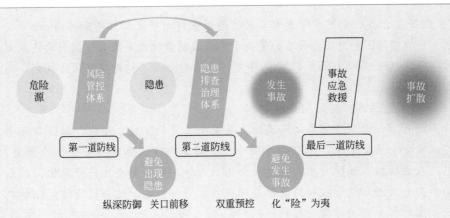

图 4-5   双重预防机制的基本工作思路

4. 构建双重预防机制的基本原则

（1）坚持风险优先原则。以风险管控为主线，把全面辨识评估风险和严格管控风险作为安全生产的第一道防线，切实解决"认不清、想不到"的突出问题。

（2）坚持系统性原则。从人、机、环、管四个方面，从风险管控和隐患治理两道防线，从企业生产经营全流程、生命周期全过程开展工作，努力把风险管控挺在隐患之前、把隐患排查治理挺在事故之前。

（3）坚持全员参与原则。将双重预防机制建设各项工作责任分解落实到企业的各层级领导、各业务部门和每个具体工作岗位，确保责任明确。

（4）坚持持续改进原则。持续进行风险分级管控与更新完善，持续开展隐患排查治理，实现双重预防机制不断深入、深化，促使机制建设水平不断提升。

5. 双重预防机制建设的一般程序

双重预防机制建设的一般工作程序如图 4-6 所示，主要包括机构和职责确定、教育培训、资料收集、评估单元划分、危险源辨识、风险分析、风险评价、风险管控措施制定、风险管控层级确定、风险清单编制、风险公告、风险分级管控运行、隐患排查治理、双重预防机制运行和持续改进等环节。

6. 双重预防机制的常态化运行

双重预防机制着眼于安全风险的有效管控，紧盯事故隐患的排查治理，是一个常态化运行的安全生产管理系统，可以有效提升安全生产整体预控能力，夯实遏制重特大事故的工作基础。双重预防机制的常态化运行机制主要体现在以下几个方面：

（1）安全风险分级管控体系和隐患排查治理体系不是两个平行的体系，更不是互相割裂的"两张皮"，二者必须实现有机的融合。

（2）要定期开展风险辨识，加强变更管理，定期更新安全风险清单、事故隐患清单和安全风险图，使之符合本单位实际，满足工作需要。

（3）要对双重预防机制运行情况进行定期评估，及时发现问题和偏差，修订完善制度规定，保障双重预防机制的持续改进。

（4）要从源头上管控高风险项目的准入，持续完善重大风险管控措施和重大隐患治理方案，保障应急联动机制的有效运行，确保双重预防机制常态化运行。

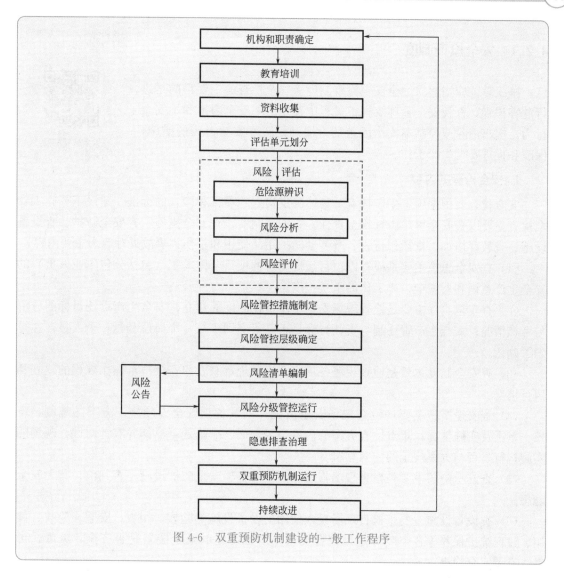

图 4-6 双重预防机制建设的一般工作程序

任务 4.2 施工现场安全检查评定

▪▪ 任务引入

 安全检查制度是及时发现隐患、消除不安全因素、推动安全生产工作的一种行之有效的安全生产管理制度。安全检查应提前做好策划、明确检查内容和检查重点，采取科学合理的检查方法，注重检查人员的专业素质，以提高检查质量。检查过程应全面、深入、细致，不流于形式，立行立改，从根本上控制人的不安全行为、消除物的不安全状态，改善作业环境，提高管理水平。

4.2.1 安全检查制度

4-2

安全检查制度

施工单位应当建立健全安全检查制度。安全检查的主要目的是进行危害识别，查找安全管理及施工过程中存在的不安全因素和不安全行为，提出消除或控制不安全因素的方法和纠正不安全行为的措施，保障和促进安全生产工作。

1. 安全检查的内容

安全检查要根据施工生产特点，具体确定检查的项目和检查的标准。建设工程施工安全检查主要以查安全思想、查安全责任、查安全制度、查安全措施、查安全防护、查设备设施、查教育培训、查操作行为、查劳动防护用品使用和查伤亡事故处理等为主要内容。

（1）查安全思想主要是检查以项目经理为首的项目全体员工（包括分包作业人员）的安全生产意识和对安全生产工作的重视程度。

（2）查安全责任主要是检查现场安全生产责任制度的建立；安全生产责任目标的分解与考核情况；安全生产责任制与责任目标是否已落实到了每一个岗位和每一个人员，并得到了确认。

（3）查安全制度主要是检查现场各项安全生产规章制度和安全技术操作规程的建立和执行情况。

（4）查安全措施主要是检查现场安全措施计划及各项安全专项施工方案的编制、审核、审批及实施情况；重点检查方案的内容是否全面、措施是否具体并有针对性，现场的实施运行是否与方案规定的内容相符。

（5）查安全防护主要是检查现场临边、洞口等各项安全防护设施是否到位，有无安全隐患。

（6）查设备设施主要是检查现场投入使用的设备设施的购置、租赁、安装、验收、使用、过程维护保养等各个环节是否符合要求；设备设施的安全装置是否齐全、灵敏、可靠，有无安全隐患。

（7）查教育培训主要是检查现场教育培训岗位、教育培训人员、教育培训内容是否明确、具体、有针对性；三级安全教育制度和特种作业人员持证上岗制度的落实情况是否到位；教育培训档案资料是否真实、齐全。

（8）查操作行为主要是检查现场施工作业过程中有无违章指挥、违章作业、违反劳动纪律的行为发生。

（9）查劳动防护用品的使用主要是检查现场劳动防护用品、用具的购置、产品质量、配备数量和使用情况是否符合安全与职业卫生的要求。

（10）查伤亡事故处理主要是检查现场是否发生伤亡事故，对发生的伤亡事故是否已按照"四不放过"的原则进行了调查处理，是否已有针对性地制定了纠正与预防措施；制定的纠正与预防措施是否已得到落实并取得实效。

2. 安全检查的主要形式

建筑工程施工安全检查的主要形式一般可分为定期安全检查、经常性安全检查、季节性安全检查、节假日安全检查、开工、复工安全检查、专业性安全检查和设备设施安全验收检查等。安全检查的组织形式应根据检查的目的、内容而定，因此参加检查的组成人员也就不完全相同。

（1）定期安全检查。建筑施工企业应建立定期分级安全检查制度，定期安全检查属于全面性和考核性的检查，建筑工程施工现场应至少每旬开展一次安全检查工作，施工现场的定期安全检查应由项目经理亲自组织。

（2）经常性安全检查。建筑工程施工应经常开展预防性的安全检查工作，以便于及时发现并消除事故隐患，保证施工生产正常进行。施工现场经常性的安全检查方式主要有：

1）现场专（兼）职安全生产管理人员及安全值班人员每天例行开展的安全巡视、巡查。

2）现场项目经理、责任工程师及相关专业技术管理人员在检查生产工作的同时进行的安全检查。

3）作业班组在班前、班中、班后进行的安全检查。

（3）季节性安全检查。季节性安全检查主要是针对气候特点（如暑季、雨季、风季、冬季等）可能给安全生产造成的不利影响或带来的危害而组织的安全检查。

（4）节假日安全检查。在节假日，特别是重大或传统节假日前后和节日期间，为防止现场管理人员和作业人员思想麻痹、纪律松懈等而进行的安全检查。节假日加班，更要认真检查各项安全防范措施的落实情况。

（5）开工、复工安全检查。针对工程项目开工、复工之前进行的安全检查，主要是检查现场是否具备保障安全生产的条件。

（6）专业性安全检查。由有关专业人员对现场某项专业安全问题或在施工生产过程中存在的比较系统性的安全问题进行的单项检查。这类检查专业性强，主要应由专业工程技术人员、专业安全管理人员参加。

（7）设备设施安全验收检查。针对现场塔式起重机等起重设备、外用施工电梯、龙门架及井架物料提升机、电气设备、脚手架、现浇混凝土模板支撑系统等设备设施在安装、搭设过程中或完成后进行的安全验收、检查。

3. 安全检查的要求

（1）根据检查内容配备力量，抽调专业人员，确定检查负责人，明确分工。

（2）应有明确的检查目的和检查项目、内容及检查标准、重点、关键部位。对面积大或数量多的项目可采取系统的观感和一定数量的测点相结合的检查方法。检查时尽量采用检测工具，并做好检查记录。

（3）对现场管理人员和操作工人不仅要检查是否有违章指挥和违章作业行为，还应进行"应知应会"的抽查，以便了解管理人员及操作工人的安全素质和安全意识。对于违章指挥、违章作业行为，检查人员可以当场指出、进行纠正。

（4）认真、详细做好检查记录，特别是对隐患的记录必须具体，如隐患的部位、危险性程度及处理意见等。采用安全检查评分表的，应记录每项扣分的原因。

（5）检查中发现的隐患应发出隐患整改通知书，责令责任单位进行整改，并作为整改后的备查依据。对凡是有即发型事故危险的隐患，检查人员应责令其停工，被查单位必须立即整改。

（6）尽可能系统、定量地作出检查结论，进行安全评价，以利于受检单位根据安全评价研究对策、进行整改、加强管理。

（7）检查后应对隐患整改情况进行跟踪复查，查被检单位是否按"三定"原则，落实整改，经复查整改合格后，进行销案。

💡 想一想：你知道什么是"三定原则"吗？

4. 安全检查的方法

建筑工程安全检查在正确使用安全检查表的基础上，可以采用"听""问""看""量""测""运转试验"等方法进行。

（1）"听"。听取基层管理人员或施工现场安全员汇报安全生产情况，介绍现场安全工作经验、存在的问题、今后的发展方向。

（2）"问"。通过询问、提问，对以项目经理为首的现场管理人员和操作工人进行"应知应会"的抽查，了解现场管理人员和操作工人的安全意识和安全素质。

（3）"看"。查看施工现场安全管理资料和对施工现场进行巡视。例如：查看项目负责人、专职安全生产管理人员、特种作业人员等的持证上岗情况；现场安全标志设置情况；劳动防护用品使用情况；现场安全防护情况；现场安全设施及机械设备安全装置配置情况等。

（4）"量"。使用测量工具对施工现场的一些设施、装置进行实测实量。例如：对脚手架各种杆件间距的测量；对现场安全防护栏杆高度的测量；对电气开关箱安装高度的测量；对在建工程与外电边线安全距离的测量等。

（5）"测"。使用专用仪器、仪表等监测器具对特定对象关键特性技术参数进行测试。例如：使用漏电保护器测试仪对漏电保护器漏电动作电流、漏电动作时间的测试；使用地阻仪对现场各种接地装置接地电阻的测试；使用兆欧表对电机绝缘电阻的测试；使用经纬仪对塔式起重机、外用电梯安装垂直度的测试等。

（6）"运转试验"。由具有专业资格的人员对机械设备进行实际操作、试验，检验其运转的可靠性或安全限位装置的灵敏性。例如：对塔式起重机力矩限制器、变幅限位器、起重限位器等安全装置的试验；对施工电梯制动器、限速器、上下极限限位器、门联锁装置等安全装置的试验；对龙门架超高限位器、断绳保护器等安全装置的试验等。

4.2.2　安全检查评定

安全检查标准可采用《建筑施工安全检查标准》JGJ 59—2011，该标准使得建筑工程安全检查由传统的定性评价上升到定量评价，使安全检查进一步规范化、标准化，也是建筑施工项目安全生产标准化考评的主要依据。

4-3

安全检查等级评定

1. 检查评定项目

建筑施工项目安全检查评定项目包括安全管理、文明施工、脚手架、基坑工程、模板支架、高处作业、施工用电、物料提升机与施工升降机、塔式起重机与起重吊装、施工机具等 10 项。

（1）安全管理

安全管理检查评定的保证项目包括安全生产责任制、施工组织设计及专项施工方案、安全技术交底、安全检查、安全教育、应急救援；一般项目包括分包单位安全管理、持证上岗、生产安全事故处理、安全标志。

（2）文明施工

文明施工检查评定的保证项目包括现场围挡、封闭管理、施工场地、材料管理、现场办公与住宿、现场防火；一般项目包括综合治理、公示标牌、生活设施、社区服务。

（3）脚手架

以扣件式钢管脚手架为例，安全检查评定的保证项目包括施工方案、立杆基础、架体与建筑结构拉结、杆件间距与剪刀撑、脚手板与防护栏杆、交底与验收；一般项目包括横向水平杆设置、杆件连接、层间防护、构配件材质、通道。

（4）基坑工程

基坑工程安全检查评定的保证项目包括施工方案、基坑支护、降排水、基坑开挖、坑边荷载、安全防护；一般项目包括基坑监测、支撑拆除、作业环境、应急预案。

（5）模板支架

模板支架安全检查评定的保证项目包括施工方案、支架基础、支架构造、支架稳定、施工荷载、交底与验收；一般项目包括杆件连接、底座与支撑、构配件材质、支架拆除。

（6）高处作业

高处作业安全检查评定项目包括安全帽、安全网、安全带、临边防护、洞口防护、通道口防护、攀登作业、悬空作业、移动式操作平台、悬挑式物料钢平台。

（7）施工用电

施工用电安全检查评定的保证项目包括外电防护、接地与接零保护系统、配电线路、配电箱与开关箱；一般项目包括配电室与配电装置、现场照明、用电档案。

（8）物料提升机与施工升降机

物料提升机安全检查评定的保证项目包括安全装置、防护设施、附墙架与缆风绳、钢丝绳、安拆、验收与使用；一般项目包括基础与导轨架、动力与传动、通信装置、卷扬机操作棚、避雷装置。施工升降机安全检查的保证项目包括安全装置、限位装置、防护设施、附墙架、钢丝绳、滑轮与对重、安拆、验收与使用；一般项目包括导轨架、基础、电气安全、通信装置。

（9）塔式起重机与起重吊装

塔式起重机安全检查评定的保证项目包括载荷限制装置、行程限位装置、保护装置、吊钩、滑轮、卷筒与钢丝绳、多塔作业、安拆、验收与使用；一般项目包括附着、基础与轨道、结构设施、电气安全。起重吊装安全检查评定的保证项目包括施工方案、起重机械、钢丝绳与地锚、索具、作业环境、作业人员；一般项目包括起重吊装、高处作业、构件码放、警戒监护。

（10）施工机具

施工机具安全检查评定项目包括平刨、圆盘锯、手持电动工具、钢筋机械、电焊机、搅拌机、气瓶、翻斗车、潜水泵、振捣器、桩工机械。

2. 检查评分原则

建筑施工项目安全检查评分应遵循以下原则：

(1) 建筑施工安全检查评分表应分为安全管理、文明施工、脚手架、基坑工程、模板支架、高处作业、施工用电、物料提升机与施工升降机、塔式起重机与起重吊装、施工机具分项检查评分表和检查评分汇总表。

(2) 建筑施工安全检查评定中，各分项检查表设保证项目和一般项目；保证项目是对施工人员生命、设备设施及环境安全起关键性作用的项目。

(3) 分项检查评分表和检查评分汇总表的满分分值均应为 100 分，评分表的实得分值应为各检查项目所得分值之和；评分应采用扣减分值的方法，扣减分值总和不得超过该检查项目的应得分值。

(4) 当按分项检查评分表评分时，保证项目中有一项未得分或保证项目小计得分不足 40 分，此分项检查评分表不应得分。

(5) 检查评分汇总表中各分项项目实得分值应按下式计算：

$$A_1 = \frac{B \times C}{100}$$

式中　A_1——汇总表各分项项目实得分值；

　　　B——汇总表中该项应得满分值；

　　　C——该项检查评分表实得分值。

(6) 当评分遇有缺项时，分项检查评分表或检查评分汇总表的总得分值应按下式计算：

$$A_2 = \frac{D}{E} \times 100$$

式中　A_2——遇有缺项时总得分值；

　　　D——实查项目在该表的实得分值之和；

　　　E——实查项目在该表的应得满分值之和。

(7) 脚手架、物料提升机与施工升降机、塔式起重机与起重吊装项目的实得分值，应为所对应专业的分项检查评分表实得分值的算术平均值。

3. 检查评定等级

按照汇总表的总得分和分项检查评分表的得分，将建筑施工安全检查评定划分为优良、合格、不合格三个等级。

(1) 优良。分项检查评分表无零分，汇总表得分值应在 80 分及以上。

(2) 合格。分项检查评分表无零分，汇总表得分值应在 80 分以下，70 分及以上。

(3) 不合格。当汇总表得分值不足 70 分时；当有一分项检查评分表得零分时。

当建筑施工安全检查评定的等级为不合格时，必须限期整改达到合格。

> ◼ 知 识 链 接
>
> ### 建筑施工安全生产标准化考评
>
> 建筑施工安全生产标准化是指建筑施工企业在建筑施工活动中，贯彻执行建筑施工安全法律法规和标准规范，建立企业和项目安全生产责任制，制定安全管理制度和

操作规程，监控危险性较大分部分项工程，排查治理安全生产隐患，使人、机、物、环始终处于安全状态，形成过程控制、持续改进的安全管理机制。

建筑施工安全生产标准化考评包括建筑施工项目安全生产标准化考评和建筑施工企业安全生产标准化考评。

1. 项目考评

（1）建筑施工企业应当建立健全以项目负责人为第一责任人的项目安全生产管理体系，依法履行安全生产职责，实施项目安全生产标准化工作。

（2）建筑施工项目实行施工总承包的，施工总承包单位对项目安全生产标准化工作负总责。施工总承包单位应当组织专业承包单位等开展项目安全生产标准化工作。

（3）工程项目应当成立由施工总承包及专业承包单位等组成的项目安全生产标准化自评机构，在项目施工过程中每月主要依据《建筑施工安全检查标准》JGJ 59—2011等开展安全生产标准化自评工作。

（4）建筑施工企业安全生产管理机构应当定期对项目安全生产标准化工作进行监督检查，检查及整改情况应当纳入项目自评材料。

（5）建设、监理单位应当对建筑施工企业实施的项目安全生产标准化工作进行监督检查，并对建筑施工企业的项目自评材料进行审核并签署意见。

（6）对建筑施工项目实施安全生产监督的住房城乡建设主管部门或其委托的建筑施工安全监督机构负责建筑施工项目安全生产标准化考评工作。

（7）项目考评主体应当对已办理施工安全监督手续并取得施工许可证的建筑施工项目实施安全生产标准化考评。项目考评主体应当对建筑施工项目实施日常安全监督时同步开展项目考评工作，指导监督项目自评工作。

（8）项目完工后办理竣工验收前，建筑施工企业应当向项目考评主体提交项目安全生产标准化自评材料。项目自评材料主要包括：项目建设、监理、施工总承包、专业承包等单位及其项目主要负责人名录；项目自评结果及项目建设、监理单位审核意见；项目施工期间因安全生产受到住房城乡建设主管部门奖惩情况；项目发生生产安全责任事故情况；住房城乡建设主管部门规定的其他材料。

（9）项目考评主体收到建筑施工企业提交的材料后，经查验符合要求的，以项目自评为基础，结合日常监管情况对项目安全生产标准化工作进行评定，在10个工作日内向建筑施工企业发放项目考评结果告知书。

（10）评定结果为"优良""合格"及"不合格"。评定结果为不合格的，应当在项目考评结果告知书中说明理由及项目考评不合格的责任单位。

（11）建筑施工项目未按规定开展项目自评工作，发生生产安全责任事故，因项目存在安全隐患在一年内受到住房城乡建设主管部门2次及以上停工整改等情形时，安全生产标准化评定为不合格。项目竣工验收时建筑施工企业未提交项目自评材料的，视同项目考评不合格。

（12）各省级住房城乡建设部门可结合本地区实际确定建筑施工项目安全生产标准化优良标准。安全生产标准化评定为优良的建筑施工项目数量，原则上不超过所辖区域内本年度拟竣工项目数量的10%。

2. 企业考评

(1) 建筑施工企业应当建立健全以法定代表人为第一责任人的企业安全生产管理体系，依法履行安全生产职责，实施企业安全生产标准化工作。

(2) 建筑施工企业应当成立企业安全生产标准化自评机构，每年主要依据《施工企业安全生产评价标准》JGJ/T 77—2010 等开展企业安全生产标准化自评工作。

(3) 对建筑施工企业颁发安全生产许可证的住房城乡建设主管部门或其委托的建筑施工安全监督机构负责建筑施工企业的安全生产标准化考评工作。

(4) 企业考评主体应当对取得安全生产许可证且许可证在有效期内的建筑施工企业实施安全生产标准化考评。企业考评主体应当对建筑施工企业安全生产许可证实施动态监管时同步开展企业安全生产标准化考评工作，指导监督建筑施工企业开展自评工作。

(5) 建筑施工企业在办理安全生产许可证延期时，应当向企业考评主体提交企业自评材料。企业自评材料主要包括：企业承建项目台账及项目考评结果；企业自评结果；企业近三年内因安全生产受到住房城乡建设主管部门奖惩情况；企业承建项目发生生产安全责任事故情况；省级及以上住房城乡建设主管部门规定的其他材料。

(6) 企业考评主体收到建筑施工企业提交的材料后，经查验符合要求的，以企业自评为基础，以企业承建项目安全生产标准化考评结果为主要依据，结合安全生产许可证动态监管情况对企业安全生产标准化工作进行评定，在 20 个工作日内向建筑施工企业发放企业考评结果告知书。

(7) 评定结果为"优良""合格"及"不合格"。评定结果为不合格的，应当说明理由，责令限期整改。

(8) 建筑施工企业具有下列情形之一的，安全生产标准化评定为不合格：未按规定开展企业自评工作的；企业近三年所承建的项目发生较大及以上生产安全责任事故的；企业近三年所承建已竣工项目不合格率超过 5％的（不合格率是指企业近三年作为项目考评不合格责任主体的竣工工程数量与企业承建已竣工工程数量之比）；省级及以上住房城乡建设主管部门规定的其他情形。建筑施工企业在办理安全生产许可证延期时未提交企业自评材料的，视同企业考评不合格。

(9) 各省级住房城乡建设部门可结合本地区实际确定建筑施工企业安全生产标准化优良标准。安全生产标准化评定为优良的建筑施工企业数量，原则上不超过本年度拟办理安全生产许可证延期企业数量的 10％。

(10) 企业考评主体应当及时向社会公布建筑施工企业安全生产标准化考评结果。对跨地区承建工程项目的建筑施工企业，项目所在地省级住房城乡建设主管部门可以参照本办法对该企业进行考评，考评结果及时转送至该企业注册地省级住房城乡建设主管部门。

3. 奖励和惩戒

(1) 建筑施工安全生产标准化考评结果作为政府相关部门进行绩效考核、信用评级、诚信评价、评先推优、投融资风险评估、保险费率浮动等重要参考依据。

(2) 政府投资项目招标投标应优先选择建筑施工安全生产标准化工作业绩突出的建筑施工企业及项目负责人。

（3）住房城乡建设主管部门应当将建筑施工安全生产标准化考评情况记入安全生产信用档案。

（4）对于安全生产标准化考评不合格的建筑施工企业，住房城乡建设主管部门应当责令限期整改，在企业办理安全生产许可证延期时，复核其安全生产条件，对整改后具备安全生产条件的，安全生产标准化考评结果为"整改后合格"，核发安全生产许可证；对不再具备安全生产条件的，不予核发安全生产许可证。

（5）对于安全生产标准化考评不合格的建筑施工企业及项目，住房城乡建设主管部门应当在企业主要负责人、项目负责人办理安全生产考核合格证书延期时，责令限期重新考核，对重新考核合格的，核发安全生产考核合格证；对重新考核不合格的，不予核发安全生产考核合格证。

（6）经安全生产标准化考评合格或优良的建筑施工企业及项目，若发现自评材料弄虚作假，漏报、谎报、瞒报生产安全事故或考评过程中有其他违法违规行为，应由考评主体撤销原安全生产标准化考评结果，直接评定为不合格，并对有关责任单位和责任人员依法予以处罚。

职业能力训练

一、职业技能知识点考核

1. 单项选择题

（1）下列危险源中，属于第二类危险源的是（　　）。

A. 氧气瓶、乙炔瓶　　　　　　　　B. 被吊起的重物

C. 带电设备　　　　　　　　　　　D. 焊把线绝缘层破损

（2）第二类危险源的出现是第一类危险源导致事故的必要条件，决定了（　　）。

A. 事故的严重程度　　　　　　　　B. 事故发生的可能性大小

C. 事故造成的影响　　　　　　　　D. 事故的未来发展

（3）危害程度和整改难度较小，发现后能够立即整改排除的隐患称为（　　）。

A. 一般事故隐患　　　　　　　　　B. 较大事故隐患

C. 重大事故隐患　　　　　　　　　D. 特别重大事故隐患

（4）某施工现场对临时用电工程进行安全检查，《施工用电检查评分表》中保证项目实得分为38分，一般项目实得分为35分，那么该分项检查评分表实得分为（　　）。

A. 38分　　　　　　B. 35分　　　　　　C. 73分　　　　　　D. 0分

（5）某施工现场使用了三台塔式起重机，按照《建筑施工安全检查标准》JGJ 59—2011进行检查评分，1号塔式起重机得分92分，2号塔式起重机得分83分，3号塔式起重机得分86分，则该施工现场塔式起重机分项在汇总表中的实得分为（　　）。

A. 9.2分　　　　　　B. 8.3分　　　　　　C. 8.6分　　　　　　D. 8.7分

（6）根据系统安全理论，下列关于系统中危险源控制的观点中，不正确的是（　　）。

A. 不可能消除一切危险源

B. 可以采取措施控制危险源，减少现有危险源的危险性

C. 系统进入运行阶段后，再进行危险源的辨识、评价和控制

D. 应降低系统整体的危险性，而不是仅消除选定的危险源及其危险性

（7）（　　）是导致事故发生的直接原因。

A. 危险源　　　　B. 危害因素　　　　C. 事故隐患　　　　D. 风险

（8）依据《建筑施工安全检查标准》JGJ 59—2011，施工现场文明施工检查评定的保证项目不包括（　　）。

A. 现场围挡　　B. 施工场地　　C. 现场防火　　D. 公示标牌

（9）生产经营单位的（　　）是本单位事故隐患排查治理的第一责任人。

A. 主要负责人　　　　　　　　B. 技术负责人

C. 安全总监　　　　　　　　　D. 专职安全生产管理人员

（10）下列关于安全检查的说法中不正确的是（　　）。

A. 安全检查必须坚持事先不预告、不通知的原则

B. 安全检查应有明确的检查目的、检查项目及检查标准

C. 安全检查的重点是各级管理人员的安全思想

D. 对检查中发现的安全问题应当立即处理，不能处理的，应当记录在案

2. 案例分析题

某市建筑公司新开工建设一大型高档商住小区项目，建筑面积 22 万 m²，地下 3 层，地上 38 层。由于本工程位于中心城区，属于该市重点工程，施工单位对安全工作非常重视。施工过程中发生了如下事件：

事件 1：项目开工 1 个月后，施工总承包单位对项目进行安全检查。通知中明确了建筑工程施工安全检查的主要内容。

事件 2：项目部编制了《安全生产管理措施》，其中规定：建筑工程施工安全检查的主要形式为日常巡查和专项检查。监理工程师认为不全。

事件 3：针对本工程的建筑施工安全检查评分汇总表见表 4-7，表中已填有部分数据。

建筑施工安全检查评分汇总表　　　　　　　　　　　　　　　　表 4-7

单位工程（施工现场名称）	建筑面积（m²）	结构类型	总计得分（满分100分）	检查名称及分值									
				安全管理（满分10分）	文明施工（满分15分）	脚手架（满分10分）	基坑工程（满分10分）	模板支架（满分10分）	高处作业（满分10分）	施工用电（满分10分）	物料提升机与施工升降机（满分10分）	塔式起重机与起重吊装（满分10分）	施工机具（满分5分）
							8.2	8.2			8.5		

评语：

检查单位		负责人		受检项目		项目经理	

该工程"安全管理检查评分表""文明施工检查评分表""高处作业检查评分表""施工机具检查评分表""塔式起重机与起重吊装检查评分表"的实得分值分别为 81、86、79、

82、82分。

该工程落地式脚手架分项检查评分表实得分为82分、悬挑式脚手架分项检查评分表实得分为80分。"施工用电检查评分表"中"外电防护"这一保证项目缺项，其他各项检查实得分为68分。

问题：

（1）事件1中，建筑工程施工安全检查应包括哪些内容？

（2）事件2中，建筑工程施工安全检查的主要形式还应包括哪些？

（3）建筑施工安全检查的方法有哪些？

（4）计算本工程安全检查所得分值、判定本工程安全检查等级。

二、能力训练项目

1. 危险源、风险、隐患和事故四者之间的区别与联系是什么？试结合"安全风险分级管控与隐患排查治理双重预防机制"分组讨论分析，并尝试绘制一幅关系示意图。

2. 根据工程项目背景，结合实际施工进度，设定情境、模拟组织一次安全检查，并填写安全检查评分表、进行安全检查等级评定。

项目 5 安全事故处理

■ 学习目标

1. 知识目标
(1) 掌握事故类别与等级划分方法。
(2) 掌握事故报告和处理的基本程序及要求。
(3) 掌握应急预案的编制方法。
(4) 熟悉应急响应的基本程序。
2. 能力目标
(1) 能判定事故性质、分析事故原因。
(2) 能及时如实上报事故情况、配合事故调查、协助处理事故现场。
(3) 能编制应急预案、组织应急演练、启动应急响应。
3. 素质目标
(1) 培养坚持原则、实事求是、客观公正的职业精神。
(2) 培养系统思维、辩证思维。
(3) 增强事故防范意识。
(4) 提高应急处置能力。

■ 引言

亡羊补牢·未为迟也

庄辛至,襄王曰:"寡人不能用先生之言,今事至于此,为之奈何?"庄辛对曰:"臣闻鄙语曰:'见兔而顾犬,未为晚也;亡羊而补牢,未为迟也。'……"

——《战国策·楚策》

"物质决定意识,意识反作用于物质,正确的意识促进客观事物的发展"。物质与意识的辩证关系原理告诉我们:想问题、办事情要做到一切从实际出发,在尊重客观规律的基础上,充分发挥主观能动性。如果"亡羊"已经是不可挽回的客观事实,则必须发挥主观能动性,树立正确的意识来指导实践行动,及时"补牢",避免"亡羊"事故再次发生,及时止损。

另一方面,"前车之覆轨,后车之明鉴"。"亡羊"事故暴露了安全生产管理工作中的存在的漏洞,给安全生产管理工作敲响了警钟,通过"亡羊"原因分析,汲取事故教训,可以举一反三、增强事故防范能力。如若他人"亡羊",我即"补牢",借"他山之石",给自己敲警钟、上紧弦,则是安全生产事故防范的更高境界。

然而,安全生产"防为上、救次之"。见兔顾犬、亡羊补牢,实为下策;未雨绸缪、曲突徙薪,方为上策。安全生产管理的重心应从事后被动处理转移到事前主动防范,构建安全生产双重预防机制,从源头上筑牢安全生产防线。

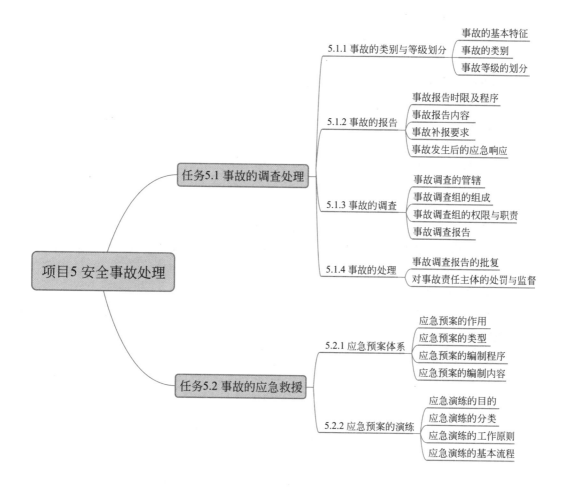

任务5.1　事故的调查处理

任务引入

　　建设工程项目参建单位多，现场施工内容及作业种类多，且常需进行交叉作业和高处作业，安全隐患多，现场组织管理难度大，极易造成伤亡事故。根据近五年住房和城乡建设部关于房屋市政工程生产安全事故的统计情况，房屋和市政工程领域安全生产形势总体稳定，但依然严峻。部分施工现场管理粗放、安全生产责任落实不到位、风险管控意识淡薄、隐患排查治理不彻底，安全事故时有发生。

　　安全事故具有一定的偶然性和突发性，但绝大多数事故都是有迹可循的。一方面，要把握事故发展规律、增强事故防范能力，预防和遏制重特大事故。另一方面，对已发生的事故必须采取积极主动、严肃认真的处理措施，从事故中吸取经验教训、总结反思、固强补弱，提升安全生产管理水平。

5.1.1　事故的类别与等级划分

1. 事故的基本特征

事故一般是指造成死亡、疾病、伤害、损坏或者其他损失的意外事件。

生产安全事故是指生产经营单位在生产经营活动（包括与生产经营有关的活动）中突然发生的，伤害人身安全和健康，或者损坏设备设施，或者造成经济损失的，导致原生产经营活动暂时中止或永远终止的意外事件。

事故具有以下基本特征：

（1）因果性。事故的发生有其因果性，在事故调查分析过程中，应弄清事故发生的因果关系，找到造成事故发生的原因，深入剖析其根源，对症下药，防止同类事故重演。

（2）偶然性。事故的发生本质上是一个随机事件，对特定的事故，其发生时间、地点、状态等均无法准确预测；事故是否产生后果，以及后果的大小如何亦难以准确预测；反复发生的同类事故并不一定产生相同的后果。

（3）必然性。事故是一系列因素互为因果，连续发生的结果。事故因素及其因果关系的存在决定事故或迟或早必然要发生。

（4）规律性。事故的必然性中包含着规律性，事故的发生在一定范畴内遵循统计规律，从大量事故统计资料中可找到事故发生的规律性。安全管理要从偶然性中找出必然性，认识事故发生的规律，制定有针对性的预防措施，防患未然。

（5）潜在性。事故往往是突然发生的，然而导致事故发生的因素，即所谓的"隐患或潜在危险"是早就存在的，只是未被发现或未受到重视而已。随着时间的推移，一旦条件成熟，触发因素出现，就会显现而酿成事故，这就是事故的潜在性或潜伏性。

（6）再现性。如果没有真正了解事故发生的原因，并采取有效措施去消除这些原因，就会再次出现类似的事故，即事故具有再现性，但完全相同的事故不会再次出现。

（7）预测性。现代工业生产系统是人造系统，这种客观实际给预防事故提供了基本的前提。任何事故从理论和客观上讲，都是可以预防的。人们根据对过去事故所积累的经验和知识，以及对事故规律的认识，并使用科学的方法和手段，可以对未来可能发生的事故进行预测。事故预测的目的在于识别和控制危险，预先采取对策，最大限度地减少事故发生的可能性。

2. 事故的类别

按照致损因素划分，事故的类别有物体打击、车辆伤害、机械伤害、起重伤害、触电、淹溺、灼烫、火灾、高处坠落、坍塌、冒顶片帮、透水、放炮、火药爆炸、瓦斯爆炸、锅炉爆炸、容器爆炸、其他爆炸、中毒和窒息以及其他伤害等。

3. 事故等级的划分

根据《生产安全事故报告和调查处理条例》（国务院令 493 号），按照生产安全事故造成的人员伤亡或者直接经济损失，事故一般分为以下等级：

（1）特别重大事故，是指造成 30 人以上死亡，或者 100 人以上重伤（包括急性工业中毒，下同），或者 1 亿元以上直接经济损失的事故。

（2）重大事故，是指造成10人以上30人以下死亡，或者50人以上100人以下重伤，或者5000万元以上1亿元以下直接经济损失的事故。

（3）较大事故，是指造成3人以上10人以下死亡，或者10人以上50人以下重伤，或者1000万元以上5000万元以下直接经济损失的事故。

（4）一般事故，是指造成3人以下死亡，或者10人以下重伤，或者1000万元以下直接经济损失的事故。

5.1.2 事故的报告

1. 事故报告时限及程序

（1）事故发生后，事故现场有关人员应当立即向本单位负责人报告；单位负责人接到报告后，应当于1小时内向事故发生地县级以上人民政府安全生产监督管理部门和负有安全生产监督管理职责的有关部门报告；安全生产监督管理部门和负有安全生产监督管理职责的有关部门接到事故报告后，应当按规定逐级上报事故情况，每级上报的时间不得超过2小时。

（2）事故报告应当及时、准确、完整，任何单位和个人对事故不得迟报、漏报、谎报或者瞒报。事故快报、直报的内容可以适当简化，具体情况暂时不清楚的，可以先报事故总体情况。

（3）特别重大事故、重大事故逐级上报至国务院安全生产监督管理部门和负有安全生产监督管理职责的有关部门；较大事故逐级上报至省、自治区、直辖市人民政府安全生产监督管理部门和负有安全生产监督管理职责的有关部门；一般事故上报至设区的市级人民政府安全生产监督管理部门和负有安全生产监督管理职责的有关部门。

（4）安全生产监督管理部门和负有安全生产监督管理职责的有关部门按规定逐级上报事故情况时，应当同时报告本级人民政府。国务院安全生产监督管理部门和负有安全生产监督管理职责的有关部门以及省级人民政府接到发生特别重大事故、重大事故的报告后，应当立即报告国务院。

2. 事故报告内容

报告事故应当包括下列内容：

（1）事故发生单位概况。

（2）事故发生的时间、地点以及事故现场情况。

（3）事故的简要经过。

（4）事故已经造成或者可能造成的伤亡人数（包括下落不明的人数）和初步估计的直接经济损失。

（5）已经采取的措施。

（6）其他应当报告的情况。

3. 事故补报要求

事故报告后出现新情况的，应当及时补报。

自事故发生之日起30日内，事故造成的伤亡人数发生变化的，应当及时补报；道路交通事故、火灾事故自发生之日起 7 日内，事故造成的伤亡人数发生变化的，应当及时补报。

4. 事故发生后的应急响应

（1）事故发生单位负责人接到事故报告后，应当立即启动事故相应应急预案，或者采取有效措施，组织抢救，防止事故扩大，减少人员伤亡和财产损失。

（2）事故发生地有关地方人民政府、安全生产监督管理部门和负有安全生产监督管理职责的有关部门接到事故报告后，其负责人应当立即赶赴事故现场，组织事故救援。

（3）事故发生后，有关单位和人员应当妥善保护事故现场以及相关证据，任何单位和个人不得破坏事故现场、毁灭相关证据。

（4）因抢救人员、防止事故扩大以及疏通交通等原因，需要移动事故现场物件的，应当做出标志，绘制现场简图并作出书面记录，妥善保存现场重要痕迹、物证。

5.1.3　事故的调查

事故调查处理应当坚持实事求是、尊重科学的原则，及时、准确地查清事故经过、事故原因和事故损失，查明事故性质，认定事故责任，总结事故教训，提出整改措施，并对事故责任者依法追究责任。

1. 事故调查的管辖

（1）事故调查应当按照事故的等级分级组织。特别重大事故由国务院或者国务院授权有关部门组织事故调查组进行调查；重大事故、较大事故、一般事故分别由事故发生地省级人民政府、设区的市级人民政府、县级人民政府负责调查，省级人民政府、设区的市级人民政府、县级人民政府可以直接组织事故调查组进行调查，也可以授权或者委托有关部门组织事故调查组进行调查；未造成人员伤亡的一般事故，县级人民政府也可以委托事故发生单位组织事故调查组进行调查。

（2）特别重大事故以下等级事故，事故发生地与事故发生单位不在同一个县级以上行政区域的，由事故发生地人民政府负责调查，事故发生单位所在地人民政府应当派人参加。

（3）上级人民政府认为必要时，可以调查由下级人民政府负责调查的事故。

2. 事故调查组的组成

事故调查组的组成应当遵循精简、效能的原则。根据事故的具体情况，事故调查组由有关人民政府、安全生产监督管理部门、负有安全生产监督管理职责的有关部门、监察机关、公安机关以及工会派人组成，并应当邀请人民检察院派人参加。事故调查组可以聘请有关专家参与调查。

事故调查组成员应当具有事故调查所需要的知识和专长，并与所调查的事故没有直接利害关系。事故调查组组长由负责事故调查的人民政府指定。事故调查组组长主持事故调查组的工作。

3. 事故调查组的权限与职责

（1）事故调查组应履行下列职责：

1）查明事故发生的经过、原因、人员伤亡情况及直接经济损失。

2）认定事故的性质和事故责任。

3）提出对事故责任者的处理建议。

4）总结事故教训，提出防范和整改措施。

5）提交事故调查报告。

（2）事故调查组有权向有关单位和个人了解与事故有关的情况，并要求其提供相关文件、资料，有关单位和个人不得拒绝。

（3）事故发生单位的负责人和有关人员在事故调查期间不得擅离职守，并应当随时接受事故调查组的询问，如实提供有关情况。

（4）事故调查中发现涉嫌犯罪的，事故调查组应当及时将有关材料或者其复印件移交司法机关处理。

（5）事故调查中需要进行技术鉴定的，事故调查组应当委托具有国家规定资质的单位进行技术鉴定。必要时，事故调查组可以直接组织专家进行技术鉴定。技术鉴定所需时间不计入事故调查期限。

（6）事故调查组成员在事故调查工作中应当诚信公正、恪尽职守，遵守事故调查组的纪律，保守事故调查的秘密。

（7）未经事故调查组组长允许，事故调查组成员不得擅自发布有关事故的信息。

4. 事故调查报告

事故调查组应当自事故发生之日起 60 日内提交事故调查报告；特殊情况下，经负责事故调查的人民政府批准，提交事故调查报告的期限可以适当延长，但延长的期限最长不超过 60 日。

事故调查报告应当包括下列内容：

（1）事故发生单位概况。

（2）事故发生经过和事故救援情况。

（3）事故造成的人员伤亡和直接经济损失。

（4）事故发生的原因和事故性质。

（5）事故责任的认定以及对事故责任者的处理建议。

（6）事故防范和整改措施。

事故调查报告应当附具有关证据材料，事故调查组成员应当在事故调查报告上签名。事故调查的有关资料应当归档保存。

5.1.4 事故的处理

1. 事故调查报告的批复

对于重大事故、较大事故、一般事故，负责事故调查的人民政府应当自收到事故调查报告之日起 15 日内做出批复；对于特别重大事故，30 日内做出批复，特殊情况下，批复时间可以适当延长，但延长的时间最长不超过 30 日。

2. 对事故责任主体的处罚与监督

（1）有关机关应当按照人民政府的批复，依照法律、行政法规规定的权限和程序，对事故发生单位和有关人员进行行政处罚，对负有事故责任的国家工作人员进行处分。

（2）事故发生单位应当按照负责事故调查的人民政府的批复，对本单位负有事故责任的人员进行处理。

（3）负有事故责任的人员涉嫌犯罪的，依法追究刑事责任。

（4）事故发生单位应当认真吸取事故教训，落实防范和整改措施，防止事故再次发生。防范和整改措施的落实情况应当接受工会和职工的监督。

（5）安全生产监督管理部门和负有安全生产监督管理职责的有关部门应当对事故发生单位落实防范和整改措施的情况进行监督检查。

（6）事故处理的情况由负责事故调查的人民政府或者其授权的有关部门、机构向社会公布，依法应当保密的除外。

💡 想一想：事故处理的"四不放过"原则是什么？

任务5.2 事故的应急救援

任务引入

事故应急救援是一项减灾救灾性工作，针对各种不同的紧急情况制定有效的应急预案，不仅可以指导应急人员的日常培训和演习，保证各种应急救援资源处于良好的备战状态，还可以指导应急救援行动按计划有序进行，避免应急救援行动组织不力或现场救援工作混乱，尽可能缩小事故影响范围，减小事故后果对人民生命、财产及环境造成的危害。

凡事豫则立，不豫则废。当面对突发性重特大生产安全事故的时候，不"豫（预）"的后果往往都是血的代价。因此，建设工程项目参建单位应根据有关法律法规和相关标准，结合本单位组织管理体系、生产规模和可能发生的事故特点，科学确立本单位的应急预案体系，并注意与地方政府及其有关部门、其他相关单位应急预案相衔接。

5.2.1 应急预案体系

1. 应急预案的作用

应急预案是针对可能发生的事故，为迅速、有序地开展应急行动而预先制定的行动方案。应急预案的作用主要体现在以下三方面：

（1）事故预防。通过危险辨识分析，采用技术和管理手段降低事故发生的可能性，使可能发生的事故控制在局部，防止事故蔓延。

（2）应急处理。一旦发生事故，有应急处理程序和方法，能快速反应处理故障或将事故消除在萌芽状态。

（3）抢险救援。采用预定现场抢险和抢救的方式，控制或减少事

5-1

应急救援预案

故造成的损失。

2. 应急预案的类型

如图 5-1 所示，生产经营单位应急预案分为综合应急预案、专项应急预案和现场处置方案。

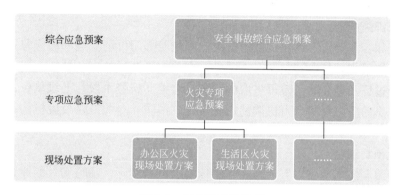

图 5-1　应急预案的类型

（1）综合应急预案

综合应急预案是为应对各种生产安全事故而制定的综合性工作方案。综合应急预案从总体上阐述事故的应急方针、政策，应急组织机构及相关应急职责，应急行动、措施和保障等基本要求和程序。

（2）专项应急预案

专项应急预案是针对某一种或多种类型的生产安全事故（如触电、坍塌、高处坠落、起重伤害、机械伤害、火灾、物体打击等）、重要生产设施、重大危险源和重大活动等制定的专项工作方案。专项应急预案与综合应急预案中的应急组织机构、应急响应程序相近时，可不编写专项应急预案，相应的应急处置措施并入综合应急预案。

（3）现场处置方案

现场处置方案是根据不同生产安全事故类型，针对具体场所、装置或设施而制定的应急处置措施。现场处置方案重点规范事故风险描述、应急工作职责、应急处置措施和注意事项，应体现自救互救、信息报告和先期处置的特点。

3. 应急预案的编制程序

（1）成立应急预案编制工作组

结合本单位职能和分工，成立以单位有关负责人为组长，单位相关部门人员（如生产、技术、设备、安全、行政、人事、财务人员）参加的应急预案编制工作组，明确工作职责和任务分工，制定工作计划，组织开展应急预案编制工作，预案编制工作组应邀请相关救援队伍和周边相关企业、单位或社区代表参加。

（2）资料收集

应急预案编制工作组应收集下列相关材料：适用的法律法规、部门规章、地方性法规和政府规章、技术标准及规范性文件；企业周边地质、地形、环境情况及气象、水文、交通资料；企业现场功能区划分、建（构）筑物平面布置及安全距离资料；生产工艺流程、工艺参数、作业条件、设备装置及风险评估资料；本企业历史事故与隐患、国内外同行业事故资料；属地政府及周边企业、单位应急预案。

（3）风险评估

开展生产安全事故风险评估，撰写评估报告，其内容主要包括：辨识生产过程中存在的危险有害因素，确定可能发生的生产安全事故类别；分析各种事故类别发生的可能性、危害后果和影响范围；评估确定相应事故类别的风险等级。

（4）应急资源调查

全面调查和客观分析本单位以及周边单位和政府部门可请求援助的应急资源状况，撰写应急资源调查报告，其内容包括但不限于：本单位可调用的应急队伍、装备、物资、场所；针对生产过程及存在的风险可采取的监测、监控、报警手段；上级单位、当地政府及周边企业可提供的应急资源；可协调使用的医疗、消防、专业抢险救援机构及其他社会应急救援力量。

（5）应急预案编制

应急预案编制应当遵循以人为本、依法依规、符合实际、注重实效的原则，以应急处置为核心，体现自救互救和先期处置的特点，做到职责明确、程序规范、措施科学，尽可能简明化、图表化、流程化。

应急预案编制工作主要包括：依据事故风险评估及应急资源调查结果，结合本单位组织管理体系、生产规模及处置特点，合理确立本单位应急预案体系；结合组织管理体系及部门业务职能划分，科学设定本单位应急组织机构及职责分工；依据事故可能的危害程度和区域范围，结合应急处置权限及能力，清晰界定本单位的响应分级标准，制定相应层级的应急处置措施；按照有关规定和要求，确定事故信息报告、响应分级与启动、指挥权移交、警戒疏散方面的内容，落实与相关部门和单位应急预案的衔接。

（6）桌面推演

按照应急预案明确的职责分工和应急响应程序，结合有关经验教训，相关部门及其人员可采取桌面演练的形式，模拟生产安全事故应对过程，逐步分析讨论并形成记录，检验应急预案的可行性，并进一步完善应急预案。

（7）应急预案评审

应急预案编制完成后，生产经营单位应按法律法规有关规定组织评审或论证。参加应急预案评审的人员可包括有关安全生产及应急管理方面的、有现场处置经验的专家。应急预案论证可通过推演的方式开展。

应急预案评审内容主要包括：风险评估和应急资源调查的全面性、应急预案体系设计的针对性、应急组织体系的合理性、应急响应程序和措施的科学性、应急保障措施的可行性、应急预案的衔接性。

（8）批准实施

通过评审的应急预案，由单位主要负责人签发实施。

4. 应急预案的编制内容

（1）综合应急预案应包括应急预案适用的范围、应急响应分级、应急组织机构及其职责、应急响应程序、后期处置以及应急保障等内容。

（2）专项应急预案应包括适用范围、与综合应急预案的关系、应急组织机构及职责、响应启动、处置措施及应急保障等内容。

（3）现场处置方案应包括事故风险描述、应急工作职责、应急处置程序、现场应急处置措施以及相关注意事项等内容。

5.2.2 应急预案的演练

施工单位应当制定本单位的应急预案演练计划，根据本单位的事故预防重点，每年至少组织一次综合应急预案演练或者专项应急预案演练，每半年至少组织一次现场处置方案演练。对应急预案演练效果进行评估，根据存在的问题及时组织预案修订。

1. 应急演练的目的

应急演练是针对可能发生的事故情景，依据应急预案而模拟开展的应急活动。应急演练的主要目的包括：

（1）检验预案：发现应急预案中存在的问题，提高应急预案的针对性、实用性和可操作性。

（2）完善准备：完善应急管理标准制度，改进应急处置技术，补充应急装备和物资，提高应急能力。

（3）磨合机制：完善应急管理部门、相关单位和人员的工作职责，提高协调配合能力。

（4）宣传教育：普及应急管理知识，提高参演和观摩人员风险防范意识和自救互救能力。

（5）锻炼队伍：熟悉应急预案，提高应急人员在紧急情况下妥善处置事故的能力。

2. 应急演练的分类

应急演练，按照演练内容分为综合演练和单项演练；按照演练形式分为实战演练和桌面演练；按照目的与作用分为检验性演练、示范性演练和研究性演练。

桌面演练主要针对事故情景，利用图纸、沙盘、流程图、计算机模拟、视频会议等辅助手段，进行交互式讨论和推演；实战演练是针对情景，选择或模拟生产过程中的设备、设施、装置或场所，利用各类应急器材、装备、物资，通过决策行动、实际操作，完成事故发生后的真实应急响应过程。不同类型的演练可以相互结合。

3. 应急演练的工作原则

应急演练应遵循以下原则：

（1）符合相关规定：按照国家相关法律法规、标准及有关规定组织开展演练。

（2）依据预案演练：结合生产面临的风险及事故特点，依据应急预案组织开展演练。

（3）注重能力提高：突出以提高指挥协调能力、应急处置能力和应急准备能力组织开展演练。

（4）确保安全有序：在保证参演人员、设备设施及演练场所安全的条件下组织开展演练。

4. 应急演练的基本流程

应急演练实施基本流程包括计划、准备、实施、评估综合、持续改进五个阶段。

综合演练通常应成立演练领导小组，负责演练活动筹备和实施过程中的组织领导工作。演练正式开始前，应对参演人员进行情况说明，使其了解应急演练规则、场景及主要内容、岗位职责和注意事项。演练结束后，应根据演练记录、演练评估报告、应急预案、现场总结材料，对演练进行全面总结，并形成演练书面总结报告。报告可对应急演练准备、策划工作进行简要总结分析，主要内容包括演练基本概要，演练发现的问题，取得的经验和教训，应急管理工作建议等。

演练组织单位应根据演练评估报告中对应急预案的改进建议，按程序对预案进行修订完善，并对应急管理工作进行持续改进。

职业能力训练

一、职业技能知识点考核

1. 单项选择题

（1）某建筑施工现场发生一起安全事故，事故造成 3 人死亡，5 人轻伤，经济损失 5000 万元，该事故等级为（　　）。

A. 一般事故 　　　　　　　　　　B. 较大事故

C. 重大事故 　　　　　　　　　　D. 特别重大事故

（2）下列关于应急救援的说法中，不正确的是（　　）。

A. 规模较大的建筑施工单位应当建立应急救援组织

B. 建筑施工单位应该配备应急救援器材

C. 规模较大的建筑施工单位不建立应急救援组织的，应当指定兼职的应急救援人员

D. 建筑施工单位应当编制生产安全事故应急预案，且应与所在地县级以上地方人民政府组织制定的生产安全事故应急预案相衔接

（3）施工单位应当每年至少组织（　　）综合应急预案演练或者专项应急预案演练，（　　）至少组织一次现场处置方案演练。

A. 一次，每年 　　　　　　　　　B. 一次，每半年

C. 两次，每年 　　　　　　　　　D. 两次，三个月

（4）（　　）是根据不同生产安全事故类型，针对具体场所、装置或设施而制定的应急处置措施。

A. 综合应急预案 　　　　　　　　B. 专项应急预案

C. 单项应急预案 　　　　　　　　D. 现场处置方案

（5）施工现场如果发生安全事故，事故现场有关人员应当（　　）向本单位负责人报告。

A. 立即 　　　B. 一小时内 　　　C. 两小时内 　　　D. 二十四小时内

（6）事故往往是突然发生的，然而导致事故发生的因素早已存在，一旦触发因素出现，就会显现而酿成事故，这体现了事故的（　　）。

A. 因果性 　　　B. 偶然性 　　　C. 规律性 　　　D. 潜在性

（7）事故报告的内容一般不包括（　　）。

A. 事故发生单位概况 　　　　　　B. 事故发生的原因和事故性质

C. 事故的简要经过   D. 事故已经造成的伤亡人数

（8）自生产安全事故发生之日起（   ）内，因事故造成的伤亡人数发生变化的，应当及时补报。

A. 72 小时   B. 7 日   C. 30 日   D. 3 个月

（9）以下情形中，不需要立即组织修订应急预案的是（   ）。

A. 危险源、事故风险发生重大变化   B. 依据的法律法规发生重大变化

C. 应急指挥机构及其职责发生调整   D. 兼职应急救援人员发生变化

（10）下列有关施工现场安全事故的说法中，错误的是（   ）。

A. 事故发生后，施工单位应当立即启动应急预案，组织抢救，防止事故扩大

B. 事故上报应当及时、准确、完整，事故快报、直报的内容可以适当简化

C. 重大事故逐级上报至省、自治区、直辖市人民政府安全生产监督管理部门和负有安全生产监督管理职责的有关部门

D. 应急救援人员应妥善保护事故现场以及相关证据，不得破坏事故现场、不能移动伤员和现场相关物件

2. 思考简答题

（1）从住房和城乡建设部官网查阅历年房屋市政工程生产安全事故统计情况，分析施工现场多发事故类型。

（2）在进行事故责任分析时，关于直接责任、主要责任、领导责任的认定标准和依据是什么？

二、能力训练项目

1. 搜集近期住房和城乡建设领域发生的典型生产安全事故案例，分析事故原因，提出预防对策。

2. 针对施工现场多发事故，如高处坠落、物体打击、坍塌（基坑、脚手架）、机械伤害、起重伤害、触电等，编制一份专项应急预案；并根据应急预案设定情境，模拟开展一次应急演练。

3. 学习并演示施工现场各类伤害事故（如外伤出血、骨折、触电、烧烫伤、中暑、中毒等）的现场急救方法。

参考文献

[1] 张贵良.建筑工程安全技术与管理［M］.2版.南京：南京大学出版社，2021.

[2] 张瑞生.建筑工程质量与安全管理［M］.3版.北京：中国建筑工业出版社，2018.

[3] 郝永池.建筑工程质量与安全管理［M］.2版.北京：北京理工大学出版社，2022.

[4] 全国二级建造师执业资格考试用书编写委员会.建筑工程管理与实务［M］.北京：中国建筑工业出版社，2023.

[5] 全国二级建造师执业资格考试用书编写委员会.建设工程施工管理［M］.北京：中国建筑工业出版社，2023.

[6] 全国二级建造师执业资格考试用书编写委员会.建设工程法规及相关知识［M］.北京：中国建筑工业出版社，2023.

[7] 全国一级建造师执业资格考试用书编写委员会.建筑工程管理与实务［M］.北京：中国建筑工业出版社，2023.

[8] 全国一级建造师执业资格考试用书编写委员会.建设工程项目管理［M］.北京：中国建筑工业出版社，2023.

[9] 全国一级建造师执业资格考试用书编写委员会.建设工程法规及相关知识［M］.北京：中国建筑工业出版社，2023.

[10] 建筑与市政工程施工现场专业人员职业标准培训教材编审委员会，中国建设教育协会.安全员通用与基础知识［M］.2版.北京：中国建筑工业出版社，2017.

[11] 建筑与市政工程施工现场专业人员职业标准培训教材编审委员会，中国建设教育协会.安全员岗位知识与专业技能［M］.2版.北京：中国建筑工业出版社，2017.

[12] 中国安全生产科学研究院.安全生产法律法规［M］.北京：应急管理出版社，2022.

[13] 中国安全生产科学研究院.安全生产管理［M］.北京：应急管理出版社，2022.

[14] 中国安全生产科学研究院.安全生产专业实务［M］.北京：应急管理出版社，2022.

[15] 建筑施工安全生产培训教材编写委员会.建设工程安全生产法律法规［M］.2版.北京：中国建筑工业出版社，2020.

[16] 建筑施工安全生产培训教材编写委员会.建设工程安全生产管理［M］.2版.北京：中国建筑工业出版社，2020.

[17] 建筑施工安全生产培训教材编写委员会.建筑施工安全生产技术［M］.2版.北京：中国建筑工业出版社，2020.

[18] 中华人民共和国住房和城乡建设部.建筑与市政工程施工现场专业人员职业标准：JGJ/T 250—2011［S］.北京：中国建筑工业出版社，2011.

[19] 中华人民共和国住房和城乡建设部.建筑施工安全检查标准：JGJ 59—2011［S］.北京：中国建筑工业出版社，2011.

[20] 中华人民共和国住房和城乡建设部.建筑施工安全技术统一规范：GB 50870—2013［S］.北京：中国建筑工业出版社，2013.

[21] 中华人民共和国住房和城乡建设部.建筑深基坑工程施工安全技术规范：JGJ 311—2013［S］.北京：中国建筑工业出版社，2013.

[22] 中华人民共和国住房和城乡建设部.建筑基坑工程监测技术标准：GB 50497—2019［S］.北京：中国建筑工业出版社，2019.

［23］ 中华人民共和国住房和城乡建设部．建筑施工脚手架安全技术统一标准：GB 51210—2016 ［S］. 北京：中国建筑工业出版社，2016.

［24］ 中华人民共和国住房和城乡建设部．建筑施工扣件式钢管脚手架安全技术规范：JGJ 130—2011 ［S］. 北京：中国建筑工业出版社，2011.

［25］ 中华人民共和国住房和城乡建设部．建筑施工碗扣式钢管脚手架安全技术规范：JGJ 166—2016 ［S］. 北京：中国建筑工业出版社，2016.

［26］ 中华人民共和国住房和城乡建设部．建筑施工门式钢管脚手架安全技术标准：JGJ/T 128—2019 ［S］. 北京：中国建筑工业出版社，2016.

［27］ 中华人民共和国住房和城乡建设部．建筑施工承插型盘扣式钢管脚手架安全技术标准：JGJ/T 231—2021 ［S］. 北京：中国建筑工业出版社，2021.

［28］ 中华人民共和国住房和城乡建设部．建筑施工模板安全技术规范：JGJ 162—2008 ［S］. 北京：中国建筑工业出版社，2008.

［29］ 中华人民共和国住房和城乡建设部．建筑施工高处作业安全技术规范：JGJ 80—2016 ［S］. 北京：中国建筑工业出版社，2016.

［30］ 中华人民共和国住房和城乡建设部．建设工程施工现场供用电安全规范：GB 50194—2014 ［S］. 北京：中国建筑工业出版社，2014.

［31］ 中华人民共和国住房和城乡建设部．建筑机械使用安全技术规程：JGJ 33—2012 ［S］. 北京：中国建筑工业出版社，2012.

［32］ 中华人民共和国住房和城乡建设部．建筑拆除工程安全技术规范：JGJ 147—2016 ［S］. 北京：中国建筑工业出版社，2016.

［33］ 中华人民共和国住房和城乡建设部．建筑施工易发事故防治安全标准：JGJ/T 429—2018 ［S］. 北京：中国建筑工业出版社，2018.